Autodesk Navisworks 2023 中文版

从入门到精通

CAD/CAM/CAE技术联盟◎编著

清華大學出版社
北京

内 容 简 介

本书介绍了 Autodesk Navisworks 2023 中文版在建筑设计、施工规划和运营管理等方面的各种基本操作方法和技巧。全书共 11 章，内容包括 Navisworks 2023 简介、环境设置、视图显示控制、集合、审阅、视点和剖分、动画、碰撞检测、渲染、施工模拟、工程量计算等知识。在介绍该软件的过程中，本书注重由浅入深、从易到难，各章节既相对独立又前后关联。编者根据自己多年经验及学习者的心理，及时给出总结和相关提示，帮助读者快捷掌握所学知识。

本书内容翔实、图文并茂、语言简洁、思路清晰、实例丰富，可以作为相关院校的教材，也可作为初学者的自学指导书。

图书在版编目(CIP)数据

Autodesk Navisworks 2023 中文版从入门到精通/CAD/CAM/CAE 技术联盟编著. —北京：清华大学出版社，2024.4
(BIM 软件从入门到精通)
ISBN 978-7-302-64246-6

Ⅰ. ①A… Ⅱ. ①C… Ⅲ. ①建筑设计－计算机辅助设计－应用软件 Ⅳ. ①TU201.4

中国国家版本馆 CIP 数据核字(2023)第 136018 号

责任编辑：秦 娜 王 华
封面设计：李召霞
责任校对：王淑云
责任印制：丛怀宇

出版发行：清华大学出版社
网 址：https://www.tup.com.cn，https://www.wqxuetang.com
地 址：北京清华大学学研大厦 A 座 **邮 编**：100084
社 总 机：010-83470000 **邮 购**：010-62786544
投稿与读者服务：010-62776969，c-service@tup.tsinghua.edu.cn
质量反馈：010-62772015，zhiliang@tup.tsinghua.edu.cn
印 装 者：北京鑫海金澳胶印有限公司
经 销：全国新华书店
开 本：185mm×260mm **印 张**：16 **字 数**：388 千字
版 次：2024 年 4 月第 1 版 **印 次**：2024 年 4 月第1 次印刷
定 价：69.80 元

产品编号：085081-01

前　言

Preface

Autodesk Navisworks 软件能够将 AutoCAD 和 Revit 系列等软件创建的设计数据，与来自其他设计工具的几何图形和信息相结合，将其作为整体的三维项目，通过多种文件格式进行实时审阅，从而优化设计决策、建筑实施、性能预测和规划以及设施管理和运营等各个环节。

Autodesk Navisworks 软件系列包括 Autodesk Navisworks Manage、Autodesk Navisworks Simulate 和 Autodesk Navisworks Freedom 三款产品，能够帮助用户及其扩展团队加强对项目的控制，使用现有的三维设计数据透彻了解并预测项目的性能，即使在最复杂的项目中也可以提高工作效率，保证工程质量。

一、本书特点

☑ 作者权威

本书由 Autodesk 中国认证考试管理中心首席专家胡仁喜博士领衔的 CAD/CAM/CAE 技术联盟编写，所有编者都是在高校从事计算机辅助设计教学研究多年的一线人员，具有丰富的教学实践经验与教材编写经验。多年的教学工作使他们能够准确把握学生的心理与实际需求，前期出版的一些相关书籍经过市场检验很受读者欢迎。本书是由编者在总结多年的设计经验以及教学心得体会的基础上，历时多年的精心准备编写而成，力求全面、细致地展现 Autodesk Navisworks 软件在建筑设计、施工规划和运营管理领域的各种功能和使用方法。

☑ 实例丰富

对于 Autodesk Navisworks 这类专业软件在建筑工程领域应用的工具书，我们力求避免空洞的介绍和描述，而是步步为营，逐个知识点采用建筑工程实例演绎，这样读者在实例操作过程中就可牢固地掌握软件功能。书中实例的种类也非常丰富，有知识点讲解的小实例，有几个知识点或全章知识点汇集的综合实例，最后有完整实用的工程案例。各种实例交错讲解，以达到巩固读者理解的目标。

☑ 突出提升技能

本书从全面提升 Autodesk Navisworks 实际应用能力的角度出发，结合大量的案例来讲解如何将 Autodesk Navisworks 软件用于建筑工程专业，使读者了解 Autodesk Navisworks 并能够独立地完成各种建筑工程应用。

本书中有很多实例原本就是建筑工程项目案例，经过作者精心提炼和改编，不仅可以保证读者能够学好知识点，更重要的是能够帮助读者掌握实际的操作技能，同时能够培养建筑工程应用的实践能力。

二、本书的基本内容

本书重点介绍了 Autodesk Navisworks 2023 中文版在建筑设计、施工规划和运营

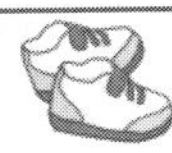

管理等方面的各种基本操作方法和技巧。全书共11章，内容包括Navisworks 2023简介、环境设置、视图显示控制、集合、审阅、视点和剖分、动画、碰撞检测、渲染、施工模拟、工程量计算等知识，各章之间紧密联系，前后呼应。

Note

三、本书的配套资源

本书通过扫描二维码下载提供了极为丰富的学习配套资源，期望读者在最短的时间内学会并精通这门技术。

1. 配套教学视频

我们针对本书实例专门制作了61集配套教学视频，读者可以先看视频，像看电影一样轻松愉悦地学习本书内容，然后对照课本加以实践和练习，这样可以大大提高学习效率。

2. 全书实例的源文件和素材

本书附带了很多实例，包含实例和练习实例的源文件与素材，读者可以安装Autodesk Navisworks 2023软件，打开并使用它们。

四、关于本书的服务

1. 关于本书的技术问题或有关本书信息的发布

读者如遇到有关本书的技术问题，可以将问题发到邮箱714491436@qq.com，我们将及时回复。

2. 安装软件的获取

按照本书上的实例进行操作练习，以及使用Autodesk Navisworks进行建筑工程专业应用时，需要事先在计算机上安装相应的软件。读者可从网络下载相应软件，或者从当地电脑城、软件经销商处购买。QQ交流群也会提供下载地址和安装方法教学视频，需要的读者可以关注。

本书主要由CAD/CAM/CAE技术联盟编写，具体参与编写工作的有胡仁喜、刘昌丽、张亭等。本书的编写和出版得到了很多朋友的大力支持，值此图书出版发行之际，向他们表示衷心的感谢。同时，也深深感谢支持和关心本书出版的所有朋友。

书中主要内容来自编者多年来使用Autodesk Navisworks的经验总结，也有部分内容取自国内外有关文献资料。虽然笔者几易其稿，但由于时间仓促，加之水平有限，书中纰漏与失误在所难免，恳请广大读者批评指正。

编　者

2023年11月

0-1

目 录

Contents

Note

Note

Note

Note

第1章

Navisworks 2023简介

Navisworks 2023 主要应用于建筑设计、施工规划和运营管理等方面，可以为建筑师、工程师和施工人员等提供全程协作和资源共享，使项目达到最优结果。

1.1 Navisworks 概述

Navisworks 是由 Autodesk 公司开发的一款软件工具。它的主要特点是可以将多种类型的建筑信息集成在一起，如 CAD 图纸、BIM 模型、GIS 数据等，实现协作和协同，达到最终的建筑目标。

Navisworks 支持建筑或基础设施的建筑信息模型，并向建筑、工程和营造专业人员提供一个审查建筑、结构、机电等综合模型的平台。它能帮助有关人员整合、协调、分析建筑物的相关数据，并在项目开始前了解或解决一些建造上的问题。

1.1.1 软件介绍

Autodesk Navisworks 软件系列包括三款产品，使用现有的三维设计数据透彻了解并预测项目的性能，即使在最复杂的项目中也可提高工作效率，保证工程质量。该软件全面集成 Navisworks Freedom、Navisworks Manage、BIM 360 等模块，支持 5D 仿真、协调、分析、定量化以及设计意图和可构建性的交流等操作，全方位满足团队协作、模拟施工、量化工程范围以及加强工程审阅等要求。

Autodesk Navisworks Freedom 软件是免费的 NWD 和 DWF 文件格式查看器。使用 Navisworks Freedom 让所有项目利益相关方均能查看整体项目视图，有助于加强沟通和协作。

使用 Autodesk Navisworks Simulate 或 Autodesk Navisworks Manage 软件，可以

将在广泛的应用程序(包括建筑信息模型(building information modeling,BIM)、数字原型和流程工厂设计中的信息)中创建的多学科模型合并成一个集成的项目模型,并发布为NWD格式。在发布的文件中,可访问模型层次、对象特性和嵌入审阅数据(包括视点、动画、红线批注和注释)。

Note

1.1.2 功能介绍

1. 轻量化模型整合平台

Navisworks软件可以将不同专业、不同平台搭建的模型进行整合,可以查看模型的整体效果和模型与模型之间的信息状态。还可以对整合过来的模型进行轻量化的处理,对大而复杂的模型进行压缩,保留我们需要看到的特定信息。

2. 实时漫游

Navisworks软件提供漫游和飞行功能,可以让用户在漫游虚拟现实演示系统中自由行走、任意观看,冲击力强,能使用户获得身临其境的真实感受,弥补因缺乏对传统建筑图纸的理解能力而造成和设计师之间的交流鸿沟。漫游功能比较适合在小的场景中对模型进行查看,飞行功能比较适合在大的场景中进行观察,如机场、车站等。该软件还可以对飞行的路径进行记录,及时生成视频文件。

3. 审阅批注

Naviswork可以在特定的视点下进行审阅批注操作,就像用相机拍了一张照片,然后在其上面进行一些信息批注。审阅批注所创建的红线批注和文字注释信息可以单独保存成外部文件,方便下一位工程师根据审阅批注对模型进行调整。

4. 碰撞检测

将多专业的模型放到Naviswork平台中进行整合,整合到一起之后,Naviswork软件可以识别到模型构件的几何空间信息,对模型进行碰撞检测,检测出各个模型构件之间的碰撞问题,并将这些问题记录下来形成表格,方便设计师对模型进行二次修改调整。

5. 人机动画

Navisworks软件支持人与计算机中的模型构件发生关联,即发生互动。例如:可以在场景中模拟人走到门前,让门自动打开,制作一种感应门的效果。

6. 施工模拟

施工模拟是指通过已有的模型构建模拟现实中建造的过程。施工模拟比较普遍地用在地铁站的管线排布、复杂机房的管线排布、幕墙的施工安装等复杂位置。施工模拟还可以和成本发生关联,即常说的4D、5D模拟。

1.2 Navisworks Manage 2023界面

Navisworks的用户界面秉承了Autodesk系列软件的Ribbon风格,这种界面风格取代了利用菜单和工具条组织各个功能项和命令的传统模式,而是将各种具有一定功

能的 Ribbon 控件放置在 Ribbon 功能区上，直观呈现在用户面前，便于功能的使用与查找。

单击桌面上的 Navisworks Manage 2023 图标，进入 Navisworks Manage 2023 界面，如图 1-1 所示。

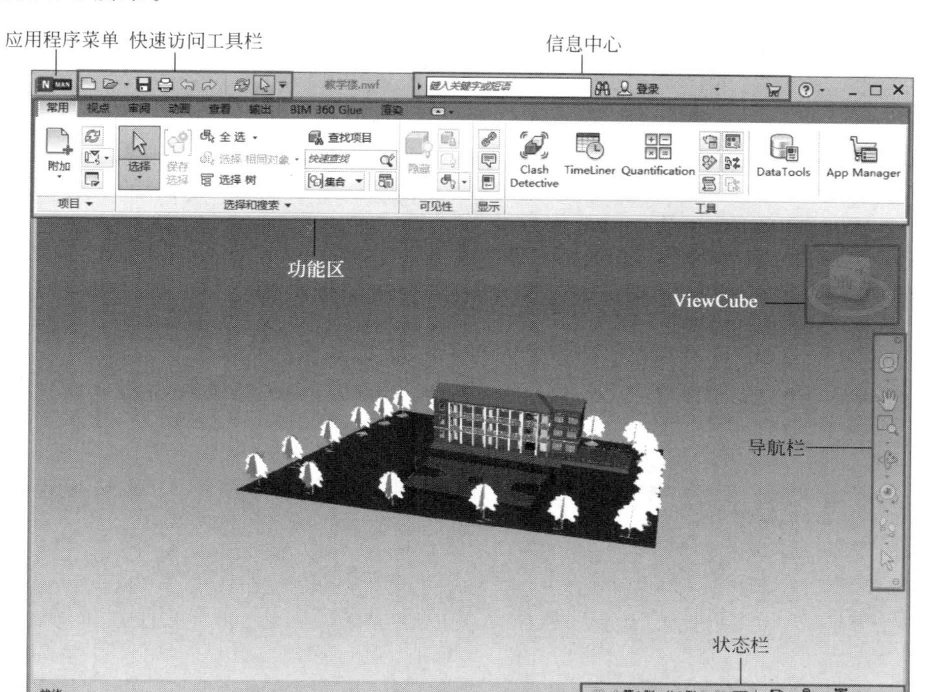

图 1-1　Navisworks Manage 2023 界面

1.2.1　应用程序菜单

单击“应用程序按钮”N MAN，打开如图 1-2 所示的应用程序菜单。应用程序菜单上提供了常用文件操作，如“新建”“打开”和“保存”等，还允许使用更高级的工具（如“导出”和“发布”）来管理文件。该菜单无法在功能区中移动。

1. 新建

单击“新建”命令，关闭当前打开的文件，并创建新文件。

2. 打开

单击“打开”下拉按钮，打开“打开”菜单，如图 1-3 所示，用于打开项目文件、样例文件等。

- 打开：单击此命令，打开“打开”对话框，如图 1-4 所示，在对话框中选取要打开的文件，单击“打开”按钮，打开文件。
- 从 BIM 360 Glue 打开：单击此命令，从位于 Web 服务器上的 BIM 360 Glue 打开文件。
- 打开 URL：单击此命令，打开位于 Web 服务器上的 NWD 文件。
- 样例文件：单击此命令，打开“打开”对话框，可以打开软件自带的样例文件。

Note

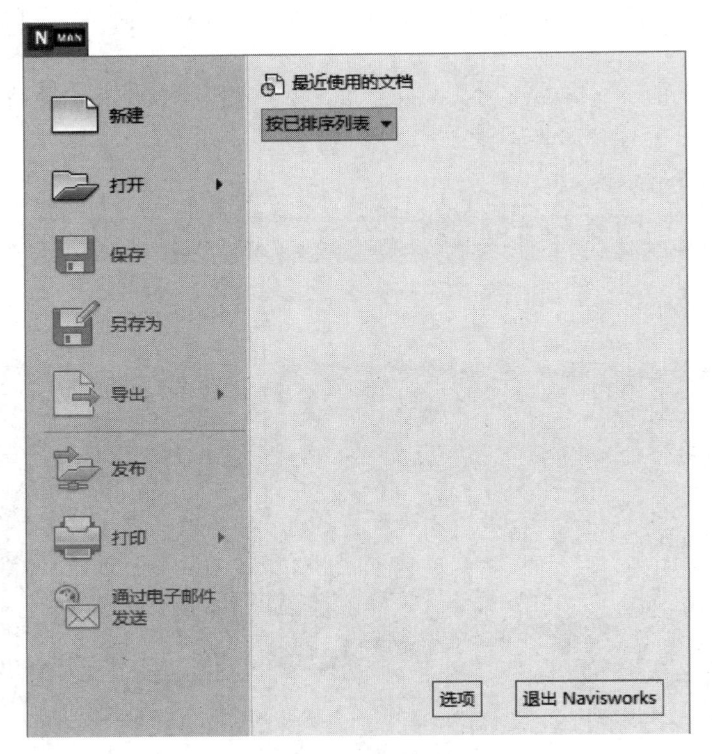

图 1-2　应用程序菜单

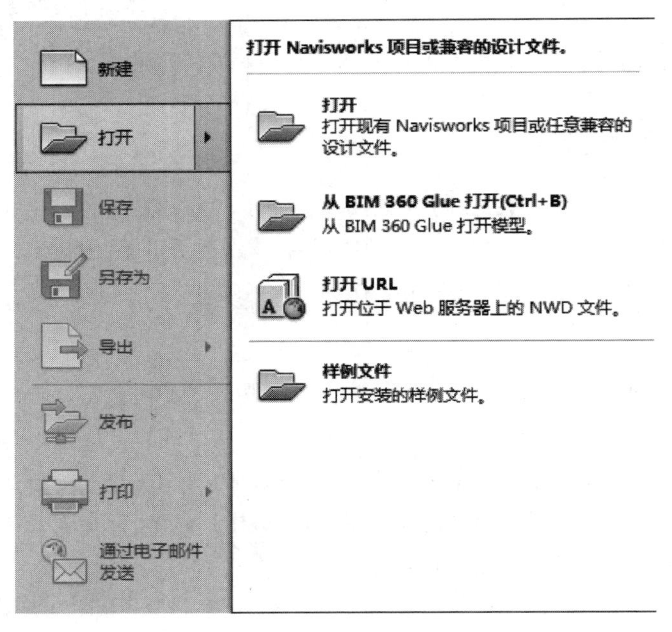

图 1-3　“打开”菜单

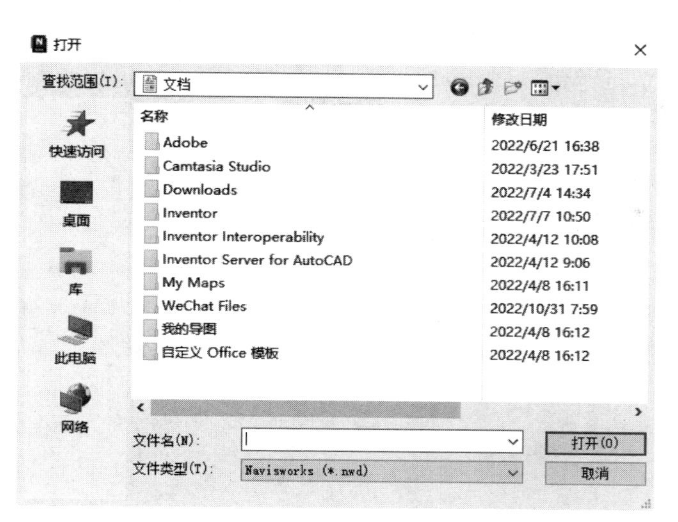

图 1-4 “打开”对话框

3. 保存

单击此命令，可以保存当前文件。若文件已命名，则 Navisworks 自动保存。若文件未命名，则系统打开“另存为”对话框(图 1-5)，用户可以命名保存。在“保存在”下拉列表框中可以指定保存文件的路径；在“文件类型”下拉列表框中可以指定保存文件的类型。为防止意外操作或计算机系统故障导致正在绘制的图形文件丢失，可以对当前图形文件设置自动保存。

图 1-5 “另存为”对话框

4. 另存为

单击此命令，打开如图 1-5 所示的“另存为”对话框，将项目另存为一种原生 Autodesk Navisworks 格式(NWF 或 NWD)。

Note

5. 导出

单击“导出”下拉按钮，打开“导出”菜单，如图 1-6 所示，可以将项目文件导出为其他格式文件。

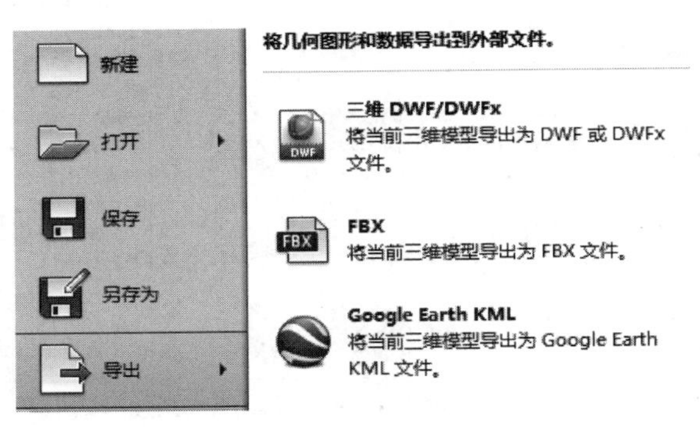

图 1-6 “导出”菜单

- 三维 DWF/DWFx：单击此命令，打开“导出…”对话框，可以设置需要导出的视图和模型的相关属性，将当前三维模型导出为三维 DWF 或 DWFx 文件。
- FBX：单击此命令，打开如图 1-7 所示“FBX 选项”对话框，设置好后单击“确定”按钮，打开“导出…”对话框，将三维模型保存为 FBX 格式供 3ds Max 使用，在三维视图中才能使用此命令。
- Google Earth KML：将当前三维模型导出为 Google Earth KML 文件。

6. 发布

单击此命令，打开如图 1-8 所示“发布”对话框，设置发布信息，发布当前项目。

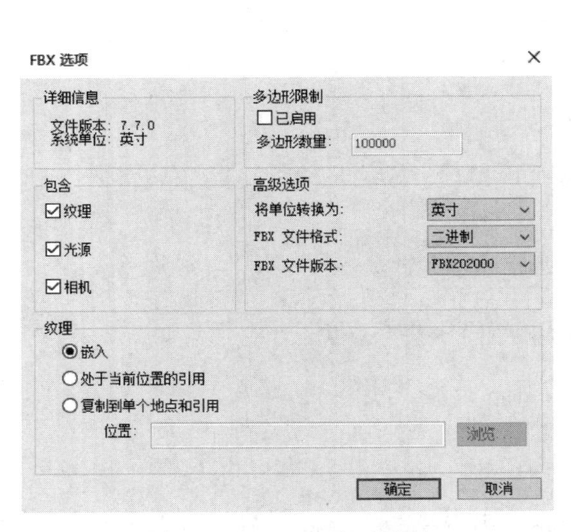

图 1-7 “FBX 选项”对话框

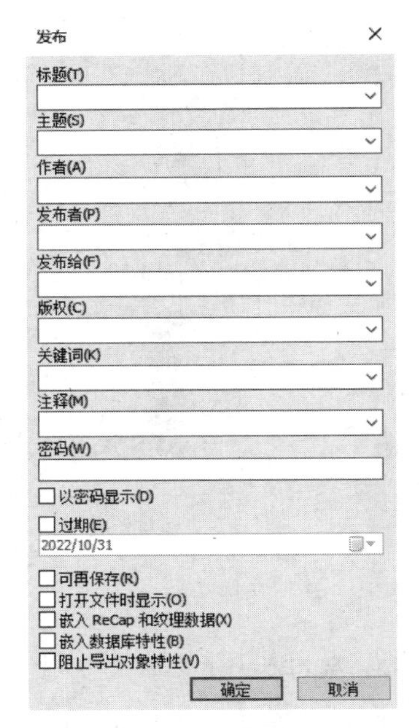

图 1-8 “发布”对话框

7. 打印

单击此命令，打开“打印”菜单，可以将当前区域或选定的视图和图纸进行打印并预览，如图 1-9 所示。

➢ 打印：单击此命令，打开“打印”对话框，设置打印相关选项并打印当前视图，如图 1-10 所示。

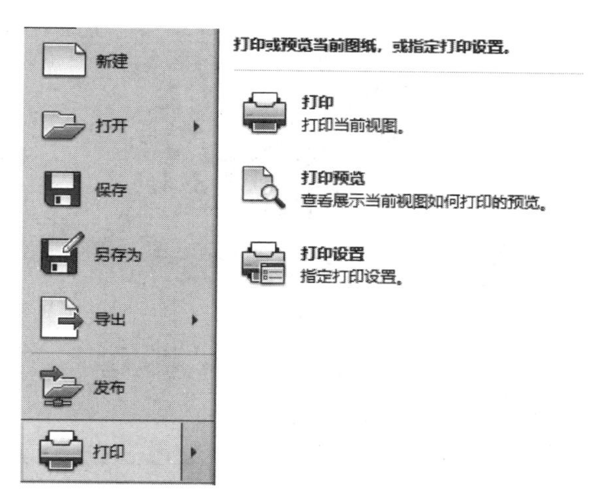

图 1-9　“打印”菜单

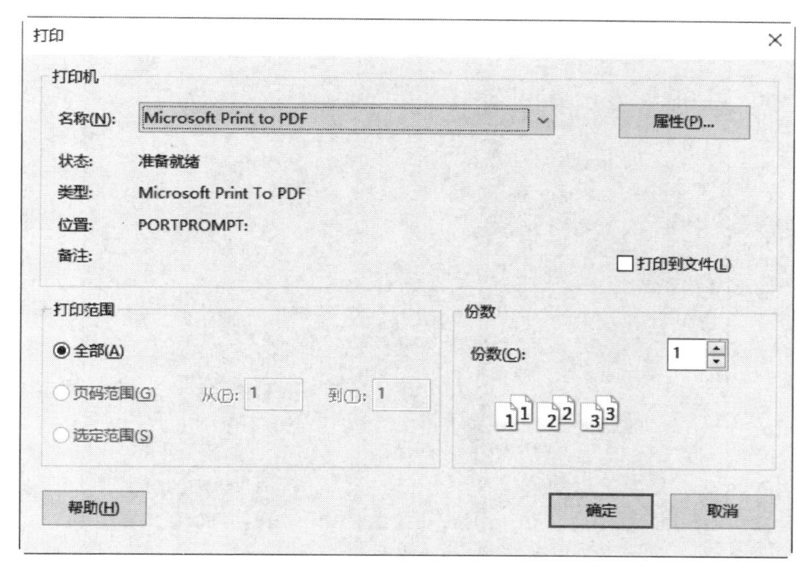

图 1-10　“打印”对话框

➢ 打印预览：预览视图打印效果，如图 1-11 所示，查看没有问题可以直接单击“打印”按钮，进行打印；单击“关闭”按钮，返回项目文件。

➢ 打印设置：单击此命令，打开“打印设置”对话框，进行打印设置，如图 1-12 所示。

Note

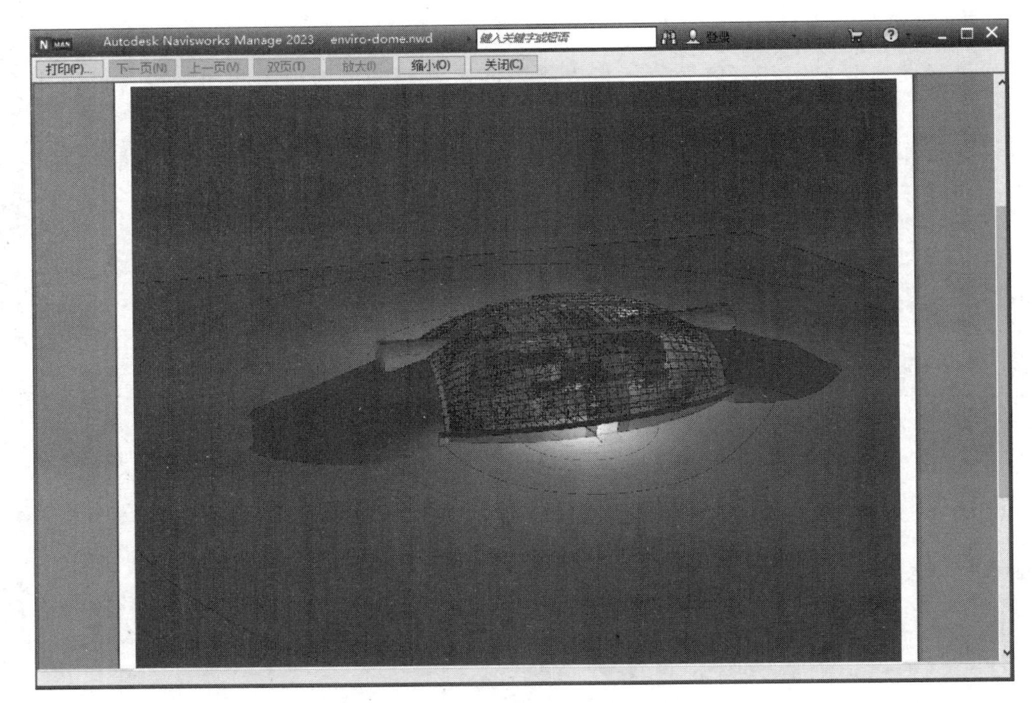

图 1-11 打印预览

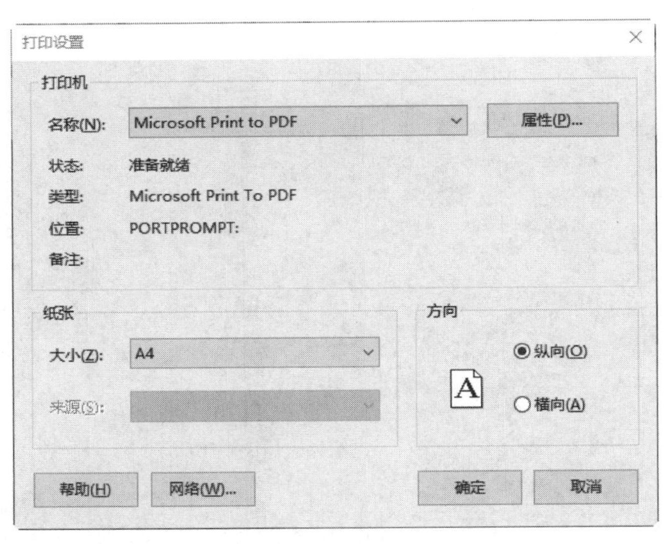

图 1-12 “打印设置”对话框

8. 通过电子邮件发送

创建新的电子邮件，并以当前文件作为附件。

9. 最近使用的文档

在菜单的右侧默认会显示最近打开文件的列表。使用该下拉列表可以修改最近使用的文档的排序。

Note

1.2.2　快速访问工具栏

快速访问工具栏可以位于功能区的上方或下方。快速访问工具栏默认放置一些常用的工具按钮，可以向默认命令右侧的快速访问工具栏添加无限数量的按钮，并在按钮之间添加分隔符。

单击快速访问工具栏上的“自定义快速访问工具栏”按钮▾，打开如图 1-13 所示的下拉菜单，可以对该工具栏进行自定义，勾选在快速访问工具栏上显示命令，取消勾选则隐藏命令。

在快速访问工具栏的某个按钮上右击，打开如图 1-14 所示的快捷菜单，选择“从快速访问工具栏中删除”命令，将删除选中按钮。选择“添加分隔符”命令，在工具的右侧添加分隔符线。单击“在功能区下方显示快速访问工具栏”命令，快速访问工具栏可以显示在功能区的下方。

图 1-13　自定义快速访问工具栏

从快速访问工具栏中删除(R)
添加分隔符(A)
在功能区下方显示快速访问工具栏

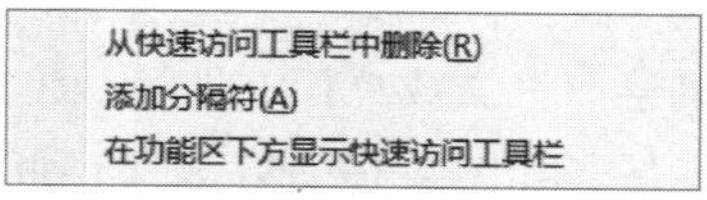

图 1-14　快捷菜单

在功能区上的任意工具按钮上右击，打开快捷菜单，然后单击“添加到快速访问工具栏”命令，将工具按钮添加到快速访问工具栏中。

注意：选项卡中的某些工具无法添加到快速访问工具栏中。

1.2.3　信息中心

该工具栏包括一些常用的数据交互访问工具，如图 1-15 所示，可以访问许多与产品相关的信息源。

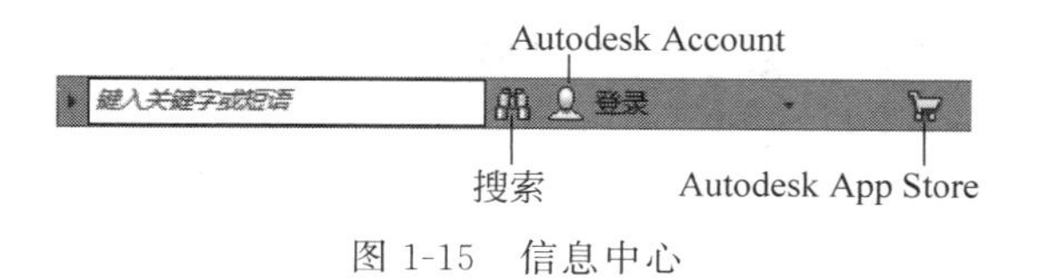

图 1-15　信息中心

- 搜索：在搜索框中输入要搜索信息的关键字，然后单击“搜索”按钮，可以在联机帮助中快速查找信息。
- Autodesk Account：使用该工具可以登录到 Autodesk Account 以访问与桌面软件集成的联机服务器。

- Autodesk App Store 🛒：单击此按钮，可以登录到 Autodesk 官方的 App 网站下载不同系列软件的插件。

Note

1.2.4 功能区

创建或打开文件时，功能区会显示系统提供创建项目或者所需的全部工具，如图 1-16 所示。功能区被划分为多个选项卡，每个选项卡支持一种特定活动。在每个选项卡内，工具被组合到一起，成为一系列基于任务的面板。

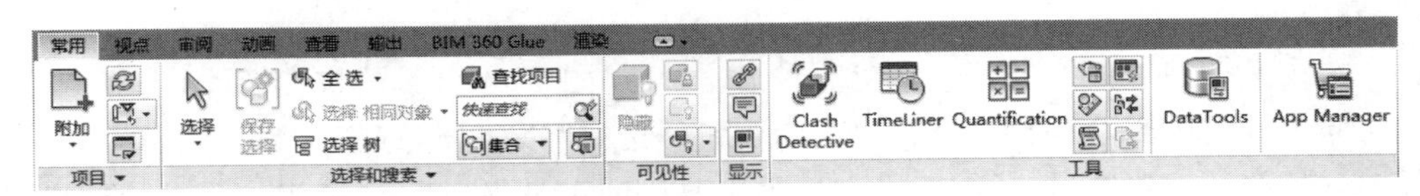

图 1-16 功能区

调整窗口的大小时，功能区中的工具会根据可用的空间自动调整大小。用户可以单击功能区选项后面的 ▲ 按钮控制功能的展开与收缩。

(1) 修改功能区：单击功能区选项卡右侧的向右箭头，系统提供了三种功能区的显示方式："最小化为选项卡""最小化为面板标题""最小化为面板按钮"或"循环浏览所有项"，如图 1-17 所示。

(2) 移动面板：面板可以在绘图区"浮动"，在面板上按住鼠标左键并拖动(图 1-18)，将其放置到绘图区域或桌面上即可。将鼠标放到浮动面板的右上角位置处，显示"将面板返回到功能区"，如图 1-19 所示。单击此处，使它变为"固定"面板。将鼠标移动到面板上以显示一个夹子，拖动该夹子到所需位置，移动面板。

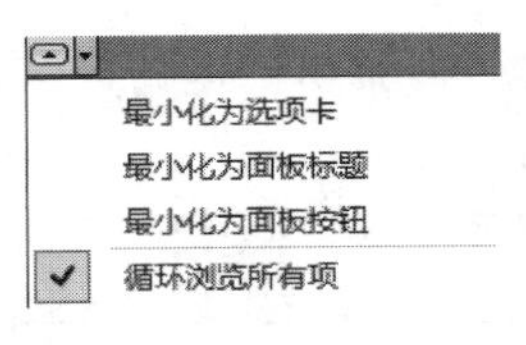

图 1-17 下拉菜单

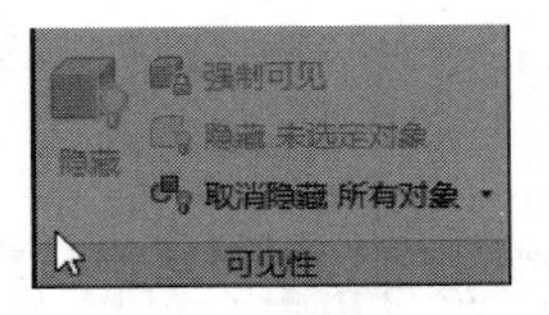

图 1-18 拖动面板

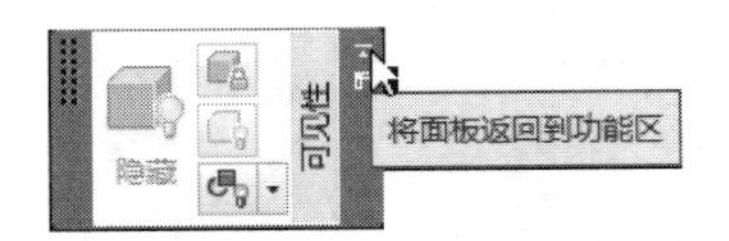

图 1-19 固定面板

(3) 展开面板：单击面板标题旁的箭头 ▼ 表示该面板可以展开，来显示相关的工具和控件，如图 1-20 所示。在默认情况下单击面板以外的区域时，展开的面板会自动关闭。单击图钉按钮 -□ ，面板在其功能区选项卡显示期间始终保持展开状态。

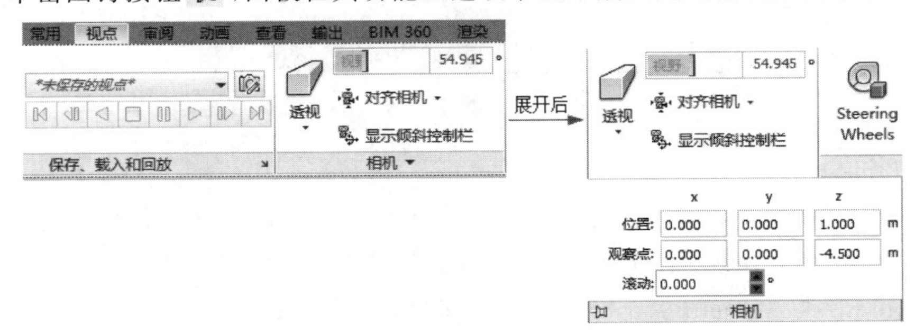

图 1-20 展开面板

1.2.5　状态栏

状态栏在屏幕的底部，如图1-21所示。无法自定义或来回移动该窗口。

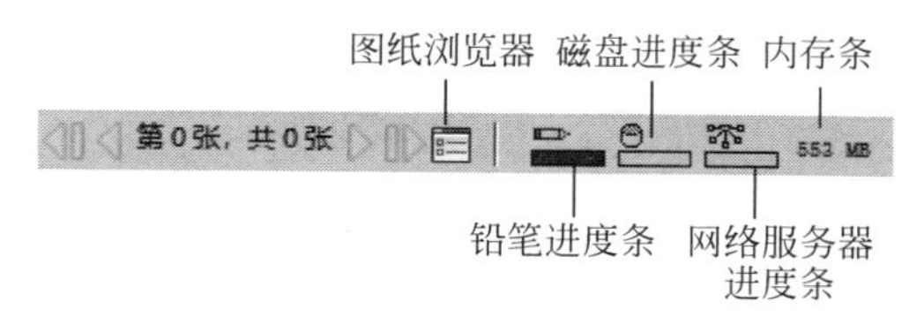

图1-21　状态栏

- 图纸浏览器：单击此按钮，可显示/隐藏“图纸浏览器”窗口。
- 铅笔进度条：指示当前视图绘制的进度，即当前视点中的忽略量。当进度条显示为100%时，表示已经完全绘制了场景，未忽略任何内容。在进行重绘时，该图标会更改颜色。绘制场景时，铅笔图标将变为黄色。如果要处理的数据过多，而计算机处理数据的速度达不到Navisworks的要求，则铅笔图标会变为红色，提示出现瓶颈。
- 磁盘进度条：指示从磁盘中载入当前模型的进度，即载入内存中的大小。当进度条显示为100%时，表示包括几何图形和特性信息在内的整个模型都已载入内存中。在进行文件载入时，该图标会更改颜色。读取数据时，磁盘图标会变成黄色。如果要处理的数据过多，而计算机处理数据的速度达不到Navisworks的要求，则磁盘图标会变为红色，提示出现瓶颈。
- 网络服务器进度条：指示当前模型下载的进度，即已经从网络服务器上下载的大小。当进度条显示为100%时，表示整个模型已经下载完毕。在进行文件载入时，该图标会更改颜色。下载数据时，网络服务器图标会变成黄色。如果要处理的数据过多，而计算机处理数据的速度达不到Navisworks的要求，则网络服务器图标会变为红色，提示出现瓶颈。
- 内存条：此处的数字报告了Navisworks当前使用的内存大小，以兆字节(MB)为单位。

1.2.6　ViewCube

ViewCube默认在场景视图的右上方。通过ViewCube可以在标准视图和等轴测视图之间切换。

(1) 单击ViewCube上的某个角，可以根据由模型的三个侧面定义的视口将模型的当前视图重定向到四分之三视图，单击其中一条边缘，可以根据模型的两个侧面将模型的视图重定向到二分之一视图，单击相应面，将视图切换到相应的主视图。

(2) 如果从某个面视图中查看模型时ViewCube处于活动状态，则四个正交三角形会显示在ViewCube附近。使用这些三角形可以切换到某个相邻的面视图。

(3) 单击或拖动ViewCube中指南针的东、南、西、北字样，切换到西南、东南、西北、东北等方向视图，或者绕上视图旋转到任意方向视图。

(4) 单击“主视图”图标，不管视图目前是何种视图都会恢复到主视图方向。

Note

(5) 从某个面视图查看模型时,两个滚动箭头按钮会显示在 ViewCube 附近。单击图标,视图以 90°逆时针或顺时针进行旋转。

(6) 单击"关联菜单"按钮,打开如图 1-22 所示的关联菜单。

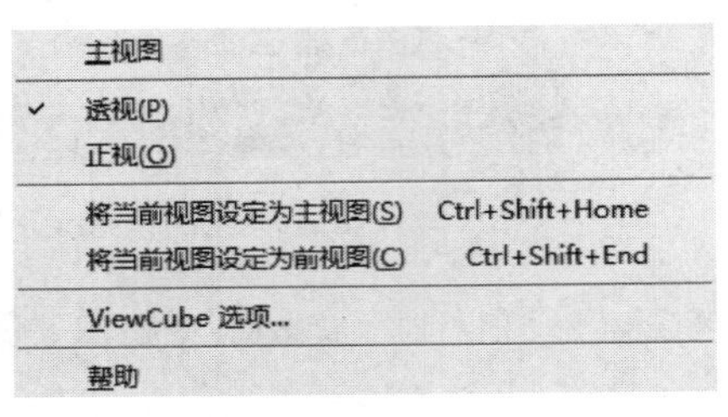

图 1-22 关联菜单

- 主视图:单击此选项,不管目前是何种视图都会恢复到主视图方向。
- 透视:将当前视图切换至透视投影。
- 正视:将当前视图切换至平行模式投影。
- 将当前视图设定为主视图:根据当前视图定义模型的主视图。
- 将当前视图设定为前视图:在 ViewCube 上更改定义为前视图的方向,并将三维视图定向到该方向。
- ViewCube 选项:单击此选项,打开"选项编辑器"对话框的 ViewCube 页面,可以在其中调整 ViewCube 工具的外观和行为。

1.2.7 导航栏

导航栏在绘图区域中,沿当前模型的窗口的一侧显示,如图 1-23 所示。使用导航栏可以访问与在模型中进行交互式导航和定位相关的工具。

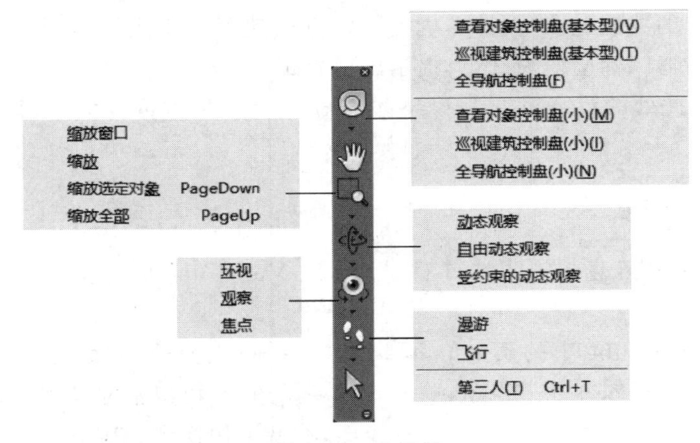

图 1-23 导航栏

1. 控制盘

通过控制盘,可以在专门的导航工具之间快速切换。每个控制盘都被分成不同的按钮。每个按钮都包含一个导航工具,用于重新定位模型的当前视图。

Note

单击控制盘右下角的“显示控制盘菜单”按钮，打开如图 1-24 所示的控制盘菜单，菜单中包含了所有全导航控制盘的视图工具，单击“关闭控制盘”选项关闭控制盘，也可以单击控制盘上的“关闭”按钮，关闭控制盘。

- 查看对象控制盘(基本型)：显示查看对象控制盘(大)，如图 1-24 所示。
- 巡视建筑控制盘(基本型)：显示巡视建筑控制盘(大)，如图 1-25 所示。
- 全导航控制盘：显示全导航控制盘(大)，如图 1-26 所示。

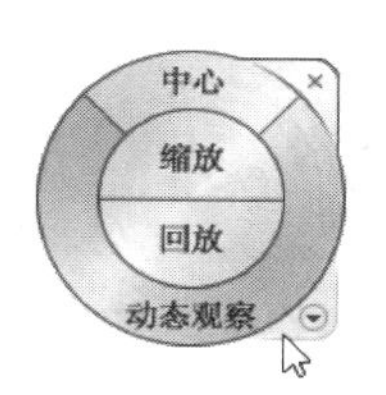

图 1-24　查看对象控制盘(大)

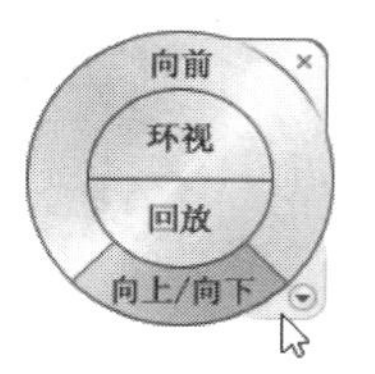

图 1-25　巡视建筑控制盘(大)

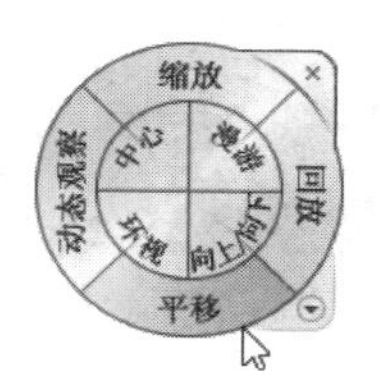

图 1-26　全导航控制盘(大)

- 高级控制盘：显示查看对象控制盘(小)、巡视建筑控制盘(小)或全导航控制盘(小)，如图 1-27 所示。

查看对象控制盘(小)

巡视建筑控制盘(小)

全导航控制盘(小)

图 1-27　控制盘(小)

2. 平移工具

使用平移工具可平行于屏幕移动视图。单击“平移”工具，移动鼠标到场景视图中，鼠标变成，按住鼠标并移动，当前场景中的视图将沿鼠标移动方向平移。

3. 缩放工具

缩放工具包括缩放窗口、缩放、缩放全部、缩放选定对象等工具。

- 缩放窗口：放大所选窗口内的对象。

单击“缩放窗口”工具，移动鼠标到场景视图中，鼠标变成，在需要放大的区域适当位置单击并按住鼠标左键确定缩放窗口的起点，按住左键不放，拖动鼠标至适当位置松开鼠标，以对角线的方式绘制窗口，如图 1-28 所示，系统将缩放显示窗口范围内的模型。

- 缩放：将视图窗口显示的内容缩小为一半。
- 缩放全部：缩放以显示整个场景。
- 缩放选定对象：放大/缩小以显示选定的几何图形。

4. 动态观察

动态观察是用于在视图保持固定时围绕轴心点旋转模型的一组导航工具。

- 动态观察：围绕模型的焦点移动相机。始终保持向上方向，且不能进行相机滚动。

单击“动态观察”工具，移动鼠标到场景视图中，鼠标变成，在场景视图中任意位置按住鼠标左键，在轴心位置出现旋转轴心符号，移动鼠标，场景将围绕该轴心进行旋转，如图 1-29 所示，旋转到指定位置后，松开鼠标，当前场景显示旋转后的状态。

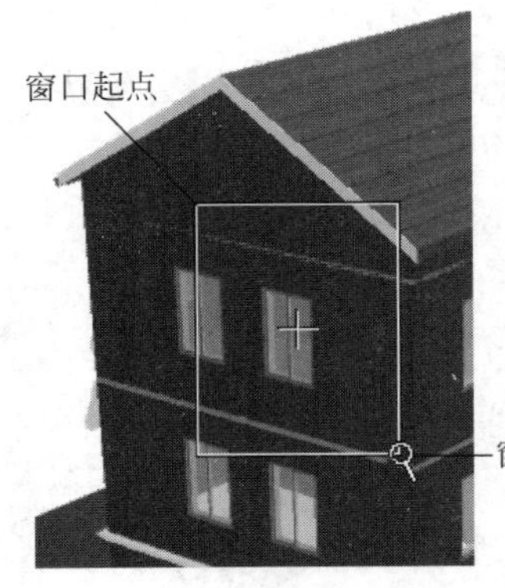

图 1-28 绘制窗口

图 1-29 动态观察

如果使用动态观察前选取了图元，则使用“动态观察”工具时将以选取的图元为轴心进行旋转，如图 1-30 所示。

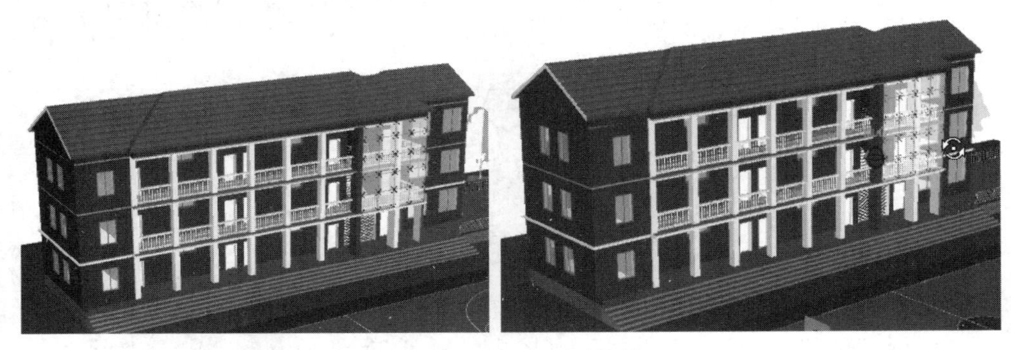

图 1-30 以选取的图元为轴心

- 自由动态观察：在任意方向上围绕焦点旋转模型。自由动态观察与动态观察的使用非常相似，其区别在于动态观察工具将保持相机的倾斜度为 0，而自由动态观察不受这一限制。
- 受约束的动态观察：围绕 Z 轴旋转模型，就好像模型坐在转盘上一样，会始终保持向上方向。

提示： 可以使用鼠标滚轮和中键进行导航，具体操作见表 1-1。

表 1-1 鼠标作用

作　用	操　作
放大	向前滚动鼠标滚轮
缩小	向后滚动鼠标滚轮
平移	按住鼠标滚轮，然后移动鼠标进行平移
动态观察	按住 Shift 键并按住鼠标滚轮，然后移动鼠标可围绕当前定义的轴心点旋转
更改轴心点	按住 Shift 键和 Ctrl 键并按住鼠标滚轮，然后拖动到模型上要用作轴心点的点

5. 环视工具

环视工具是用于垂直和水平旋转当前视图的一组导航工具。

➢ 环视：从当前相机位置环视场景。

单击"环视"工具，移动鼠标到场景视图中，鼠标变成，在场景视图中任意位置按住鼠标左键，移动鼠标，系统将以当前相机位置为轴心旋转视图。该动作相当于相机的位置固定不动，旋转相机的观察方向，在各方向上自由观察，类似于人站在原地四处观察。

➢ 观察：观察场景中的某个特定点。相机移动以与该点对齐。

单击"观察"工具，移动鼠标到场景视图中，鼠标变成，在场景视图中需要作为观察点的位置单击，如图 1-31 所示单击左侧外墙，系统将自动调整相机位置，使所选构件以正视图显示在场景视图中方便观察，如图 1-32 所示。

图 1-31　指定观察点

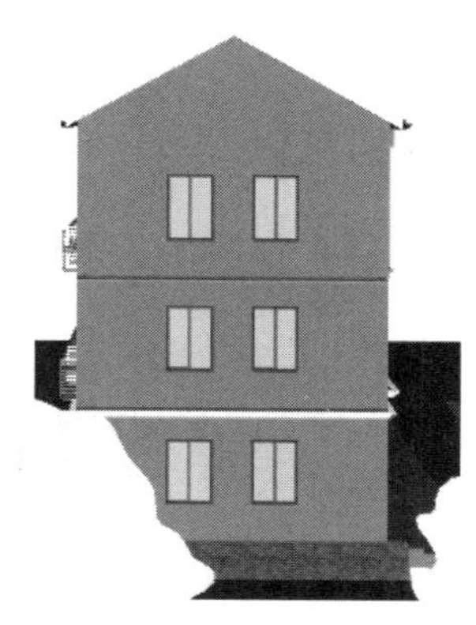

图 1-32　正视图

➢ 焦点：观察场景中的某个特定点。相机保持处于原位。

单击"观察"工具，移动鼠标到场景视图中，鼠标变成，在场景视图中需要作为焦点的位置单击，如图 1-33 所示单击篮球场的中心放置焦点，系统将自动平移视图，使焦点位置位于场景视图的中心，如图 1-34 所示。如果使用"动态观察"工具旋转视图，系统将设置的焦点作为轴心。

6. 漫游和飞行

漫游和飞行功能，可以让用户在模型中进行快速流畅地观察。漫游功能比较适合在小的场景中对模型进行查看，飞行功能比较适合在大的场景中进行观察，如机场、车站等。漫游和飞行的具体操作步骤见 3.6 节。

7. 选择工具

使用选择工具可以通过单击在"场景视图"中选择几何图形项目。

8. 自定义导航器

单击"自定义"按钮，打开如图 1-35 所示的"自定义"菜单，可看到自定义导航栏上显示的内容，更改导航栏的固定位置。

Note

图 1-33　指定焦点

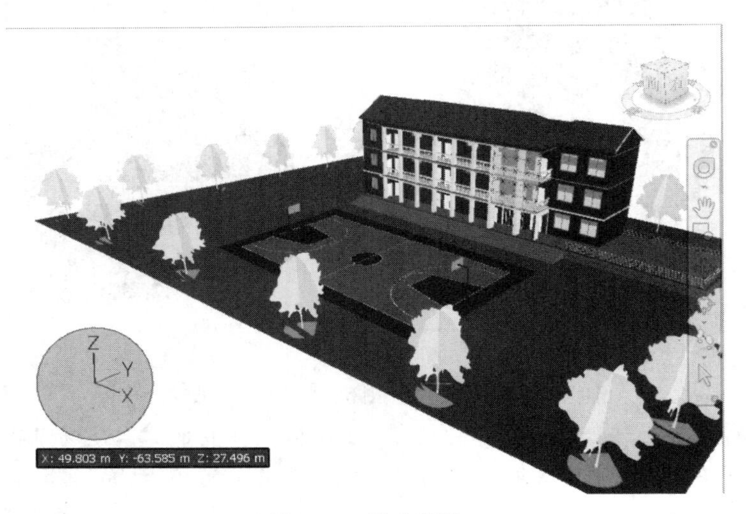

图 1-34　移动视图

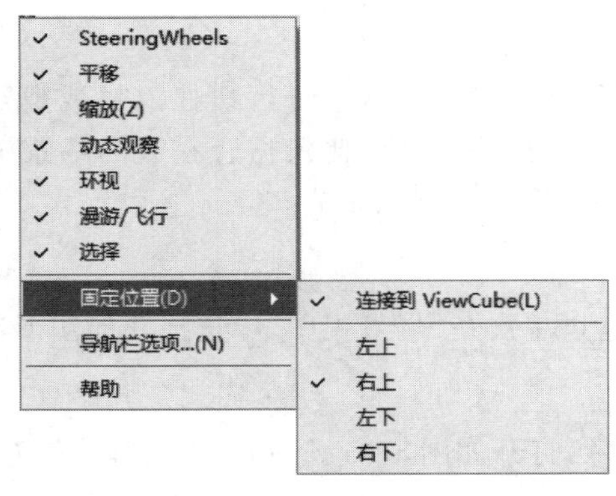

图 1-35　“自定义”菜单

Note

1.3 文件管理

1.3.1 文件格式

Navisworks 有三种原生文件格式：NWD、NWF 和 NWC。

1. NWD 文件格式

NWD 文件包含所有模型几何图形以及特定于 Navisworks 的数据，如审阅标记。可以将 NWD 文件看作模型当前状态的快照。

NWD 文件非常小，最多将 CAD 数据压缩为原始大小的 80%。

2. NWF 文件格式

NWF 文件包含指向原始原生文件(在“选择树”上列出)以及特定于 Navisworks 数据(如审阅标记)的链接。此文件格式不会保存任何模型几何图形，这使得 NWF 的大小要比 NWD 小很多。

3. NWC 文件格式

在默认情况下，在 Navisworks 中打开或附加任何原生 CAD 文件或激光扫描文件时，将在原始文件所在的目录中创建一个与原始文件同名但文件扩展名为.nwc 的缓存文件。

由于 NWC 文件比原始文件小，因此可以加快对常用文件的访问速度。下次在 Navisworks 中打开或附加文件时，将从相应的缓存文件(如果该文件比原始文件新)中读取数据。如果缓存文件较旧(这意味着原始文件已更改)，Navisworks 将转换已更新文件，并为其创建一个新的缓存文件。

注意： NWC 文件不能保存，不能修改，只能通过 NWF 文件去调用它。

Navisworks 除了支持上述介绍的三种原生文件格式，还支持 60 多种常见的三维文件格式，可以整合各三维软件的数据进行浏览和查看，常用的三维数据格式见表 1-2。

表 1-2 常用三维数据格式

格　　式	说　　明
*.3ds; *.prj	3ds Max 的文件格式
*.dri	Intergraph PDS 生成的图元数据格式
*.asc; *.txt	点云数据格式
*CATPart; *.CATProduct; *.cgr	CATIA 的文件格式
*.dgn	Microstation 的存档格式
*.dwf; *.dwfx	Autodesk 公司开发的通用三维格式
*.dwg; *.dxf	AutoCAD 的文件格式
*.fbx	Autodesk 公司开发的影视动画产品领域的通用格式
*.ifc	工业基础类，用于定义建筑信息可扩展的统一数据格式

Note

续表

格　　式	说　　明
*.igs	根据IGES标准生成的文件，主要用于不同三维软件系统的文件转换
.ipt；.iam；*.ipj	Inventor的零件、装配和工程图文件
*.jt	用于机械设计和数字机床加工的通用格式
.pts；.ptx	莱卡的三维激光扫描文件
*.prt	UG NX的文件格式
*.obj	标准3D模型文件格式
.x_b；.x_t	Parasolid Model（binary）为 Parasolid 软件程序开发的 Siemens PLM Software文件类型
.prt；.asm	Pro/ENGINEER的零件、装配文件格式
.rvt；.rfa；*.rte	Revit的项目、族和样板文件，是Revit的专有文件格式
*.3dm	Rhino的默认3D模型保存格式
*.sat	通用的三维数据交换格式
*.skp	草图大师SketchUp的存档格式
.prt；.sldprt；*.asm	Solidworks的零件、装配和工程图文件格式
.stp：.step	产品模型数据交换标准
*.stl	快速原型系统所采用的标准文件格式
*.wrl	虚拟现实文本格式文件

1.3.2　刷新文件

在Navisworks和BIM 360中工作时，其他人可能在处理用户当前正在审阅的CAD文件。例如，如果协调某个项目的各个领域，则可能有一个参照多个设计文件的NWF文件。在项目的迭代阶段，设计团队的任何成员都可能修改其CAD文件。同样，如果用户正在通过BIM 360 Glue协调Navisworks中的模型，则另一个团队成员可能已在上次任务后修改了文件。为确保审阅的数据是最新的，Navisworks和BIM 360提供了刷新功能，用于重新打开自开始审阅任务以来已在磁盘上修改的文件。

单击“快速访问”工具栏中的“刷新”按钮 或单击“常用”选项卡“项目”面板中的“刷新”按钮 ，即可刷新文件。

1.3.3　附加文件

可以将选定文件中的几何图形和数据附加到当前打开的三维模型或二维图纸中。

（1）单击“快速访问”工具栏中的“打开”按钮 ，打开“打开”对话框，在“文件类型”下拉列表中选择“Revit（*.rvt；*.rfa；*.rte）”类型，选择“场地.rvt”文件，如图1-36所示，单击“打开”按钮，打开场地文件，如图1-37所示，同时生成相应的“场地.nwc”文件。

（2）单击“常用”选项卡“项目”面板中的“附加”按钮 ，打开“附加”对话框，在“文件类型”下拉列表中选择“Revit（*.rvt；*.rfa；*.rte）”类型，然后选择“教学楼主体.rvt”文件，如图1-36所示，单击“打开”按钮，将教学楼主体附加到当前场景视图中，如图1-38所示。

Note

图 1-36　“打开”对话框

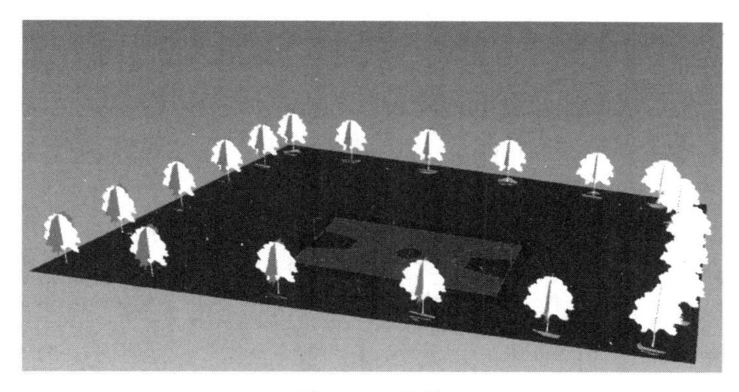

图 1-37　场地

图 1-38　附加教学楼主体

(3) 单击应用程序菜单中的“另存为”命令，打开“另存为”对话框，在“保存类型”下拉列表中选择“Navisworks 2016-2022 文件集(*.nwf)”格式，输入文件名为“教学楼”，如图 1-39 所示，单击“保存”按钮，保存文件。

Note

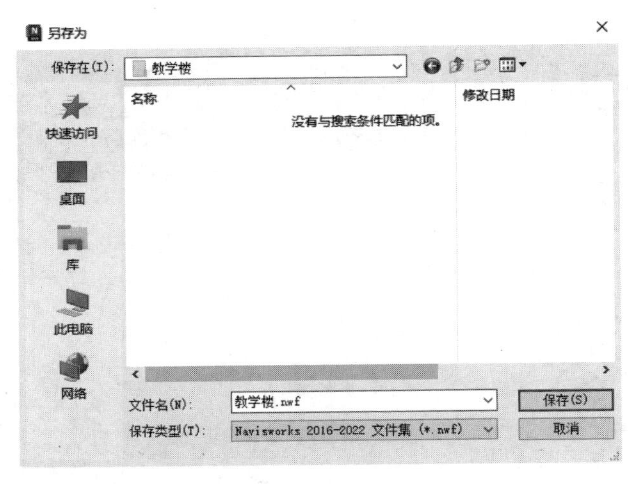

图 1-39 “另存为”对话框

1.3.4 合并文件

Navisworks 是一个协作性解决方案，尽管用户可能以不同的方式审阅模型，但其最终的文件可以合并为一个 Navisworks 文件，并自动删除任何重复的几何图形和标记。

合并构成同一引用文件的多个 NWF 文件时，Navisworks 只载入一组合并模型以及每个 NWF 文件的所有审阅标记（如标记、视点或注释）。合并后将删除任何重复的几何图形或标记。

对于多页文件，也可以将内部项目源中的几何图形和数据（即项目浏览器中列出的二维图纸或三维模型）合并到当前打开的图纸或模型中。

单击“常用”选项卡“项目”面板中的“附加”按钮，在打开的下拉列表中单击“合并”按钮，打开“合并”对话框，如图 1-40 所示，在“文件类型”下拉列表中选择适当的文件类型，然后选择要合并的文件，单击“打开”按钮，将所选文件合并到当前场景视图中。

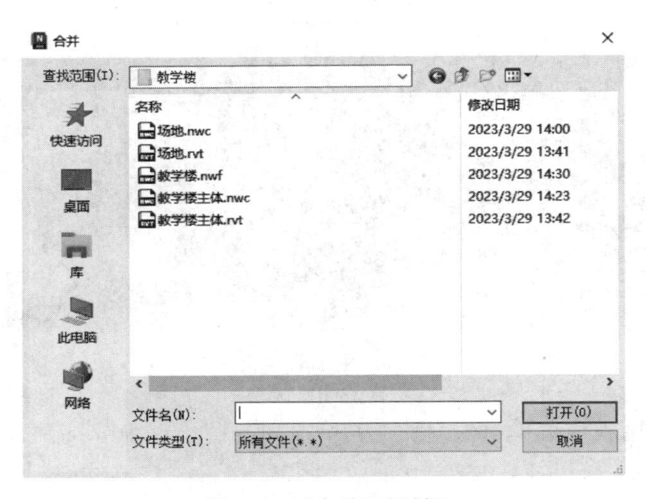

图 1-40 “合并”对话框

环境设置

在打开场景模型之前，可以先根据自己的习惯和需要对软件的环境进行设置，例如，Navisworks 中使用的单位、选择和高亮显示几何图形对象的方式、审阅时测量的颜色、文字颜色、场景的环境光和顶光源的亮度等参数。

2.1 选项编辑器

使用"选项编辑器"可为 Navisworks 任务调整程序设置。在"选项编辑器"中做的设置在所有 Navisworks 任务中是永久性的。

单击应用程序菜单中"选项"按钮，打开如图 2-1 所示的"选项编辑器"对话框，这些选项会显示在分层树结构中。单击 + 会展开这些节点，单击 − 会收拢这些节点。

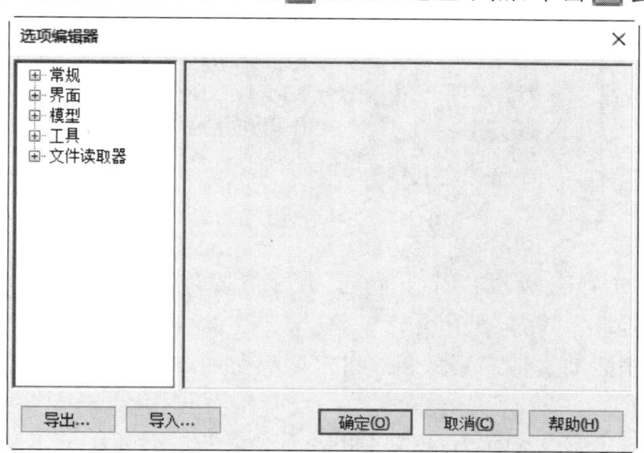

图 2-1 "选项编辑器"对话框

Note

2.1.1 常用设置

（1）导出：单击此按钮，打开如图 2-2 所示的“选择要导出的选项”对话框，在该对话框中选择要导出的选项。

（2）导入：单击此按钮，打开“打开”对话框，导入已设置好的文件。

图 2-2 “选择要导出的选项”对话框

2.1.2 “常规”节点

在此节点中可以调整缓冲区大小、文件位置、希望 Navisworks 存储的最近使用的文件快捷方式的数量以及自动保存选项。

（1）撤销：在此页面中可以调整缓冲区大小。在“缓冲区大小”文本框中指定 Navisworks 为保存撤销/恢复操作分配的空间量。

（2）位置：在此页面中可以与其他用户共享全局 Navisworks 设置、工作空间、datatools、替身、碰撞检测、对象动画脚本等，如图 2-3 所示。运行 Navisworks 时，将从安装目录拾取设置。随后，Navisworks 将检查本地计算机上的当前用户配置和所有用户配置，然后检查“项目目录”和“站点目录”中的设置。“项目目录”中的文件优先。

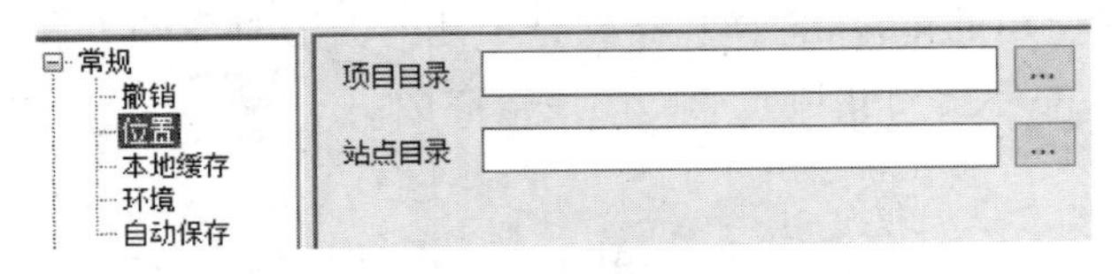

图 2-3 “位置”页面

- 项目目录：单击 ... 按钮，打开“浏览文件夹”对话框，并查找包含特定于某个项目组的 Navisworks 设置的目录。
- 站点目录：单击 ... 按钮，打开“浏览文件夹”对话框，并查找包含整个项目站点范围的 Navisworks 设置标准的目录。

（3）本地缓存：在此页面上设置可控制 Navisworks 中的缓存管理，如图 2-4 所示。

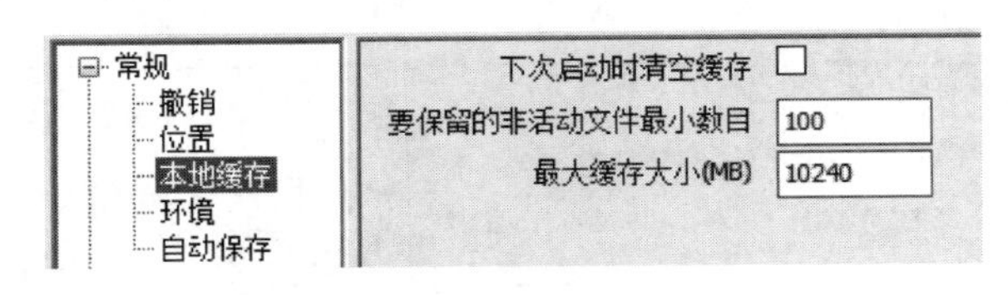

图 2-4 “本地缓存”页面

- 下次启动时清空缓存：选中此选项可清除本地缓存。这将在下一次打开 Navisworks 时生效。
- 要保留的非活动文件最小数目：指定要保留的非活动文件最小数目。默认文件数目为 100。
- 最大缓存大小：以 MB 为单位指定最大缓存大小。默认大小为 10240MB。

Note

（4）环境：在此页面上可调整由 Navisworks 存储的最近使用的文件快捷方式的数量，如图 2-5 所示。

图 2-5　“环境”页面

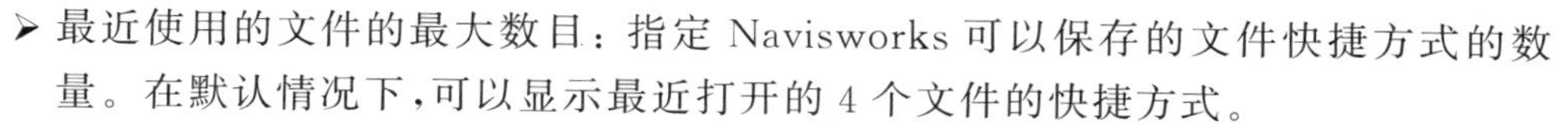

➢ 最近使用的文件的最大数目：指定 Navisworks 可以保存的文件快捷方式的数量。在默认情况下，可以显示最近打开的 4 个文件的快捷方式。

（5）自动保存：在此页面上设置可调整自动保存选项，如图 2-6 所示。

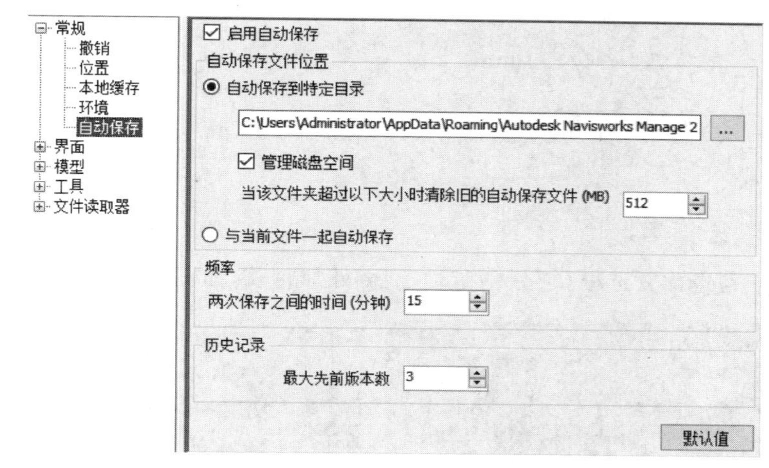

图 2-6　“自动保存”页面

➢ 启用自动保存：在默认情况下，此复选框处于选中状态，指示 Navisworks 是否自动保存 Navisworks 文件。如果不希望自动保存 Navisworks 文件，取消勾选此复选框。

➢ 自动保存文件位置：自动保存到特定目录，自动保存默认目录为 C:\Users\Administrator\AppData\Roaming\Autodesk Navisworks Manage 2023\AutoSave，也可以单击 ... 按钮，打开“浏览文件夹”对话框，设置自动保存位置。

➢ 管理磁盘空间：指示磁盘空间的大小是否限制备份文件的创建。勾选此复选框，当该文件夹超过设定大小时清除旧的自动保存文件，文本框中为备份文件指定的最大目录大小。默认值是 512MB。如果自动保存文件夹的大小超出指定值，则 Navisworks 会根据修改日期删除最旧的备份文件。

➢ 两次保存之间的时间(分钟)：定义自动保存重大文件更改之间的时间间隔。在默认情况下，会在对 Navisworks 文件进行重大更改后每 15 分钟保存一个备份文件。

➢ 最大先前版本数：确定存储的备份文件数。在默认情况下是 3 个文件。如果自动保存文件的数量超出指定的值，则 Navisworks 会根据修改日期删除最旧的备份文件。

Note

2.1.3 “界面”节点

在此节点中可以自定义 Navisworks 的界面。

(1) 显示单位：在此页面上可自定义 Navisworks 使用的单位，如图 2-7 所示。

- 长度单位：使用该下拉列表可选择所需的长度单位。在默认情况下使用“米”。
- 角度单位：使用该下拉列表可选择所需的角度单位。在默认情况下使用“度”。
- 小数位数：指定单位所使用的小数位数。
- 小数显示精度：指定单位所使用的分数级别。

(2) 剖分：在此页面上设置剖分时是否加封盖，并设置剖分处轮廓的颜色，如图 2-8 所示。

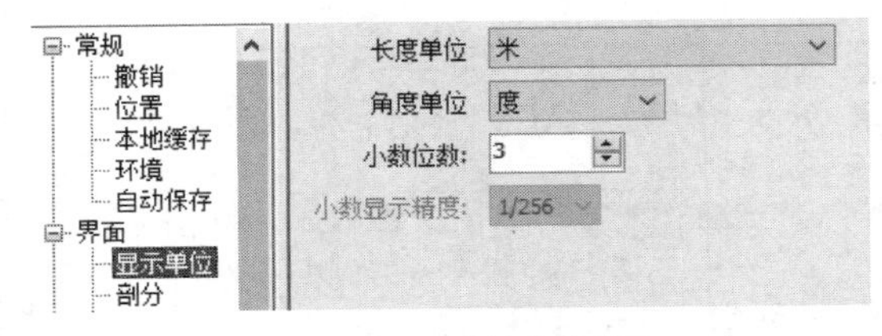

图 2-7 “显示单位”页面

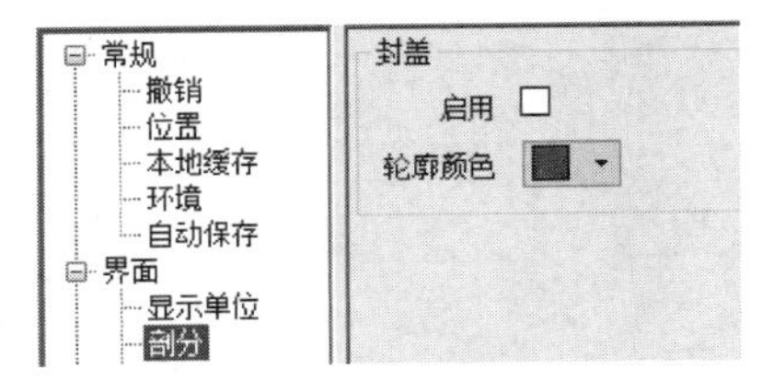

图 2-8 “剖分”页面

- 启用：勾选此复选框，剖分模型时，剖分处加封盖，如图 2-9 所示。

(a) 勾选“启用”复选框

(b) 取消勾选“启用”复选框

图 2-9 “启用”选项设置

- 轮廓颜色：单击色块，在打开的下拉列表中选择所需轮廓颜色，如图 2-10 所示，单击“更多颜色”选项，打开如图 2-11 所示的“颜色”对话框，可以自定义颜色。

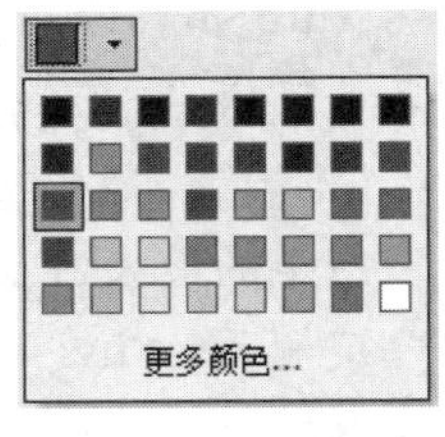

图 2-10 “轮廓颜色”下拉列表

(3) 选取：在此页面上可配置选择和高亮显示几何图形对象的方式，如图 2-12 所示。

- 拾取半径：指定以像素为单位的半径，必须在该半径范围内才可选择所需项目。
- 精度：指定在默认情况下所使用的选择级别，如图 2-13 所示。
- 紧凑树：指定“选择树”的“紧凑”选项上显示的细节级别。

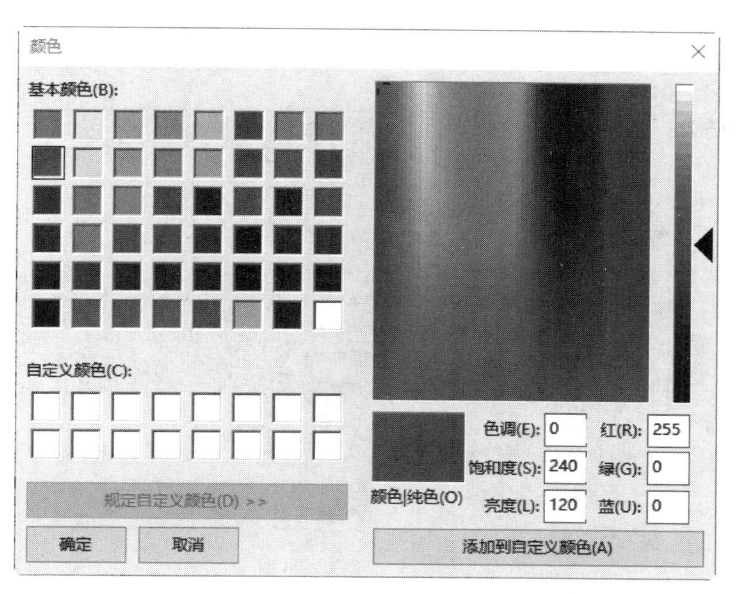

图 2-11 “颜色”对话框

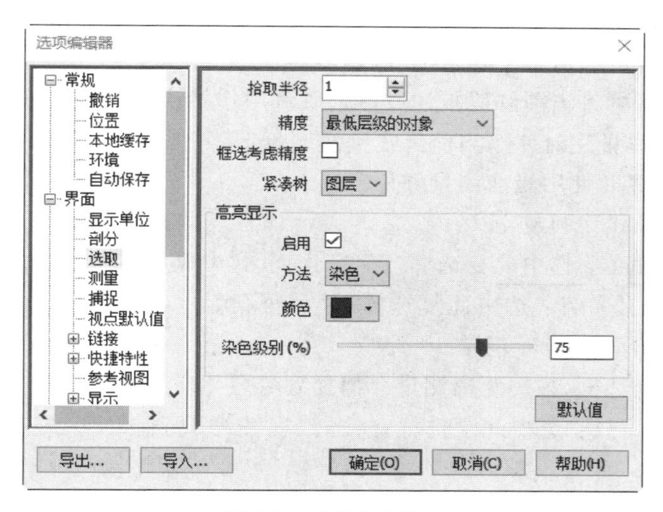

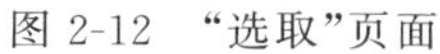

图 2-12 “选取”页面

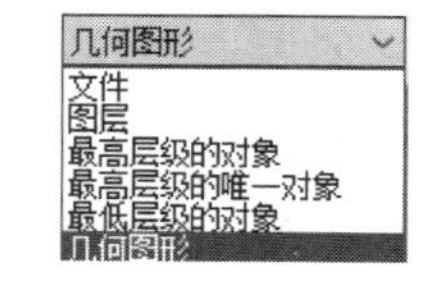

图 2-13 “精度”下拉列表

- 模型：将树限制为仅显示模型文件。
- 图层：可以将树向下展开到图层级别。
- 对象：可以将树向下展开到对象级别，但是没有“标准”选项上显示的实例化级别。

➢ 高亮显示：指定高亮显示指定项目时的颜色、显示方式等。

- 启用：指出 Navisworks 是否高亮显示“场景视图”中选定的项目。
- 方法：指定高亮显示对象的方式，包括着色、线框和染色。
- 颜色：单击选择框可指定高亮显示颜色。
- 染色级别：使用该滑块可调整染色级别，级别范围为 0～100%。

(4) 测量：在此页面上可调整测量线的外观和样式，如图 2-14 所示。

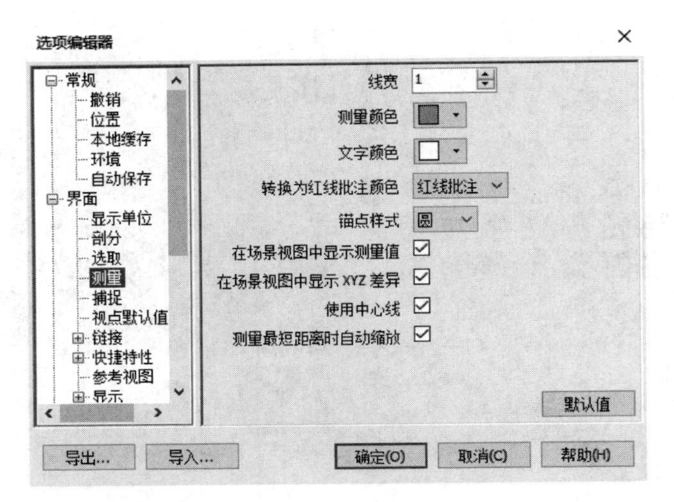

图 2-14 “测量”页面

- 线宽：指定测量线的线宽。
- 测量颜色：单击选择框可指定测量线颜色。
- 文字颜色：单击选择框可指定文字颜色。
- 转换为红线批注颜色：可将当前红线批注或测量颜色用作默认设置。
  - 红线批注：转换为红线批注时使用当前红线批注颜色。
  - 测量：转换为红线批注时使用当前测量颜色。
- 锚点样式：设置锚点样式为圆或交叉。
- 在场景视图中显示测量值：选中此复选框，在“场景视图”中显示标注标签。
- 在场景视图中显示 XYZ 差异：选中此复选框，显示两点测量(点到点或点到多点测量中活动的线)的 XYZ 坐标差异。
- 使用中心线：选中此复选框，最短距离测量会捕捉到参数化对象的中心线。
- 测量最短距离时自动缩放：选中此复选框，将场景视图缩放到测量区域(最短距离)。

(5) 捕捉：在此页面上可调整光标捕捉位置，如图 2-15 所示。

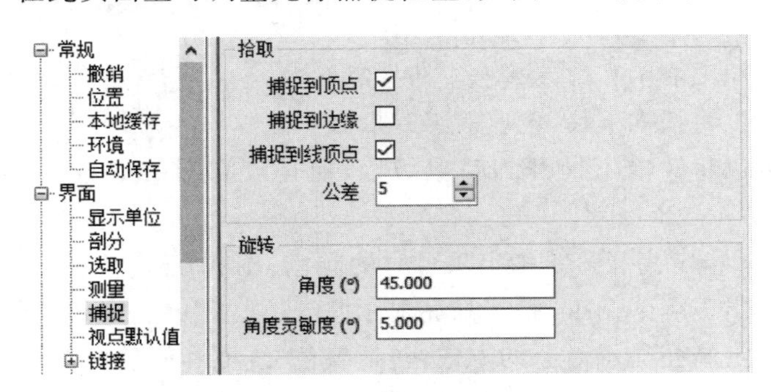

图 2-15 “捕捉”页面

- 捕捉到顶点：选中此复选框，可将光标捕捉到最近顶点。
- 捕捉到边缘：选中此复选框，可将光标捕捉到最近的三角形边。
- 捕捉到线顶点：选中此复选框，可将光标捕捉到最近的线端点。
- 公差：定义捕捉公差。公差值越小，光标离模型中的特征越近，只有这样才能捕捉到它。
- 角度(°)：指定捕捉角度。
- 角度灵敏度(°)：此处输入的值可以确定要使捕捉生效时，光标必须与捕捉角度接近的程度。

(6) 视点默认值：在此页面上可定义创建属性时随视点一起保存的属性，如图 2-16 所示。修改默认视点设置时，所做的更改将影响当前 Navisworks 文件或未来任务中保存的任何新视点。这些更改不会应用于以前创建和保存的视点。

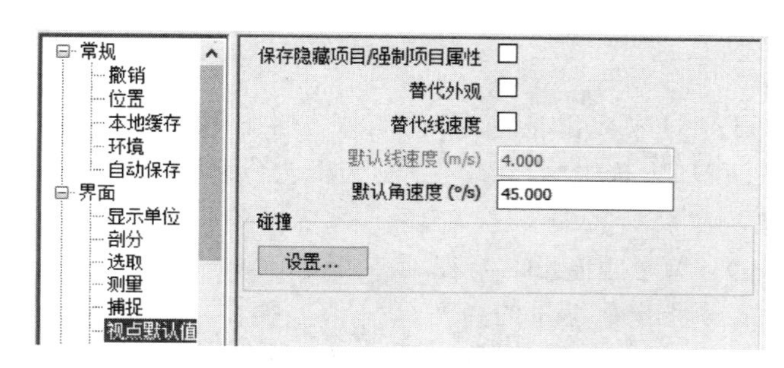

图 2-16 “视点默认值”页面

- 保存隐藏项目/强制项目属性：选中此复选框，可在保存视点时包含模型中对象的隐藏/强制标记信息。再次使用视点时，会重新应用保存视点时设置的隐藏/强制标记。在默认情况下，会清除此复选框，因为将状态信息与每个视点一起保存需要相对较大的内存量。
- 替代外观：选中此复选框，可将视点与更改的外观或替代信息一起保存。可以通过更改视点中几何图形的颜色或透明度来替代外观。再次使用视点时，将保存外观替代。在默认情况下，会清除此复选框，因为将状态信息与每个视点一起保存需要相对较大的内存量。
- 替代线速度：在默认情况下，导航线速度与模型的大小有直接关系。选中此复选框，手动设置某个特定导航速度，此选项仅在三维工作空间中可用。
- 默认线速度：指定默认的线速度值。此选项仅在三维工作空间中可用。
- 默认角速度：指定相机旋转的默认速度。此选项仅在三维工作空间中可用。
- 碰撞设置：单击“设置”按钮，打开如图 2-17 所示“默认碰撞”对话框，可在其中调整碰撞、重力、蹲伏和第三人视图设置。在默认情况下，会关闭“碰撞”“重力”“自动蹲伏”和“第三人”视图。修改默认碰撞设置时，所做的更改不会影响当前打开的 Navisworks 文件。

• 碰撞(C)：选中此复选框，可在“漫游”模式和“飞行”模式下将观察者定义为碰撞量。

• 重力(G)：选中此复选框，可在“漫游”模式下为观察者提供一些重量。

Note

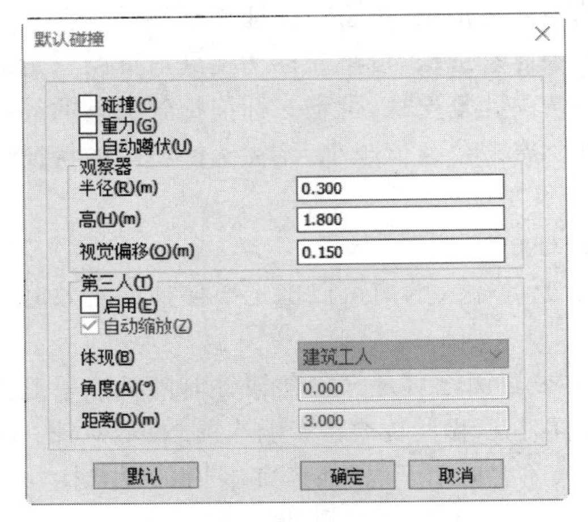

图 2-17 “默认碰撞”对话框

- 自动蹲伏(U)：选中此复选框，可使观察者能够蹲伏在很低的对象之下，而在“漫游”模式下，如果选中“自动蹲伏”复选框，会因为对象过低，观察者蹲伏而无法通过对象。
- 半径(R)(m)：指定碰撞量的半径。
- 高度(H)(m)：指定碰撞量的高度。
- 视觉偏移(O)(m)：指定在碰撞体积顶部之下的距离，此时相机将关注是否选中“自动缩放”复选框。
- 启用(E)：选中此复选框，可使用“第三人”视图。在“第三人”视图中，会在“场景视图”中显示一个体现来表示观察者。将更改渲染优先级，以便与正常情况下相比使用更高的细节显示体现周围的对象。高细节区域的大小基于碰撞体积半径、移动速度和相机在体现后面的距离。
- 自动缩放(Z)：选中此复选框，可在视线被某个项目遮挡时自动从“第三人”视图切换到第一人视图。
- 体现(B)：指定在“第三人”视图中使用的体现。Navisworks 中所有的第三人形象模型都存储于安装目录 C:\Program Files\Autodesk\Navisworks Manage 2023\avatars 中，在该目录中包含多个文件夹，每个文件夹中均包含 01～05 的同名文件。Navisworks 允许用户自定义第三人模型。
- 角度(A)(°)：指定相机观察体现所处的角度。例如，0°会将相机直接放置到体现的后面；15°会使相机以 15°的角度俯视体现。
- 距离(D)(m)：指定相机和体现之间的距离。

(7) 链接：在此页面上可自定义在“场景视图”中显示链接的方式，如图 2-18 所示。

- 显示链接：显示/隐藏“场景视图”中的链接。
- 三维：指示是否在“场景视图”中以三维模式绘制链接图标。
- 最大图标数：指定要在“场景视图”中绘制的最大图标数。
- 隐藏冲突图标：选中此复选框可隐藏在“场景视图”中显示为重叠的链接图标。
- 消隐半径(m)：指定在“场景视图”中绘制相机链接之前，它们必须接近的程度。

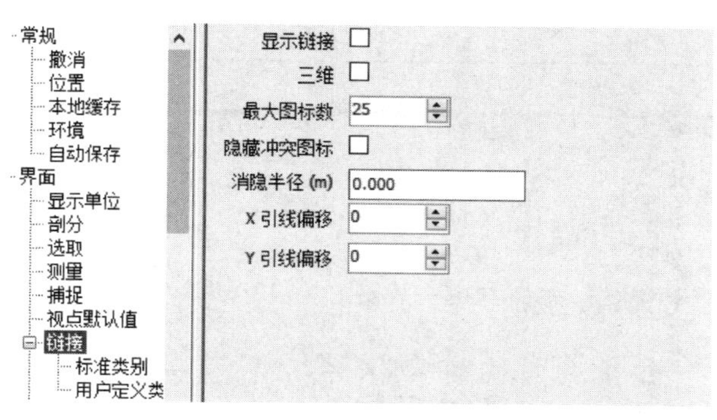

图 2-18　“链接”页面

远于该距离的任何链接都不会绘制。默认值 0 表示绘制所有链接。

➢ X 引线偏移/Y 引线偏移：可以使用指向链接所附加到的几何图形上的连接点的引线(箭头)绘制链接。输入 X 和 Y 值以指定这些引线所使用的向右和向上的像素数。

➢ 标准类别：在此页面上可根据链接的类别切换其显示。

➢ 用户定义类别页面：在此页面上可查看自定义链接类别。

(8) 快捷特性：在此页面上可自定义在“场景视图”中显示快捷特性的方式，如图 2-19 所示。

➢ 显示快捷特性：显示/隐藏“场景视图”中的快捷特性。

➢ 隐藏类别：取消勾选此复选框可在快捷特性工具提示中不包含类别名称。

➢ 定义：在此页面上可设置快捷特性类别，如图 2-20 所示。

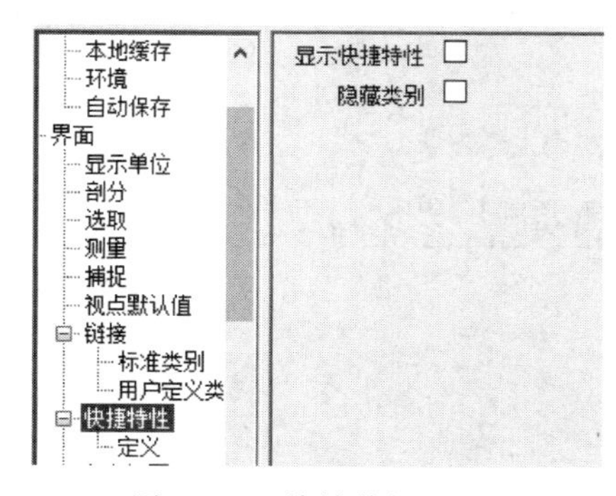

图 2-19　“快捷特性”页面

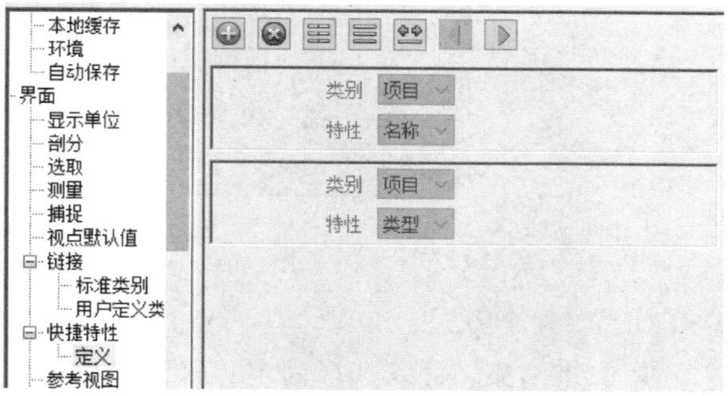

图 2-20　“定义”页面

➢ 添加元素：单击此按钮，可添加快捷特性定义。

➢ 删除元素：单击此按钮，可删除选定的快捷特性定义。

➢ 网格视图：单击此按钮，将使用表格格式显示快捷特性定义。

➢ 列表视图：单击此按钮，将使用列表格式显示快捷特性定义。

➢ 记录视图：单击此按钮，可将快捷特性定义显示为记录。

➢ 上一个元素/下一个元素：可在快捷特性定义之间切换。

(9) 参考视图：在此页面上可设置标记颜色。

(10) 显示：在此页面上可调整显示性能，如图 2-21 所示。

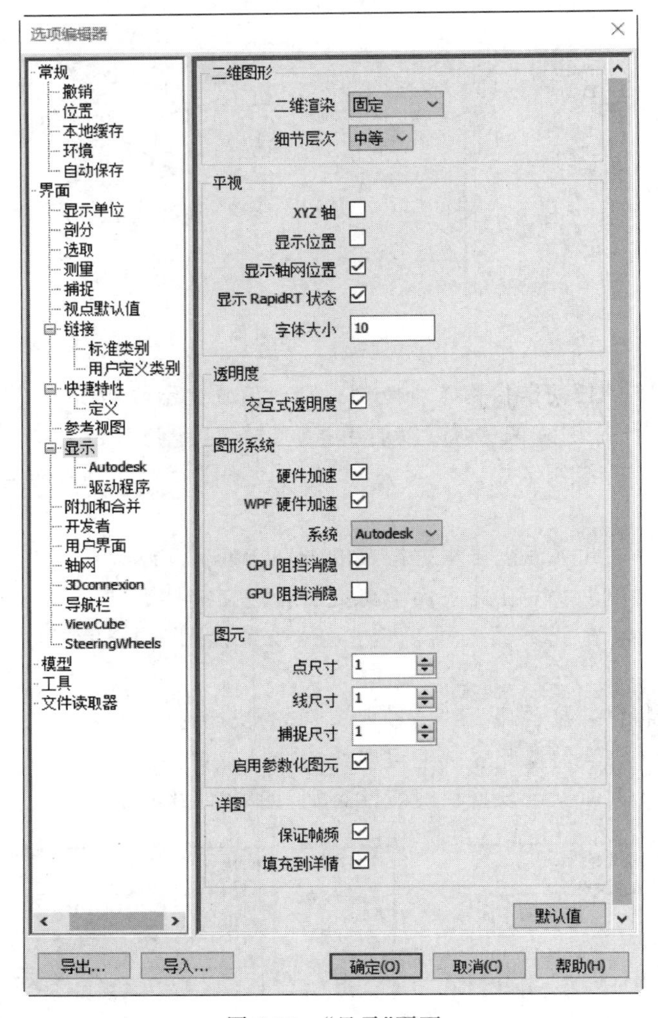

图 2-21 “显示”页面

① 二维图形。

➢ 二维渲染：可以选择固定二维渲染和视图相关二维渲染。

- 固定：图形就像按照固定纸张大小进行打印一样来生成。放大和缩小图形时，线型保持相同的相对大小和间距，就好像用户在放大和缩小渲染的图像一样。此选项提供的性能最高，使用的内存最少。
- 视图相关：只要视图更改，就重新生成图形。放大和缩小图形时，将重新计算线型，并可能调整虚线的相对大小和间距。此选项提供的性能最低，使用的内存最多。

➢ 细节层次：可以调整二维图形的细节层次，这意味着可以协调渲染性能和二维保真度。

- 低：为用户提供较低的二维保真度，但渲染性能较高。
- 中等：为用户提供中等的二维保真度和中等的渲染性能，这是默认选项。

Note

- 高：为用户提供较高的二维保真度，但渲染性能较低。

② 平视。

➢ XYZ 轴：设置是否在“场景视图”中显示“XYZ 轴”指示器。

➢ 显示位置：设置是否在“场景视图”中显示“位置读数器”。

➢ 显示轴网位置：设置是否在“场景视图”中显示“轴网位置”指示器。

➢ 显示 RapidRT 状态：选中此复选框，渲染进度标签会在“场景视图”中显示实时渲染进度。

➢ 字体大小：指定“平视”文本的字体大小（以磅为单位）。

③ 透明度。

➢ 选中“交互式透明度”复选框可在交互式导航过程中以动态方式渲染透明项目。

④ 图形系统。

➢ 硬件加速：选中此复选框可利用视频卡上任何可用的硬件加速。如果视频卡驱动程序不能与 Navisworks 很好地协作，则取消勾选此复选框。

➢ WPF 硬件加速：WPF 是用于加载用户界面框架的技术。选中此复选框可以利用视频卡上任何可用的 WPF 硬件加速。

➢ 系统：使用基本系统或 Autodesk 系统。在默认情况下将使用 Autodesk 图形系统。

- 基本：使用硬件或软件 OpenGL。
- Autodesk：支持显示 Autodesk 材质，使用 Direct3D 或硬件 OpenGL。

➢ CPU 阻挡消隐：选中此复选框以启用此特定类型的阻挡消隐。使用阻挡消隐意味着 Navisworks 将仅绘制可见对象并忽略位于其他对象后面的任何对象。这可在模型的许多部分不可见时提高显示性能。该选项在默认情况下处于启用状态，并且使用备用 CPU 核心执行阻挡消隐测试；只能在具有两个或更多 CPU 核心的计算机上使用；要求 CPU 具有 SSE4 以发挥最大性能；将不会降低性能，即使模型的所有部分都可见（GPU 将花费所有时间渲染该模型）。性能提升取决于窗口大小——窗口越小，性能提升越大。

➢ GPU 阻挡消隐：选中此复选框以启用此特定类型的阻挡消隐。在默认情况下处于禁用状态，如果选中此复选框，它将使用图形卡执行阻挡消隐测试；仅可在其图形卡满足 Navisworks 最低系统要求的计算机上使用，如果模型大部分可见，将降低性能。

⑤ 图元。

➢ 点尺寸：输入 1～9 的任一数字，可设置在“场景视图”中绘制的点尺寸（以像素为单位）。

➢ 线尺寸：输入 1～9 的任一数字，可设置在“场景视图”中绘制的线宽度（以像素为单位）。

➢ 捕捉尺寸：输入 1～9 的任一数字，可设置在“场景视图”中绘制的捕捉点尺寸（以像素为单位）。

➢ 启用参数化图元：指示 Navisworks 是否在交互式导航过程中以动态方式渲染参数化图元。选中此复选框，在导航过程中细节级别会随着与相机的距离而

Note

变化。

⑥ 详图。

➢ 保证帧频：指示 Navisworks 引擎是否保持在“文件选项”对话框的“速度”选项卡上指定的帧频。默认情况会选中此复选框，且在移动时保持目标速率。当移动停止时，会渲染完整的模型。

➢ 填充到详情：指示导航停止后 Navisworks 是否填充任何放弃的细节。

（11）Autodesk：在此页面上可调整在 Autodesk 图形模式下使用的效果和材质，如图 2-22 所示。

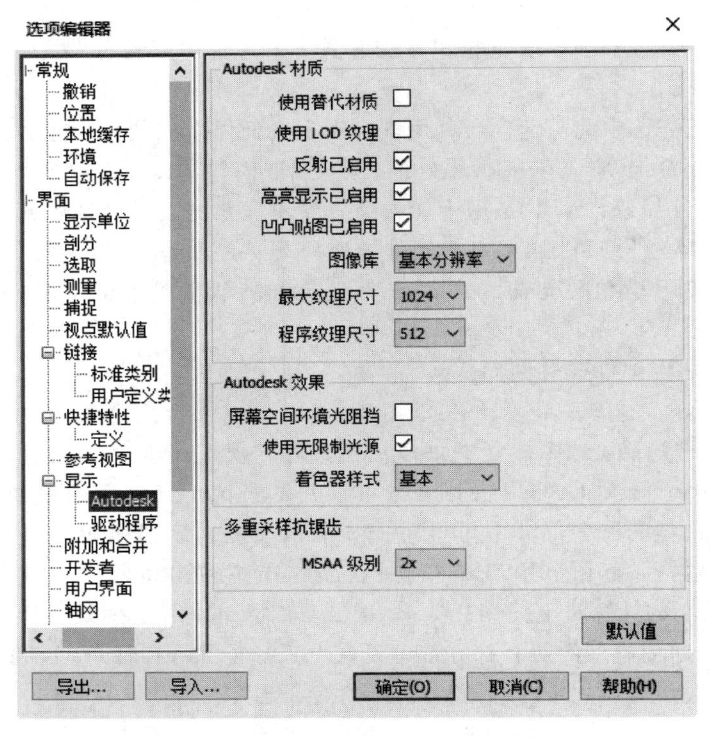

图 2-22　Autodesk 页面

① Autodesk 材质。

➢ 使用替代材质：通过此选项，用户可以强制使用基本材质，而不是 Autodesk 一致材质。如果图形卡不能与 Autodesk 一致材质很好地配合，则将自动使用此选项。

➢ 使用 LOD 纹理：如果要使用 LOD 纹理，则选中此复选框。

➢ 反射已启用：选中此复选框以便为 Autodesk 一致材质启用反射颜色。

➢ 高亮显示已启用：选中此复选框以便为 Autodesk 一致材质启用高光颜色。

➢ 凹凸贴图已启用：如果要使用凹凸贴图，则选中此选项，这样可以使渲染对象看起来具有凹凸不平或不规则的表面。

➢ 图像库：选择基于纹理分辨率的 Autodesk 一致材质库。

• 基本分辨率：基本材质库，分辨率大约为 256×256 像素。在默认情况下已安装

Note

此库，并且 Navisworks 需要该库来支持完整的视觉样式和颜色样式功能。

- 低分辨率：低分辨率图像，大约为 512×512 像素。
- 中等分辨率：中分辨率图像，大约为 1024×1024 像素。
- 高分辨率：高分辨率图像。此选项当前不被支持。

➢ 最大纹理尺寸：此选项影响应用到几何图形的纹理的可视细节。可输入所需的像素值，例如，128 表示最大纹理尺寸为 128×128 像素。值越大，图形卡的负荷就越高，这是因为需要更多的内存渲染纹理。

➢ 程序纹理尺寸：此选项提供了从程序贴图生成的纹理的尺寸，例如，256 表示从程序贴图生成的纹理的尺寸为 256×256 像素。

② Autodesk 效果。

➢ 屏幕空间环境光阻挡：当 Autodesk 图形系统处于活动状态，以呈现渲染的真实世界环境照明效果时，需选中此复选框。例如，使用此选项可在难以进入的模型部分创建较暗的照明，如房间的拐角。

➢ 使用无限制光源：在默认情况下，Autodesk 渲染器支持最多同时使用 8 个光源。如果模型包含的光源数超过 8 个，并且用户希望能够使用所有这些光源，须选中此复选框。

➢ 着色器样式：定义面上的 Autodesk 着色样式。

- 基本：面的真实显示效果，接近于在现实世界中所显示的样子。
- 高洛德：为由多边形网格表示的曲面提供连续着色。
- 古式：使用冷色和暖色而不是暗色和亮色来增强可能已附加阴影并且很难在真实显示中看到的面的显示效果。
- 冯氏模型：提供被照曲面的更平滑的真实渲染。

③ 多重采样抗锯齿。

➢ MSAA 级别：定义要在 Autodesk 图形模式下渲染的抗锯齿值。抗锯齿用于使几何图形的边缘变平滑。值越高，几何图形就越平滑，但渲染时间也就越长。默认选项是 2x。

（12）驱动程序：在此页面上可启用/禁用可用的显示驱动程序。

（13）附加和合并：在此页面上选择附加和合并行为，如图 2-23 所示。

附加或合并时
◉ 将文件的其余图纸/模型添加到当前项目前询问
○ 从不将文件的其余图纸/模型添加到当前项目
○ 始终将文件的其余图纸/模型添加到当前项目

图 2-23　“附加和合并”页面

➢ 将文件的其余图纸/模型添加到当前项目前询问：选择该选项，则在附加或合并操作完成后会显示一个交互式对话框。

➢ 从不将文件的其余图纸/模型添加到当前项目：选择该选项，将选定文件中的默认图纸/模型附加或合并到当前场景。

➢ 始终将文件的其余图纸/模型添加到当前项目：选择此选项，完成附加或合并操

作，Navisworks 就会在文件中自动添加其余图纸/模型。

(14) 开发者：在此页面上可调整对象特性的显示，如图 2-24 所示。

Note

➢ 显示内部特性：指示是否在 Navisworks 中显示其他对象特性。

➢ 显示特性内部名称：指示内部对象特性名称是否显示在"特性"窗口中。

(15) 用户界面：在此页面上可以选择颜色主题。

➢ 主题：在下拉列表中选择一个预设界面主题。

➢ 启用 UI 缩放：如果选中此复选框，在高分辨率显示器上，UI 将尝试正确缩放。如果缩放无法正常工作，或者用户不希望 UI 尝试缩放，则取消选中此复选框。

(16) 轴网：在此页面上可自定义绘制轴网线的方式，如图 2-25 所示。

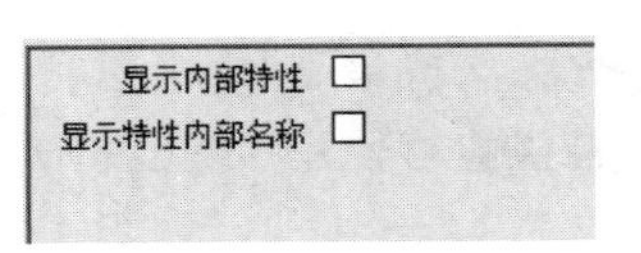

图 2-24 "开发者"页面

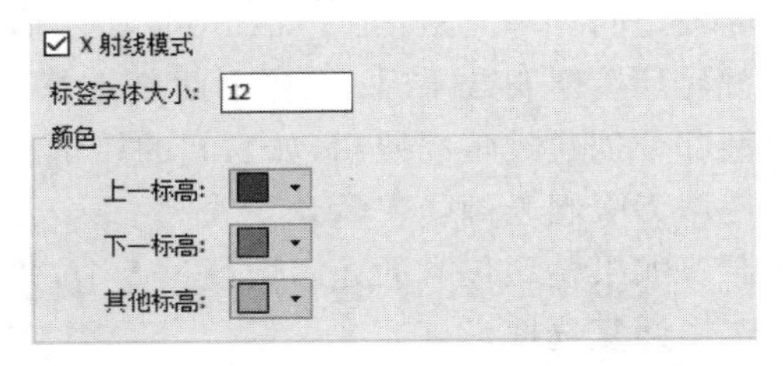

图 2-25 "轴网"页面

➢ X 射线模式：指示当轴网线被对象遮挡时是否绘制为透明，如图 2-26 所示。

(a) 勾选复选框

(b) 未勾选复选框

图 2-26 X 射线模式

➢ 标签字体大小：指定轴网线标签中文本使用的字体大小(以磅为单位)。

➢ 颜色：选择用于绘制轴网线的颜色。

- 上一标高：用于在相机位置正上方标高处绘制轴网线的颜色。
- 下一标高：用于在相机位置正下方标高处绘制轴网线的颜色。
- 其他标高：用于在其他标高处绘制轴网线的颜色。

(17) 3Dconnexion：在此页面上可自定义 3Dconnexion 设备的行为，如图 2-27 所示。

➢ 速度：使用滑块调整控制器的灵敏度。

➢ 保持场景正立：选中此复选框可禁用滚动轴。选中后，将不能向侧面滚动模型。

➢ 选择时使轴心居中：选中此复选框可将轴心点移动到所选任意对象的中心。

➢ 平移/缩放：选中此复选框可启用 3Dconnexion 设备的平移和缩放功能。

➢ 倾斜/旋转/滚动：选择此复选框可启用 3Dconnexion 设备的倾斜、旋转和滚动功能。

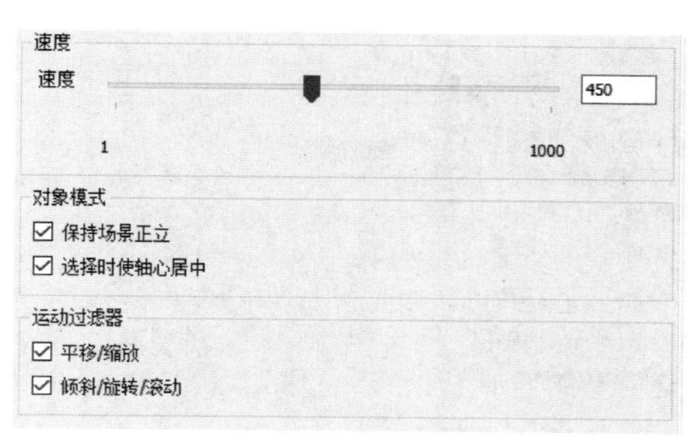

图 2-27 3Dconnexion 页面

(18) 导航栏：在此页面上可自定义导航栏上工具的行为，如图 2-28 所示。

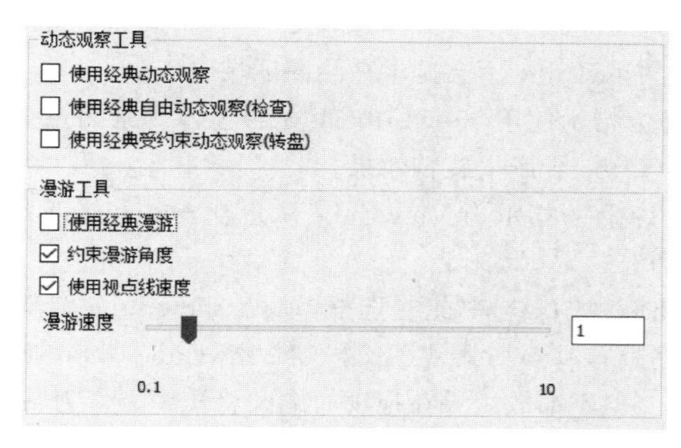

图 2-28 “导航栏”页面

- 使用经典动态观察：选中此复选框，从标准动态观察工具切换到导航栏上的旧行为。
- 使用经典自由动态观察(检查)：选中此复选框，从标准自由动态观察工具切换到导航栏上的旧“检查”模式。
- 使用经典受约束的动态观察(转盘)：选中此复选框，从标准受约束的动态观察工具切换到导航栏上的旧“转盘”模式。
- 使用经典漫游：选中此复选框，从标准漫游工具切换到导航栏上的旧行为。
- 约束漫游角度：选中此复选框，漫游工具将在导航时保持相机正立。
- 使用视点线速度：选中此复选框，漫游工具将遵循视点线速度设置。这种情况下，漫游速度滑块的作用像一个倍增器。
- 漫游速度：在 0.1(非常慢)与 10(非常快)之间设置漫游工具的速度。

(19) ViewCube：在此页面上可自定义 ViewCube 行为，如图 2-29 所示。

- 显示 ViewCube：指示是否在“场景视图”中显示 ViewCube。
- 大小：指定 ViewCube 的大小，包括自动、微型、小、中等、大模式。在自动模式下，ViewCube 的大小与“场景视图”的大小有关，并介于中等和微型之间。
- 不活动时的不透明度：当 ViewCube 处于不活动状态时，即光标距离 ViewCube

Note

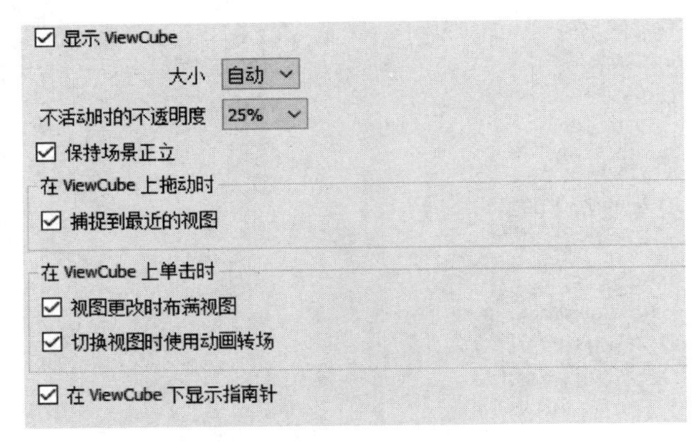

图 2-29　ViewCube 页面

很远，则它看起来是透明的。如果选择了 0 时，需要将光标移动至 ViewCube 位置上方，否则 ViewCube 不会显示在绘图区域中。

- 保持场景正立：指示使用 ViewCube 时是否允许场景的正立方向。选中此复选框，拖动 ViewCube 会产生旋转效果。
- 捕捉到最近的视图：指示当 ViewCube 从角度方向上接近其中一个固定视图时是否会捕捉到它。
- 视图更改时布满视图：选中此复选框，单击 ViewCube 会围绕场景的中心旋转并缩小以将场景布满到场景视图。拖动 ViewCube 时，在拖动之前视图将变为观察场景中心（但不缩放），并在拖动时继续将该中心作为轴心点。
- 切换视图时使用动画转场：选中此复选框，当用户在 ViewCube 的某一区域上单击时，将显示动画转场，这有助于直观显示当前视点和选定视点之间的空间关系。
- 在 ViewCube 下显示指南针：指示是否在 ViewCube 工具下方显示指南针。

（20）SteeringWheels：在此页面上可自定义 SteeringWheels 菜单，如图 2-30 所示。

- 大控制盘/小控制盘：指定大/小控制盘的大小和不透明度级别。
- 显示工具消息：显示/隐藏导航工具的工具提示。选中此复选框，则在使用这些工具时会在光标下面显示工具提示。
- 显示工具提示：选中此复选框，将光标悬停在控制盘上的按钮上时会显示工具提示。
- 显示工具光标文本：显示/隐藏光标下的工具标签。
- 反转垂直轴：选中此复选框，交换“环视”工具的上下轴；即向前推动鼠标会向下环视，而向后拉动鼠标会向上环视。
- 约束漫游角度：选中此复选框，会使漫游工具遵守世界矢量。因此，使用漫游工具会使相机捕捉到当前向上矢量。
- 使用视点线速度：选中此复选框，漫游工具将遵循视点线速度设置。
- 漫游速度：在 0.1（非常慢）与 10（非常快）之间设置漫游工具的速度。

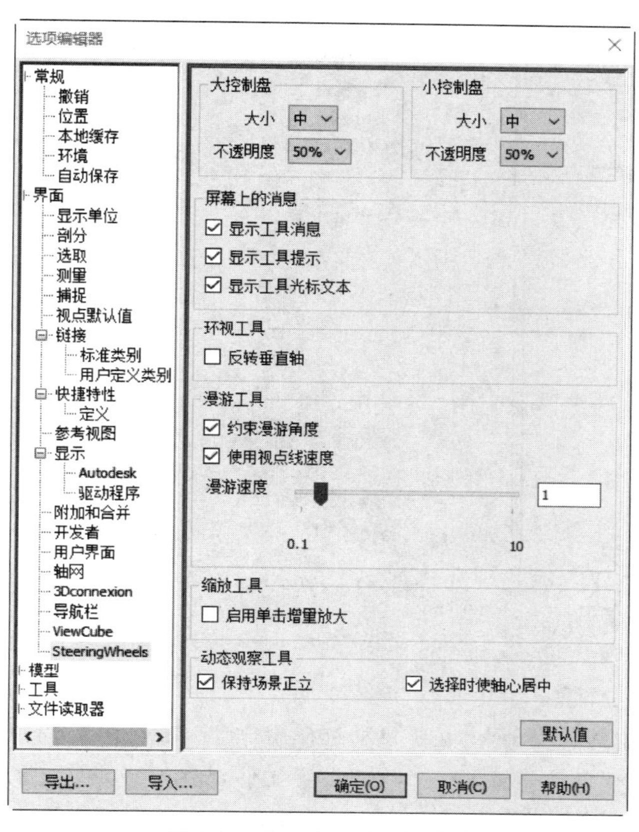

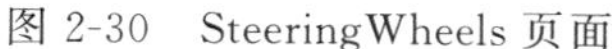
图 2-30 SteeringWheels 页面

- 启用单击增量放大：选中此复选框，在“缩放”按钮上单击会增加模型的放大倍数。
- 保持场景正立：选中此复选框，相机会在模型的焦点周围移动，且动态观察沿着 XY 轴和在 Z 轴方向上受到的约束。
- 选择时使轴心居中：选中此复选框，在使用动态观察工具之前选定的对象用于计算动态观察的轴心点。

2.1.4 “模型”节点

（1）“性能”页面：可优化 Navisworks 性能，如图 2-31 所示。

① 合并重复项：可通过倍增实例化匹配项目来提高性能。如果存在任何相同的项目，Navisworks 可以存储它们的一个实例，并将该实例“复制”到其他位置，而不是将每个项目都存储在内存中。

- 转换时：选中此复选框，在 CAD 文件转换为 Navisworks 格式时会合并重复项。
- 附加时：选中此复选框，在新文件附加到当前打开的 Navisworks 文件时会合并重复项。
- 载入时：选中此复选框，在文件载入 Navisworks 中时会合并重复项。
- 保存 NWF 时：选中此复选框，在当前场景保存为 NWF 文件格式时会合并重

常规
界面
模型
性能
NWD
NWC
工具
文件读取器

合并重复项
转换时
附加时
载入时
保存 NWF 时
临时文件位置
自动
位置 C:\Users\ADMINI~1\AppData\Local\Temp
内存限制
自动
限制 (MB) 8073
载入时
转换时合并 合成对象
载入时关闭 NWC/NWD 文件
创建参数化图元
载入时优化

图 2-31 “性能”页面

复项。

② 临时文件位置。

➢ 自动：指示 Navisworks 是否自动选择用户 Temp 文件夹。

➢ 位置：取消“自动”复选框的勾选，设置文件保存位置，单击 ... 按钮，打开“浏览文件夹”对话框，选择所需的 Temp 文件夹。

③ 内存限制。

➢ 自动：指示 Navisworks 是否自动确定可以使用的最大内存。选中此复选框，会将内存限制设置为可用物理内存或地址空间的最小值，低于操作系统所需的值。

➢ 限制：指定 Navisworks 可以使用的最大内存。

④ 载入时。

➢ 转换时合并：将原生 CAD 文件转换为 Navisworks 时，把 Navisworks 中的树结构收拢到指定的级别，包括“无”“合成对象”“所有对象”“图层”和“文件”。

- 无：树完全展开。使用此选项可在导入 DWG 和 DGN 文件以支持多个碰撞交点时使多段线拆分为单个段。
- 合成对象：将树向上收拢到合成对象级别。
- 所有对象：将树向上收拢到对象级别。
- 图层：将树向上收拢到图层级别。
- 文件：将树向上收拢到文件级别。

➢ 载入时关闭 NWC/NWD 文件：指示 NWC 和 NWD 文件载入内存之后是否立即关闭。

➢ 创建参数化图元：选中此复选框可以创建参数化模型。

➢ 载入时优化：选中此复选框，在载入文件时优化文件。

(2) NWD 页面：在此页面上可启用和禁用几何图形压缩并选择在保存或发布

NWD 文件时是否降低某些选项的精度，如图 2-32 所示。

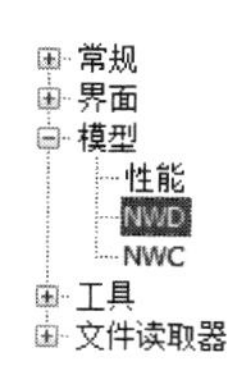

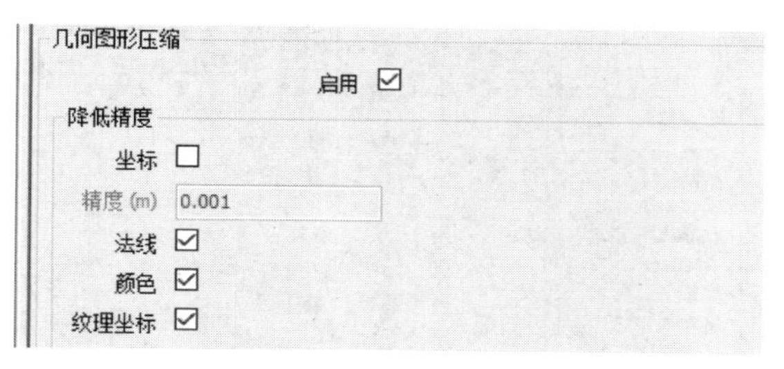

图 2-32　NWD 页面

➢ 启用：选中此复选框可在保存 NWD 文件时启用几何图形压缩。几何图形压缩会减小对内存的需要，因此生成更小的 NWD 文件。
➢ 坐标：选中此复选框可降低坐标的精度。
➢ 精度：为坐标指定精度值。该值越大，坐标越不精确。
➢ 法线：选中此复选框可降低法线的精度。
➢ 颜色：选中此复选框可降低颜色的精度。
➢ 纹理坐标：选中此复选框可降低纹理坐标的精度。

（3）NWC 页面：在此页面上可管理缓存文件（NWC）的读取和写入，如图 2-33 所示。在默认情况下，当 Navisworks 打开原生 CAD 文件（如 AutoCAD 或 MicroStation）时，它首先在相同的目录中检查是否存在与 CAD 文件同名但使用.nwc 扩展名的缓存文件。如果存在，并且此缓存文件比原生 CAD 文件新，则 Navisworks 会改为打开此文件，且打开的速度更快，因为此文件已转换为 Navisworks 格式。

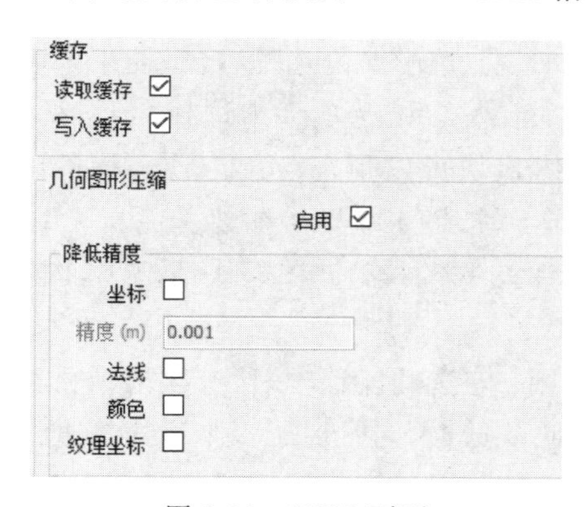

图 2-33　NWC 页面

➢ 读取缓存：选中此复选框，可在 Navisworks 打开原生 CAD 文件时使用缓存文件。
➢ 写入缓存：选中此复选框可在转换原生 CAD 文件时保存缓存文件。通常，缓存文件比原始 CAD 文件小得多，因此，选择此选项不会占用太多磁盘空间。

2.1.5　“工具”节点

（1）Clash Detective 页面：在此页面上可调整 Clash Detective 选项，如图 2-34 所

示。Clash Detective 功能仅适用于 Navisworks Manage 用户。

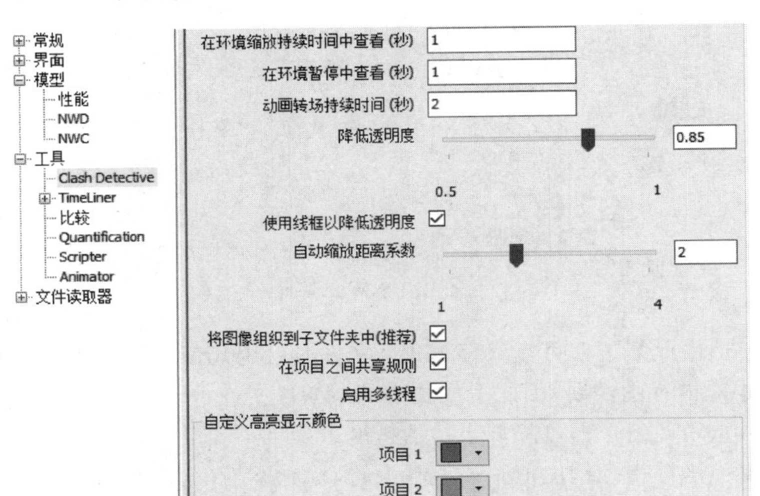

图 2-34　Clash Detective 页面

- 在环境缩放持续时间中查看(秒)：指定视图缩小所花费的时间(使用动画转场)。
- 在环境暂停中查看(秒)：指定视图保持缩小的时间。执行“在环境暂停中查看”时，只要按住按钮，视图就会保持缩小状态。如果快速单击而不是按住按钮，则该值指定视图保持缩小状态以免中途切断转场的时间。
- 动画转场持续时间(秒)：指定在视图之间移动所花费的时间。
- 降低透明度：拖动滑块指定碰撞中不涉及的项目的透明度。
- 使用线框以降低透明度：选中此复选框，将碰撞中未涉及的项目显示为线框。
- 自动缩放距离系数：在“结果”选项卡中选择“场景视图”中的某个碰撞后，使用“自动缩放距离系数”滑块可以指定应用于该碰撞的缩放级别。默认设置为 2，1 指最大级别的缩放，4 指最小级别的缩放。
- 将图像组织到子文件夹中(推荐)：在默认情况下，图像将被组织到子文件夹中来简化报告和跟踪。
- 在项目之间共享规则：勾选此复选框，所有碰撞项目都共同遵守碰撞规则。
- 启用多线程：勾选此复选框，同时启用多个碰撞检查。
- 自定义高亮显示颜色：可以指定碰撞项目的显示颜色。

(2) TimeLiner 页面：在此页面上可自定义 TimeLiner 选项，如图 2-35 所示。

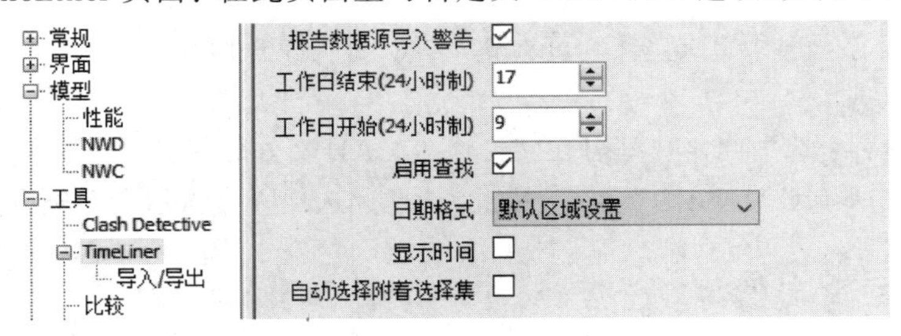

图 2-35　TimeLiner 页面

➢ 报告数据源导入警告：选中此复选框，在 TimeLiner 窗口的“数据源”选项卡中导入数据时，如果遇到问题，将会显示警告消息。

➢ 工作日结束(24 小时制)：设置默认工作日结束时间。

➢ 工作日开始(24 小时制)：设置默认工作日开始时间。

➢ 启用查找：在“任务”选项卡中启用“查找”命令，这样用户可以查找与任务相关的模型项目。启用“查找”命令可能会降低 Navisworks 的性能。

➢ 日期格式：设置默认日期格式。

➢ 显示时间：在“任务”选项卡的日期列中显示时间。

➢ 自动选择附着选择集：指示在 TimeLiner 窗口中选择任务是否会自动在“场景视图”中选择附加的对象。

➢ “导入/导出”页面：在此页面上可自定义 CSV 和 XML 导入/导出选项，如图 2-36 所示。

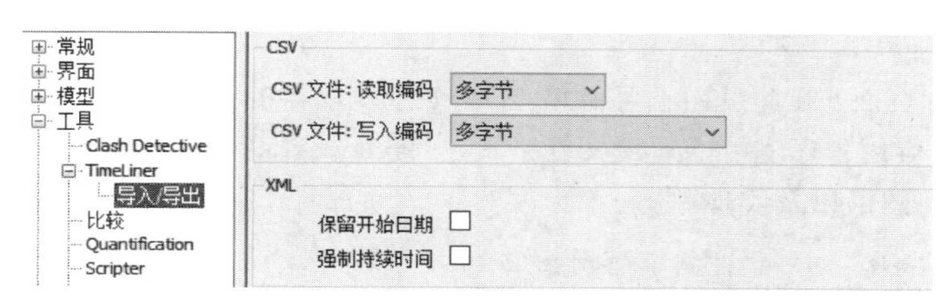

图 2-36 “导入/导出”页面

- CSV 文件：读取编码。指定将 CSV 文件导入 TimeLiner 中时使用的文本文件的格式。
- CSV 文件：写入编码。指定从 TimeLiner 导出 CSV 文件时使用的文本文件的格式。注意，数据按默认顺序进行导出，而不考虑 TimeLiner 列顺序或所做的选择。
- 保留开始日期：将 TimeLiner 进度中的每个任务的开始日期应用于导出到 XML 的任务。
- 强制持续日期：设置将任务导出到 XML 时任务的持续时间。

(3) “比较”页面：使用比较工具比较对象或文件时，使用此页面中的设置可忽略文件名差异。

➢ 公差：该值用于比较某些线性值，包括几何图形变换平移和几何图形偏移值。该值默认值为 0.0。

➢ 忽略文件名特性：选中此复选框，比较工具会忽略在文件名和源文件特性中的差异。

(4) Quantification 页面：支持三维和二维设计数据的集成，可以合并多个源文件的数据进行工程量计算。

(5) Scripter 页面：在此页面上可自定义“动画互动工具”选项，如图 2-37 所示。

➢ 消息级别：选择消息文件的内容，包括“用户”和“调试”。

- 用户：消息文件仅包含用户消息(即由脚本中的消息动作生成的消息)。

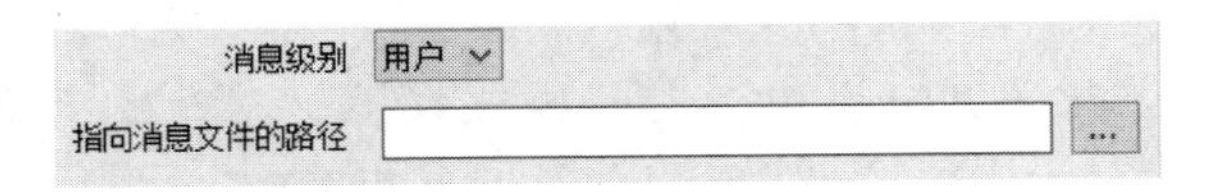

图 2-37　Scripter 页面

Note

- 调试：消息文件包含用户消息和调试消息(即由 Scripter 在内部生成的消息)。通过调试可以查看在更复杂的脚本中正在执行的操作。

➢ 指向消息文件的路径：在此文本框中输入消息文件的位置。如果消息文件尚未存在，Navisworks 会尝试为用户创建一个。注意，不能在文件路径中使用变量。

(6) Animator 页面：在此页面上可自定义"动画制作工具"选项。

➢ 显示手动输入：指示是否在 Animator 窗口中显示"手动输入"栏。在默认情况下，此复选框处于选中状态。

2.1.6　文件读取器

(1) 3DS 页面：在此页面上可调整 3DS 文件读取器的选项，如图 2-38 所示。3DS 是许多 CAD 应用程序支持的通用文件格式。Navisworks 文件读取器可以读取所有二维和三维几何图形以及纹理贴图。

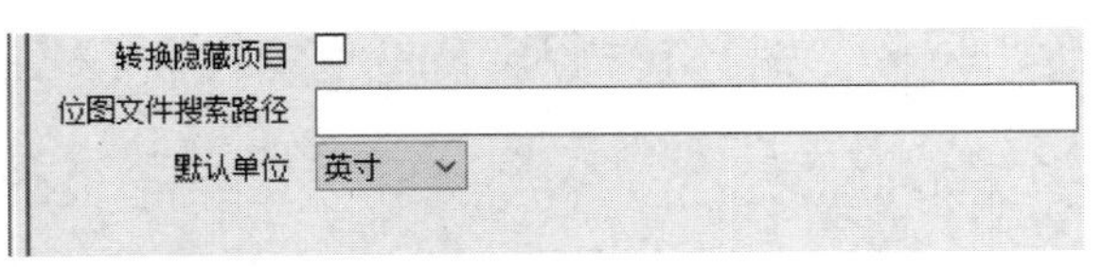

图 2-38　3DS 页面

➢ 转换隐藏项目：选中此复选框，Navisworks 转换 3DS 文件中隐藏的实体。取消选中此复选框，文件读取器会忽略隐藏的项目。

➢ 位图文件搜索路径：纹理贴图文件的路径不与模型中的纹理贴图一起存储。将所需的路径输入此框中，并使用分号分隔。

➢ 默认单位：指定打开 3DS 文件时 Navisworks 使用的单位类型。

(2) ASCII Laser 页面：在此页面上可调整 ASCII 激光扫描文件读取器的选项，如图 2-39 所示。

➢ 样品比率：指定从输入文件提取的点的频率。如果增加采样率，则会减少提取的点的数量。这样会降低图像分辨率，但会加快文件载入的速度。

➢ 使用点亮度值：选中此复选框，可从输入文件提取亮度值。

➢ 使用点颜色值：选中此复选框，可从输入文件提取颜色值。

(3) CIS/2 页面：在此页面上可调整 CIS/2 文件读取器的选项，如图 2-40 所示。

样品比率：1比　4
使用点亮度值
使用点颜色值

图 2-39　ASCII Laser 页面

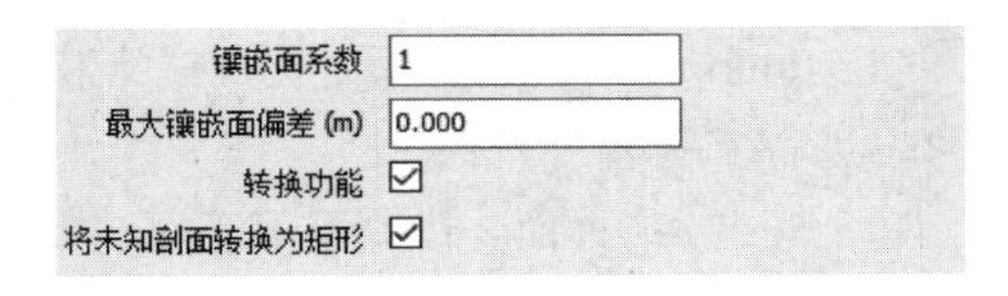

图 2-40　CIS/2 页面

➢ 镶嵌面系数：输入所需的值可控制发生的镶嵌面的级别。镶嵌面系数必须大于或等于0，当值为0时，将导致禁用镶嵌面系数。默认值为1。要获得2倍的镶嵌面数，需将此值加倍。要获得一半的镶嵌面数，需将此值减半。镶嵌面系数越大，模型的多边形数就越多，且Navisworks文件也越大。

➢ 最大镶嵌面偏差(m)：控制镶嵌面的边与实际几何图形之间的最大距离。

➢ 转换功能：指示是否转换特征。注意，转换大量的特征可能会对载入性能产生负面影响。

➢ 将未知剖面转换为矩形：选中此复选框，可使用估计的参数将未知的剖面轮廓转换为矩形，但是比例可能不合适。

(4) DGN页面：在此页面上可调整3D DGN和PROP文件读取器的选项，如图2-41所示。

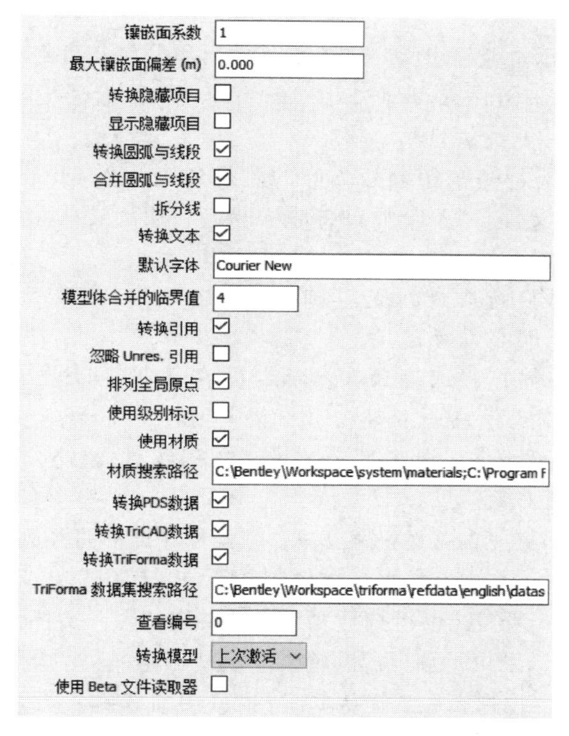

图2-41　DGN页面

➢ 转换隐藏项目：选中此复选框，可转换DGN文件中隐藏的实体。Navisworks会将它们自动标记为隐藏。

➢ 显示隐藏项目：如果要在转换的DGN文件中显示所有实体，而不管实体是否隐藏，则选中此复选框。

➢ 转换圆弧与线段：选中此复选框，可转换DGN文件中的线、样条曲线、曲线、圆弧或椭圆。

➢ 合并圆弧与线段：选中此复选框，将具有相同颜色、级别和父项目的相邻线解释为单个项目来在“选择树”中降低模型的复杂性。

➢ 拆分线：指导文件读取器对多段线对象进行解组。因此，会将线的每一段线元素拆分为单独的节点。需要增强碰撞检查分析时使用此选项。

➢ 转换文本：选中此复选框，将文本转换为 Navisworks 中的快捷特性。

Note

➢ 默认字体：指示要为已转换的文字使用哪种字体。

➢ 模型体合并的临界值：指定 MicroStation 图形的顶点数。

➢ 转换引用：选中此复选框，可转换 DGN 文件中的参照文件。

➢ 忽略 Unres. 引用：选中此复选框，可忽略 DGN 文件中未解析的参照文件。

➢ 排列全局原点：指示 Navisworks 是否将参照 DGN 文件中的全局原点与主 DGN 文件的原点对齐。

➢ 使用级别标识：选中此复选框，可从 MicroStation 启用级别符号。这使得 Navisworks 中的项目从级别中获取其颜色而不是使用 MicroStation 中的默认元素颜色。

➢ 使用材质：指示是否导出 MicroStation 的材质并将其指定给元素。选中此复选框，可将与 MicroStation 场景中相同的纹理、漫反射、环境光和高光颜色指定给元素。

➢ 材质搜索路径：将一个用分号隔开的路径列表输入 MicroStation 选项板文件(PAL)和材质文件(MAT)中。文件读取器会使用这些路径转换 MicroStation 材质。

➢ 转换 PDS 数据：选中此复选框，在转换 DGN 文件时从 Intergraph 的 Plant Design System 读取对象信息。

➢ 转换 TriCAD 数据：选中此复选框，可在转换 DGN 文件时从 Triplan 的 TriCAD 读取对象信息。

➢ 转换 TriForma 数据：选中此复选框，可在转换 DGN 文件时从 Bentley 的 TriForma 读取对象信息。

➢ TriForma 数据集搜索路径：输入一个用分号隔开的路径列表，文件读取器将使用此列表定位 Triforma 数据集文件。必须包含到用户定义数据集的路径。

➢ 查看编号：输入所需的值可选择要载入的特定视图。文件读取器在转换项目时使用此视图的级别可见性，例如，输入 0 会使用第一个活动视图。

➢ 转换模型：从下拉列表中选择从 DGN 文件中加载哪个模型。如果选择"上次激活"选项，则加载上次保存在 DGN 文件中的激活模型；如果选择"默认"选项，则加载 DGN 文件中的默认模型。

➢ 使用 Beta 文件读取器：选中此复选框，可以使用 Beta 版的 DGN 文件读取器。

(5) DWF 页面：在此页面上可调整 DWF 文件读取器的选项，此页面上的选项与 CIS/2 页面中的选项相同，这里不再重复介绍。

(6) DWG/DXF 页面：在此页面上可调整 3D DGN 和 PROP 文件读取器的选项，如图 2-42 所示。DWG/DXF 文件读取器使用 Autodesk 的 ObjectDBX 技术，因此可以保证读取那些使用 ObjectDBX Framework 的第三方应用程序的所有对象几何图形和信息。图形结构将被保留，其中包括外部参照、块、插入对象、AutoCAD 颜色索引、图层、视图和活动视点。

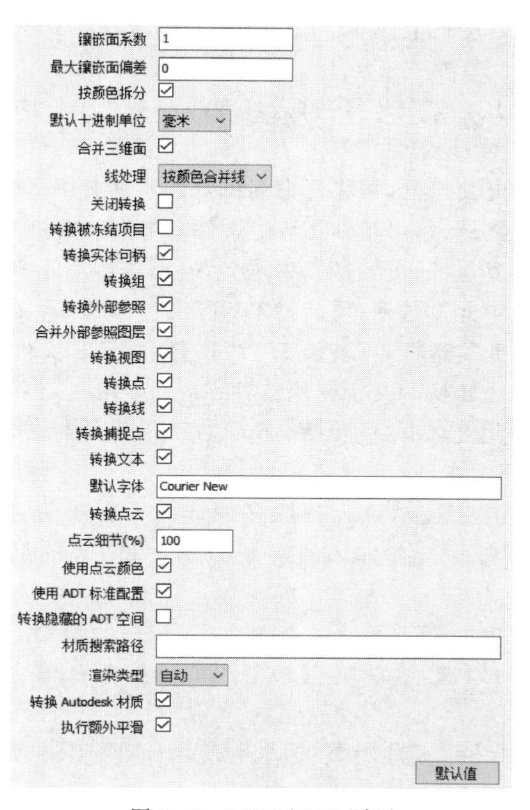

图 2-42　DWG/DXF 页面

➢ 按颜色拆分：可以根据颜色将复合对象拆分为多个部分。

➢ 默认十进制单位：选择 Navisworks 用于打开使用十进制绘图单位创建的 DWG 文件和 DXF 文件的单位类型。

➢ 合并三维面：指示文件读取器是否将具有相同颜色、图层和父项目的相邻面解释为“选择树”中的单个项目。

➢ 线处理：指定文件读取器如何处理线和多段线，包括“按颜色合并线”“根据规定”和“分隔所有线”。

- 按颜色合并线：此选项会合并同一图层上或按颜色匹配的同一代理实体上的所有线。
- 根据规定：此选项按原始 DWG 指定线和多段线的方式读取线和多段线。
- 分隔所有线：此选项会将每一段线元素拆分为单独的节点。

➢ 关闭转换：选中此复选框，可转换在 DWG 文件和 DXF 文件中关闭的图层。

➢ 转换被冻结项目：选中此复选框，可转换在 DWG 文件和 DXF 文件中冻结的项目。

➢ 转换实体句柄：选中此复选框，可转换实体句柄，并将它们附加到 Navisworks 中的对象特性。

➢ 转换组：选中此复选框，可在 DWG 文件和 DXF 文件内保留组，这样会将另一个选择级别添加到“选择树”中。

Note

- 转换外部参照：选中此复选框，可自动转换包含在 DWG 文件内的任何外部参照文件。
- 合并外部参照图层：选中此复选框，可将外部参照文件中的图层与“选择树”中主 DWG 文件中的图层合并。
- 转换视图：选中此复选框，可将已命名的视图转换为 Navisworks 视点。
- 转换点：选中此复选框，可转换 DWG 文件和 DXF 文件中的点。
- 转换线：选中此复选框，可转换 DWG 文件和 DXF 文件中的线和圆弧。
- 转换捕捉点：选中此复选框，可转换 DWG 文件和 DXF 文件中的捕捉点。
- 转换文本：选中此复选框，可转换 DWG 文件和 DXF 文件中的文字。
- 默认字体：指示已转换的文字使用哪种字体。
- 转换点云：选中此复选框，可转换 AutoCAD 点云实体。这适用于 DWG 加载器 2011 版本或更高版本。
- 点云细节(%)：指定要从点云提取多少详图。有效条目为 1～100，其中 100 表示所有点，10 表示大约 10%的点，1 表示大约 1%的点。这不适用于 ReCap 点云。
- 使用点云颜色：控制点云颜色。选中此复选框，可将颜色值用于点云中的点。取消此复选框的勾选，会忽略点云中点的任何颜色值，并会使用实体的普通 AutoCAD 颜色。
- 使用 ADT 标准配置：选中此复选框，可使用标准显示配置转换 DWG 文件中的几何图形和材质。
- 转换隐藏的 ADT 空间：指示是否转换在 DWG 文件中缺少任何可见三维几何图形的空间对象(如缺少楼板厚度或天花板厚度的对象)。选中此复选框，会在 Navisworks 中显示相应的隐藏对象。
- 材质搜索路径：Navisworks 会自动搜索默认的 Autodesk 材质路径。使用此框可指定 Architectural Desktop 材质中使用的纹理文件的其他路径。设置时需使用分号分隔路径。
- 渲染类型：指定载入 DWG 文件时用于对象的渲染样式。
- 转换 Autodesk 材质：选中此复选框，转换 Autodesk 材质。
- 执行额外平滑：选择此选项，会对从 AutoCAD 文件加载的三维实体中的几何图形的面和边应用平滑。

(7) FBX 页面：在此页面上可调整 FBX 文件读取器的选项，如图 2-43 所示。

图 2-43 FBX 页面

- 转换骨架：选中此复选框，可转换骨架。

提示：为三维模型制作动画的常见方法中包含创建一种分层铰接式结构的已命名骨架，其变形会衍生关联模型的变形。骨架接头的位置和置换强行规定模型如何移动。

➢ 转换光源：选中此复选框，可转换光源。

➢ 转换 Autodesk 材质：FBX 文件可以包含 Autodesk 材质或原生材质。选中此复选框，可转换 Autodesk 材质。

(8) IFC 页面：在此页面上可调整 IFC 文件读取器的选项，如图 2-44 所示。

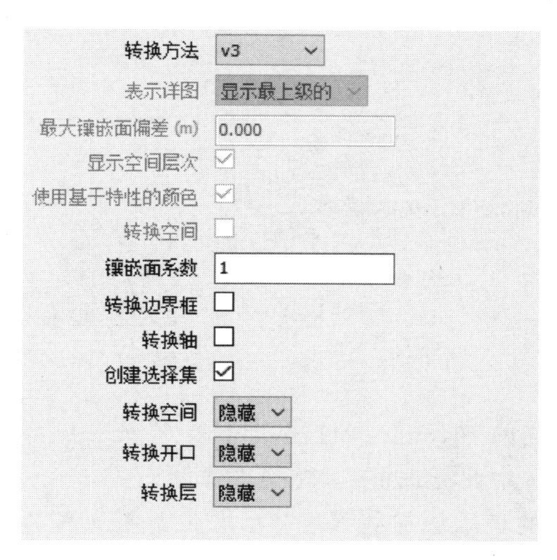

图 2-44 IFC 页面

➢ 转换方法：指定使用 IFC 转换方法。

• 传统：使用 Navisworks 转换器。这是传统方法，可能无法正确转换所有 IFC 文件，但可以更快速地处理文件。

• 现代：使用基于 Revit 的转换器。此方法可生成质量更好的转换，但处理文件所需时间可能较长。

• v3：使用建议的基于 Revit 的转换器(默认)。与现代方法相比，此方法处理文件的速度更快。

➢ 表示详图：指定 IFC 元素的可视表示的级别，包括只最上级的显示最上级的和全部显示。

• 只最上级的：用于载入并显示最复杂的可用细节级别，同时忽略较简单的细节级别。

• 显示最上级的：用于载入所有表示，但仅显示可用的最高细节级别。

• 全部显示：用于载入并显示可用的所有表示。

➢ 显示空间层次：选中此复选框，可将 IFC 模型显示为“选择树”中的一个树结构。

➢ 使用基于特性的颜色：选中此复选框，可转换并使用基于特性的颜色。

➢ 转换空间：选中此复选框，可提取空间并可视化。

➢ 转换边界框：选中此复选框，可提取边界框并可视化。

➢ 转换轴：选中此复选框，可在导入 IFC 文件时转换对象轴。

➢ 创建选择集：选中此复选框，可在将 IFC 模型附加到 Navisworks 时自动创建选择集。

➢ 转换空间/转换开口/转换层：选择“现代”转换方法后，可以选择下拉列表中的

选项来控制 IFC 实体的可见性。

- 隐藏：以隐藏方式提取空间/开口/层。
- 显示：以可见方式提取空间/开口/层。
- 跳过：忽略空间/开口/层。

(9) Inventor 页面：在此页面上可调整 Inventor 文件读取器的选项，如图 2-45 所示。

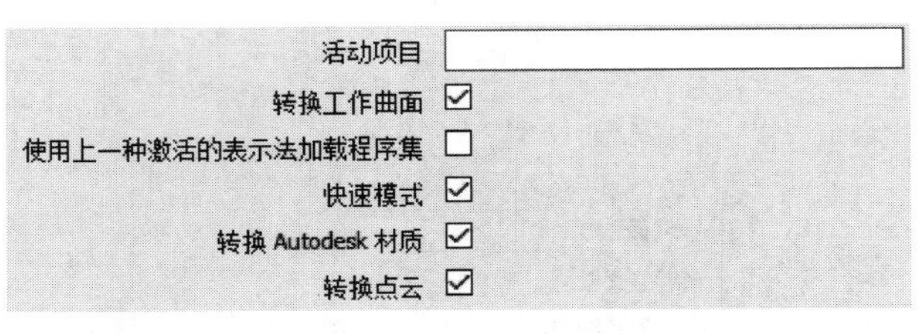

图 2-45　Inventor 页面

- 活动项目：指定当前 Inventor 项目的路径。
- 转换工作曲面：选中此复选框，可转换工作曲面。
- 使用上一种激活的表示法加载程序集：选中此复选框，可以使用上一种激活的表示法加载 Inventor 部件。
- 快速模式：选中此复选框，可以提高加载 Inventor 部件的速度。但是，从 Factory Design Suite 中加载 Inventor 文件时，快速模式也会处于禁用状态。
- 转换 Autodesk 材质：FBX 文件可以包含 Autodesk 材质或原生材质。选中此复选框，可转换 Autodesk 材质。
- 转换点云：选中此复选框，可加载包含点云数据的 Inventor 模型，从而利用 ReCap 功能。

(10) JTOpen 页面：在此页面上可调整 JTOpen 文件读取器的选项，如图 2-46 所示。

- 重新三角测量 JT BRep 模型：选中此复选框，可使用 BRep 实体创建几何图形。
- 使用 Y 轴作为世界坐标系上方向：选中此复选框，可使用 Y 轴作为世界坐标系上行方向矢量。取消选中此复选框，可使用 Z 轴作为世界坐标系上行方向矢量。
- 质量：使用下拉列表选择以高质量还是低质量导入文件。

(11) Leica 页面：在此页面上可调整 Leica 扫描文件读取器的选项，如图 2-47 所示。

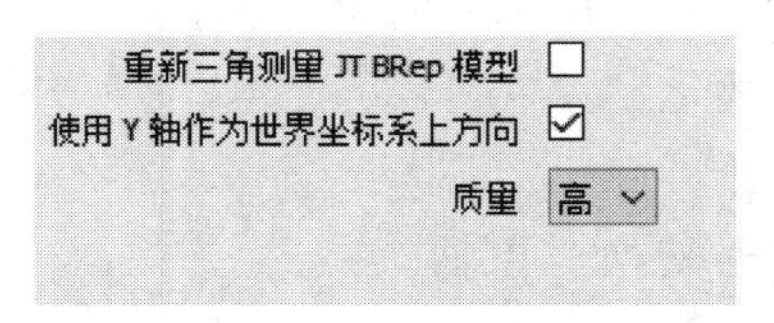

图 2-46　JTOpen 页面

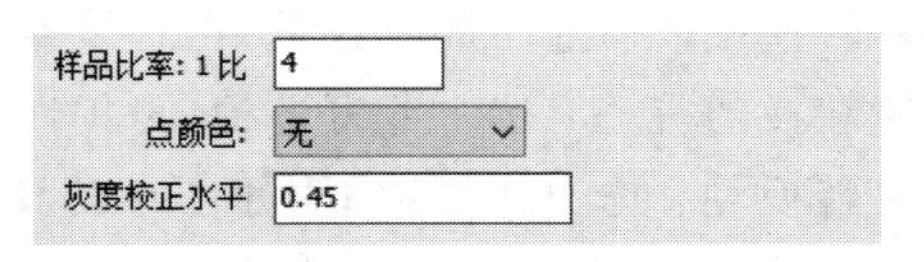

图 2-47　Leica 页面

- 样品比率：指定从输入文件提取的点的频率。

Note

➢ 点颜色：指定从输入文件提取点的方式，包括“无”“原始高度”“颜色”“颜色映射强度”和“灰度校正强度”。

• 无：点显示为白色。

• 原始高度：点使用存储在文件中的亮度值。

• 颜色：点使用存储在文件中的颜色值。

• 颜色映射强度：点使用 RGB 颜色色谱。

• 灰度校正强度：点使用存储在文件中的 Gamma 校正的原始亮度值。

➢ 灰度校正水平：指定用于调整从该文件获取的规格化点亮度值的灰度校正值，并根据设置产生更亮或更暗的图像。0.1～0.99 的灰度校正值可在较低的亮度范围调整亮度值的权重，以使图像看起来更亮。大于 1.0 的灰度校正水平可产生使图像变暗的效果。

(12) PDF 页面：在此页面上可调整 PDF 文件读取器的选项。

➢ 分辨率：设置读取 PDF 文件的分辨率。

(13) PDS 页面：在此页面上可调整 PDS 文件读取器的选项，如图 2-48 所示。

➢ 载入标记：选中此复选框，Navisworks 读取相关联的 TAG 文件以及 DRI 文件。

➢ 载入显示集：选中此复选框，Navisworks 读取相关联的显示集 DST 文件以及 DRI 文件。

➢ 输入文件：选择输入文件类型，包括“DGN 文件”和“NWC 文件”。

• DGN 文件：用于转换原始 DGN 文件。

• NWC 文件：用于打开文件的 NWC 缓存版本。

(14) ReCap 页面：在此页面上可调整 ReCap 文件读取器的选项，如图 2-49 所示。

图 2-48　PDS 页面　　　图 2-49　ReCap 页面

➢ 转换模式：控制打开 ReCap 项目时如何对其进行转换，包括“项目链接”“扫描”和“体素”。

• 项目链接：在 Navisworks 中作为单个打开的项目，代表到项目的链接。

• 扫描：在 Navisworks 中对每个扫描的单独对象打开的项目。

• 体素：在 Navisworks 中打开的项目，该项目包含组织为每个扫描的组的体素(点立方体)的单独项目。

➢ 交互式点最大数目：指定在交互式导航过程中由 ReCap 引擎绘制的点的最大

Note

数目。默认值为500000。增加点数可提高渲染质量,但会降低帧频。

➢ 最大内存(MB):指定将为ReCap引擎分配的最大内存量,以MB为单位。默认值为0。这表示分配内存资源的方式为在64位计算机上为总内存量的1/3或4GB(取较小者)。

➢ 点云密度(%):指定渲染点的密度。默认设置为100%。这意味着当渲染ReCap文件时,Navisworks将尝试为每个体素渲染一个点,仅需使用足够的点来形成紧密的外观。还可以将点云密度降低到100%以下,渲染较少的点来形成稀疏的外观。还可以将点云密度增加到100%以上,为每个体素渲染多个点。

➢ 点之间的距离(m):确定ReCap点云中两点之间的距离。使用此选项可以限制为碰撞检测和显示而检索的点数,从而在处理包含许多点的大型ReCap文件时获得更快的渲染和改进的性能。

➢ 缩放交互式点的大小:确定在交互式导航过程中由ReCap引擎绘制的点的大小。选中此复选框,绘制较大的点以填充点之间的间隙,从而生成更平滑的渲染外观。

➢ 交互式点最大大小:指定对大小进行交互式缩放时点的最大大小。

➢ 应用照明:在默认情况下,此复选框不勾选,颜色和光源值将从输入文件提取。

➢ 发布时嵌入外部参照:此选项控制在使用选定的"嵌入ReCap和纹理数据"选项发布NWD时发生的情况,包括"禁用""快速访问"和"已压缩"。

- 禁用:ReCap文件将不会嵌入已发布的NWD。
- 快速访问:ReCap文件将按照"原样"嵌入已发布的NWD,以便NWD尽可能快地打开。
- 已压缩:ReCap文件将按已发布的NWD中的其他数据一样进行处理。它们将被压缩,并且如果使用了密码,则被加密。

(15) Revit页面:在此页面上可调整Revit文件读取器的选项,如图2-50所示。

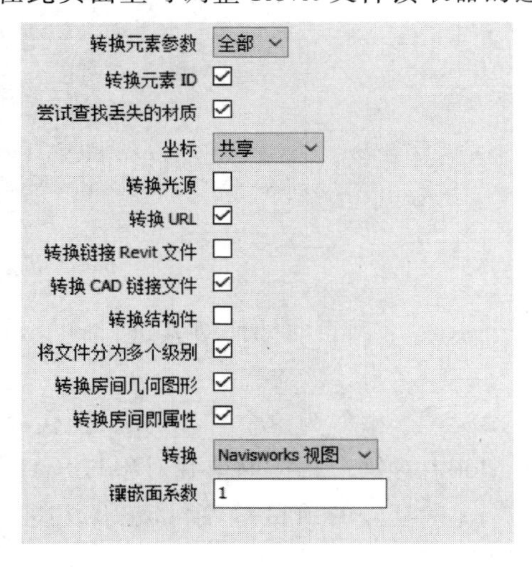

图2-50　Revit页面

Note

➢ 转换元素参数：指定读取 Revit 参数的方式，包括"无""元素"和"全部"。
- 无：文件读取器不转换参数。
- 元素：文件读取器转换所有找到的元素的参数。
- 全部：文件读取器转换所有找到的元素(包括参照元素)的参数。

➢ 转换元素 ID：选中此复选框，可导出每个 Revit 元素的 ID 数。

➢ 尝试查找丢失的材质：选中此复选框，则文件读取器会查找导出丢失的材质的匹配项。

➢ 坐标：指定是使用共享坐标还是内部坐标进行文件聚合。在默认情况下，将使用共享坐标。可以在 Revit 之外查看和修改共享坐标。

➢ 转换光源：选中此复选框，要将 Revit 文件中包含的光源导出到 Navisworks 中。

➢ 转换 URL：指示是否转换 URL 特性数据。

➢ 转换链接 Revit 文件：Revit 项目可以将外部文件作为链接嵌入。选中此复选框，链接 RVT 文件将包含在导出的 NWC 文件中。

➢ 转换 CAD 链接文件：Revit 项目可以将外部文件作为链接嵌入。选中此复选框，链接 CAD 文件(如 DXF、DGN、SAT 和 SketchUp 格式)将包含在导出的 NWC 文件中。

➢ 转换结构件：当使用 Revit 2023 建筑建模和部件功能时，可以使用一个选项将原始对象或结构件导出到 Navisworks 中。

➢ 将文件分为多个级别：指示是否在"选择树"中将 Revit 文件结构拆分为多个级别。

➢ 转换房间几何图形：使用 Revit 2023 时，用户可以选择是使用原始房间几何图形还是将该几何图形转换为 Navisworks 中的结构子部分。选中此复选框，房间几何图形将转换为子部分。

➢ 转换房间即属性：指示房间属性是否受支持。

➢ 转换：指定如何转换和加载 Revit 文件的查看选项，包括"Navisworks 视图""第一个三维视图""整个项目"。
- Navisworks 视图：默认视图。若要使用 Navisworks 视图，在 Revit 中保存 RVT 文件，并在三维视图的名称中使用 Navis。如果不使用此选项，则将加载 Revit 第一个三维视图。
- 第一个三维视图：加载 Revit 第一个三维视图中可见的元素。
- 整个项目：加载整个项目。

(16) RVM 页面：在此页面上可调整 RVM 文件读取器的选项，如图 2-51 所示。

➢ 转换属性：选中此复选框，可转换属性文件。所有文件在文件读取器中的顺序按照找到它们的顺序进行排序。属性按名称与场景中的元素匹配。

➢ 搜索所有属性文件：控制文件读取器查找属性文件的方式。文件扩展名是在"属性文件扩展名"框中指定的。默认清除此复选框，则文件读取器会在 RVM 文件所在的目录中检查是否存在同名的属性文件。

➢ 属性文件扩展名：指定文件读取器用于识别属性文件的文件扩展名。默认扩展

Note

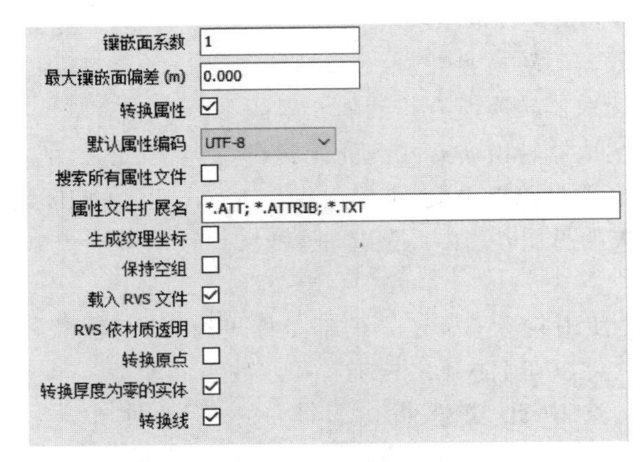

图 2-51　RVM 页面

名为“＊.ATT；＊.ATTRIB；＊.TXT”。使用分号分隔列表中的值。

➢ 生成纹理坐标：选中此复选框，可为模型中的每个点创建纹理坐标。

➢ 保持空组：选中此复选框，可转换不包含任何几何图形的组。

➢ 载入 RVS 文件：选中此复选框，可在读取相应的 RVM 文件的同时读取 RVS 文件。

➢ RVS 依材质透明：选中此复选框，可将透明材质附加到对象。

➢ 转换原点：选中此复选框，可将组件原点转换为 Navisworks 捕捉点。

➢ 转换厚度为零的实体：选中此复选框，可将厚度为零的三维实体转换为二维几何图形。

➢ 转换线：选中此复选框，可转换 RVM 文件中的线和圆弧。

(17) STL 页面：在此页面上可调整 STL 文件读取器的选项。

➢ 默认单位：指定打开 STL 文件时 Navisworks 使用的单位类型。

(18) VRML 页面：在此页面上可调整 VRML 文件读取器的选项，如图 2-52 所示。

➢ 替代法线：法线控制对象照亮时的显示方式。在默认情况下，此复选框处于清除状态，且文件读取器使用 VRML 文件中提供的数据，从而生成最准确的可见效果。

➢ 替代方向：在默认情况下，会清除此复选框，且文件读取器按照 VRML 文件中指示的顺序(顺时针或逆时针)处理几何图形信息。

➢ 替代分支语句：在默认情况下，会清除此复选框。这意味着，文件读取器将使用 VRML 文件中 switch 语句的默认行为。

(19) VUE 页面：在此页面上可调整 SmartPlant VUE 文件读取器的选项，如图 2-53 所示。

➢ 使用 MDB 特性：选中此复选框可从 Microsoft Access MDB 文件读取特性。

➢ 使用 IOP 变换：如果存在名称与正在加载的 VUE 文件匹配的 IOP 文件，选中此复选框将 IOP 文件中的 XML 变换数据应用于加载的场景。

➢ 隐藏焊接：选中此复选框可隐藏焊接。

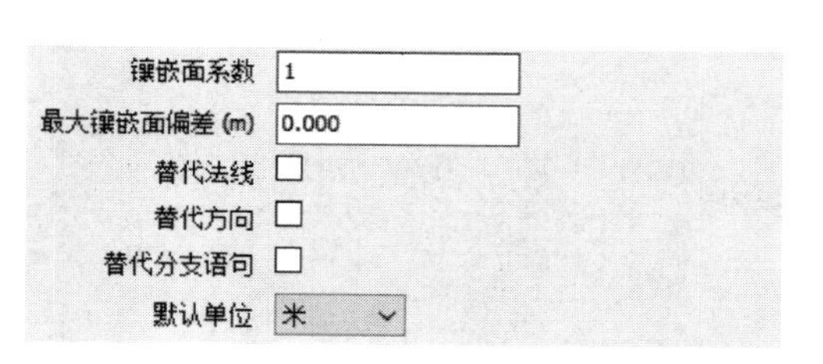

图 2-52 VRML 页面

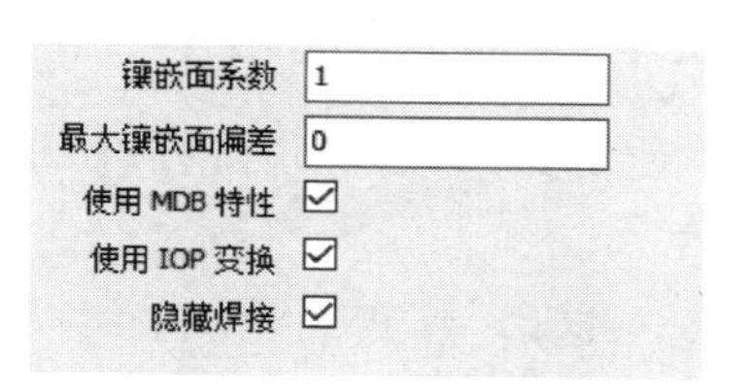

图 2-53 VUE 页面

2.2 文件选项

单击“常用”选项卡“项目”面板中的“文件选项”按钮 (Shift＋F11)，或在场景视图的空白区域右击，打开如图 2-54 所示快捷菜单，选择“文件选项”选项，打开如图 2-55 所示的“文件选项”对话框。

场景
视点
撤销 场景(U) Ctrl+Z
全部重置
选择
查看所有(A) Ctrl+Home
焦点(F)
背景...
文件选项(O)... Shift+F11
全局选项...(G) F12

图 2-54 快捷菜单

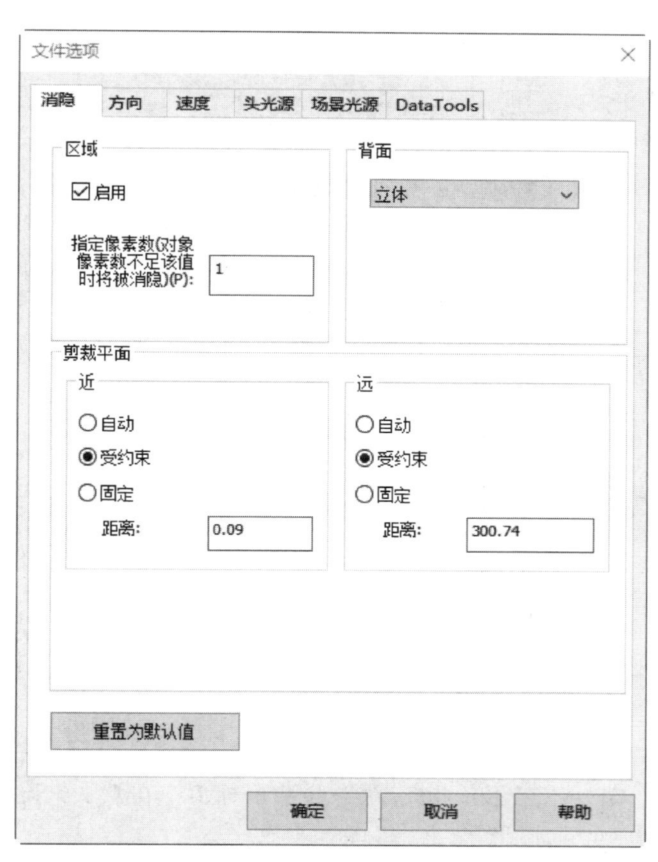

图 2-55 “文件选项”对话框

使用该对话框可以控制模型的外观和围绕它导航的速度，还可以创建指向外部数据库的链接并进行配置。

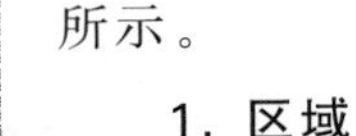

2.2.1 “消隐”选项卡

使用此选项卡可在打开的 Navisworks 文件中调整几何图形消隐，如图 2-55 所示。

1. 区域

- 启用：指定是否使用区域消隐。
- 指定像素数(对象像素数不足该值时将被消隐)(p)：为屏幕区域指定一个像素值，低于该值就会消隐对象。例如，将该值设置为 100 像素意味着在该模型内绘制的大小小于 10×10 像素的任何对象都会被丢弃。

2. 背面

为所有对象打开背面消隐，包括“关闭”“立体”和“打开”三种。

- 关闭：关闭背面消隐。
- 立体：仅为立体对象打开背面消隐。这是默认选项。
- 打开：为所有对象打开背面消隐。

3. 剪裁平面

- 自动：选择此单选按钮可使 Navisworks 自动控制近剪裁平面位置，以提供模型的最佳视图。“距离”框变成不可用。
- 受约束：选择此单选按钮可将近剪裁平面约束到在“距离”框中设置的值。Navisworks 会使用提供的值，除非这样做会影响性能(如使整个模型不可见)，这种情况下它会根据需要调整近剪裁平面位置。
- 固定：选择此单选按钮可将近剪裁平面设置为在“距离”框中提供的值。
- 距离：指定在受约束模式下相机与近剪裁平面位置之间的最远距离。

4. 重置为默认值

单击此按钮，恢复到默认值。

2.2.2 “方向”选项卡

使用此选项卡可调整模型的真实世界方向，如图 2-56 所示。

1. 向上

- X/Y/Z：指定 X、Y 和 Z 坐标值。在默认情况下，Navisworks 会将正 Z 轴定义为“向上”。

2. 北方

- X/Y/Z：指定 X、Y 和 Z 坐标值。在默认情况下，Navisworks 会将正 Y 轴定义为“北方”。

2.2.3 “速度”选项卡

使用此选项卡可调整帧频速度以减少在导航过程中忽略的数量，如图 2-57 所示。

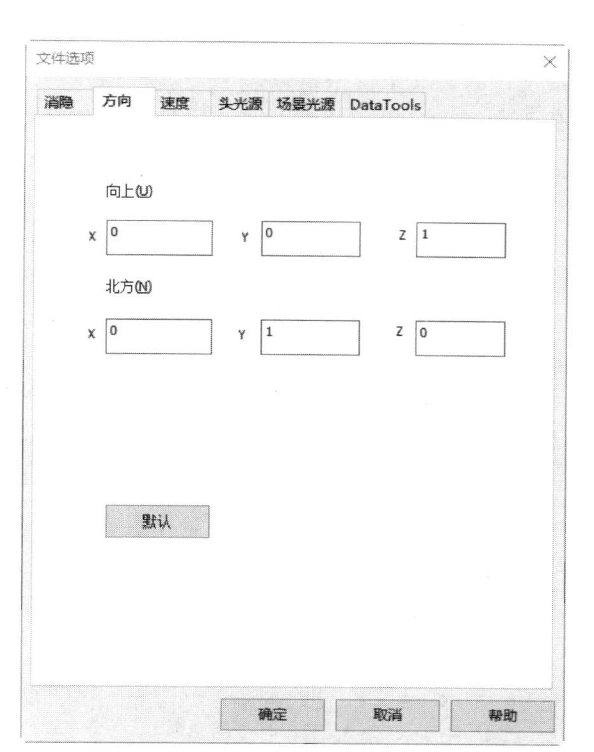

图 2-56 “方向”选项卡

图 2-57 “速度”选项卡

➢ 帧频：指定在“场景视图”中每秒渲染的帧数(FPS)。默认设置为 6。可以将帧频设置为 1～60 帧/秒。减小该值可以减少忽略量，但会导致在导航过程中出现不平稳移动。增大该值可确保更加平滑的导航，但会增加忽略量。

Note

2.2.4 “头光源”选项卡和“场景光源”选项卡

使用此选项卡可为“头光源”模式更改场景的环境光和头光源的亮度，如图 2-58 和图 2-59 所示。

➢ 环境：使用该滑块可控制场景的总亮度。

➢ 头光源：使用该滑块可控制位于相机上的光源的亮度。

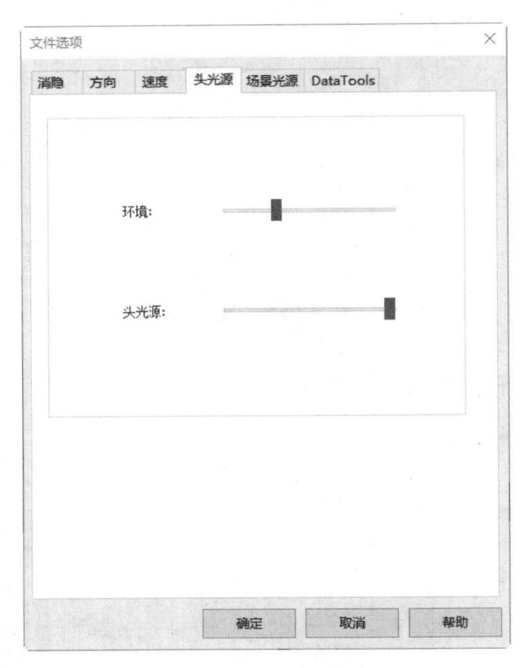

图 2-58 “头光源”选项卡

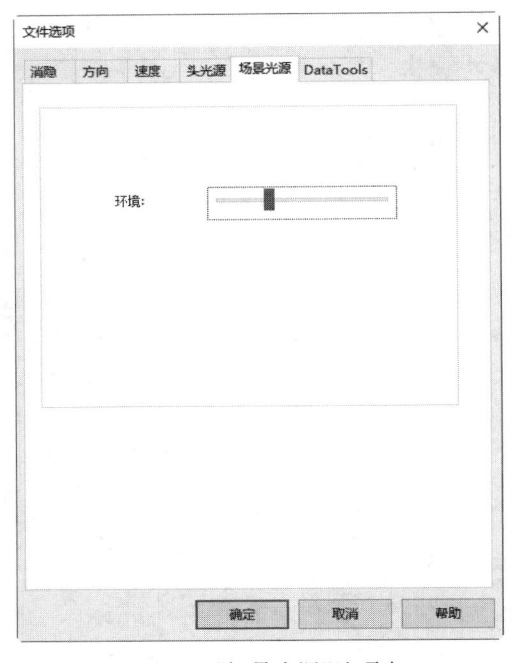

图 2-59 “场景光源”选项卡

2.2.5 DataTools 选项卡

使用此选项卡可在打开的 Navisworks 文件与外部数据库之间创建链接并进行管理，如图 2-60 所示。

➢ DataTools 链接：显示 Navisworks 文件中的所有数据库链接。

➢ 新建：单击此按钮，打开如图 2-61 所示的“新建链接”对话框，可以在其中指定链接参数。

➢ 编辑：单击此按钮，打开“编辑链接”对话框，可以在其中修改选定数据库链接的参数。

➢ 删除：单击此按钮，删除选定的数据库链接。

➢ 导入：单击此按钮，打开“打开”对话框，用于选择并打开之前保存的 DataTools 文件。

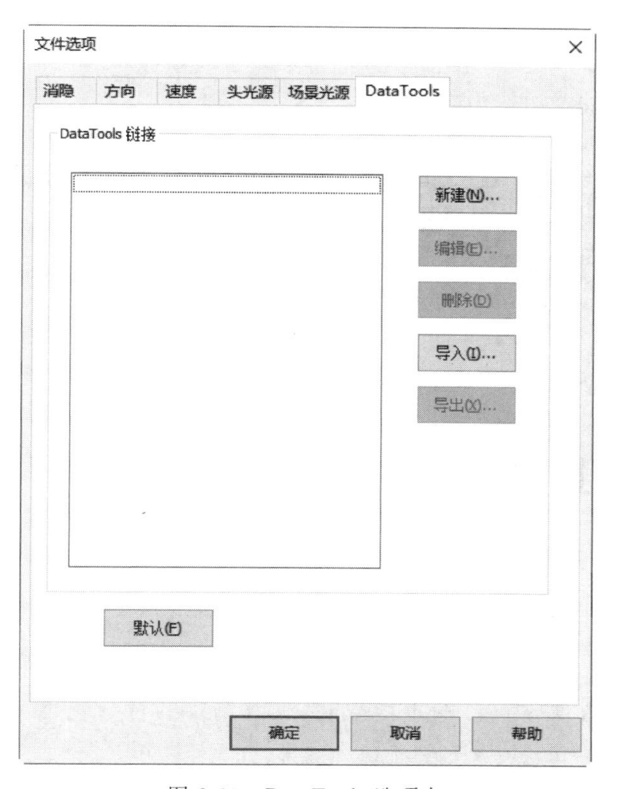

图 2-60　DataTools 选项卡

图 2-61　"新建链接"对话框

➢ 导出：单击此按钮，打开"另存为"对话框，将选定数据库链接另存为一个 DataTools 文件。

视图显示控制

在 Navisworks 中整合完场景模型后，用户可以根据需要对 Navisworks 的显示进行控制。例如，设置属于自己的工作空间，更改场景的背景颜色，设置模型的显示方式等。

3.1 工作空间

工作空间保留有关打开的窗口及其位置以及应用程序窗口大小的信息。工作空间会保留对功能区以及对快速访问工具栏所做的更改。

3.1.1 载入工作空间

单击“查看”选项卡“工作空间”面板中“载入工作空间”，打开如图 3-1 所示的下拉菜单。Navisworks 附带几个预先配置的工作空间。

- 安全模式：选择具有最少功能的布局。
- Navisworks 扩展：选择建议高级用户使用的布局。
- Navisworks 标准：选择常用窗口自动隐藏为标签的布局。
- Navisworks 最小：选择向“场景视图”提供最多空间的布局。

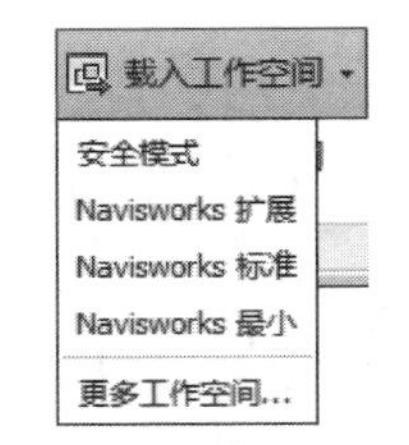

图 3-1 “载入工作空间”下拉菜单

单击“更多工作空间”选项，打开如图 3-2 所示“载入工作空间”对话框，选取自定义的工作空间或系统自带的工作空间，单击“打开”按钮，打开工作空间。

可以按原样使用这些工作空间，或根据需要对其进行

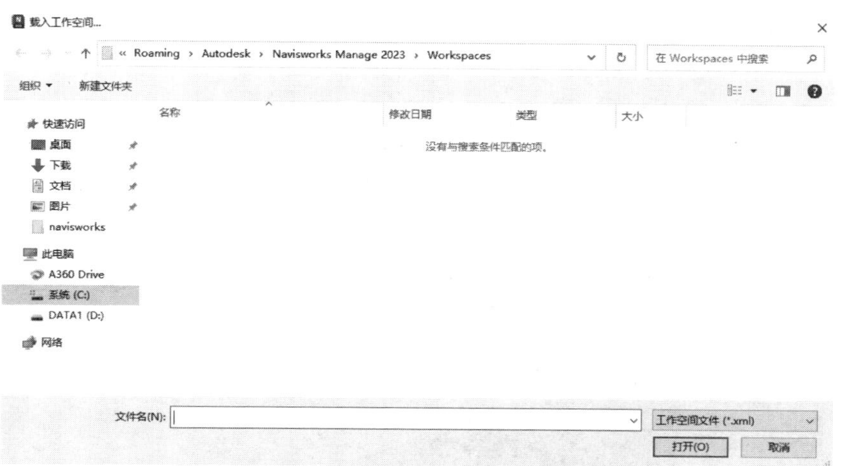

图 3-2 “载入工作空间”对话框

修改。初次启动 Navisworks 时，将使用“Navisworks 最小”工作空间。

3.1.2 自定义工作空间

（1）单击“查看”选项卡“工作空间”面板中的“窗口”按钮，打开如图 3-3 所示的下拉菜单。

图 3-3 “窗口”下拉菜单

Note

(2) 设置设计审阅布局，例如，在“窗口”下拉菜单中勾选“特性”和“保存的视点”复选框，打开“特性”窗口和“保存的视点”窗口，如图 3-4 所示。

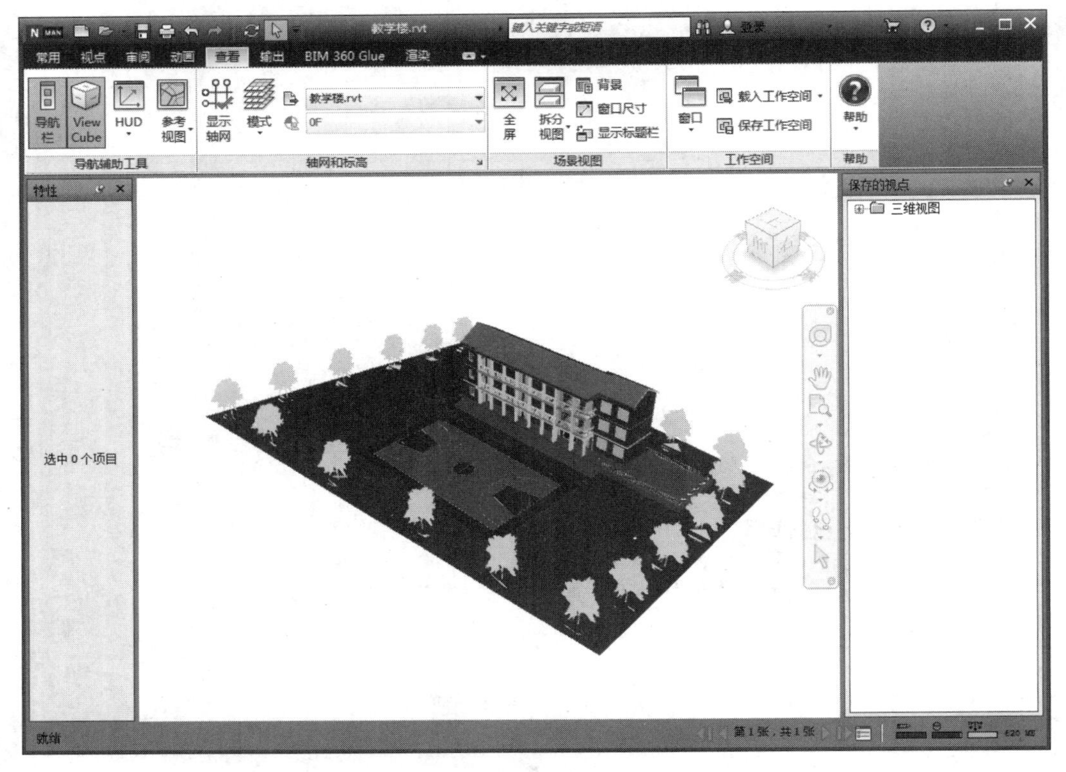

图 3-4　调出窗口

(3) 单击窗口上的“自动隐藏”按钮，窗口自动隐藏，如图 3-5 所示。

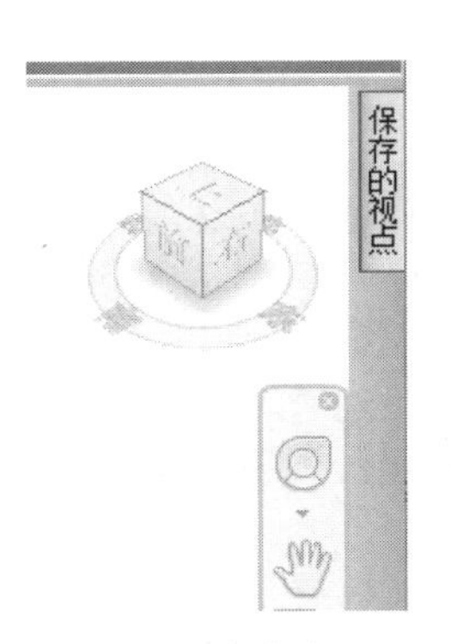

图 3-5　隐藏窗口

(4) 单击隐藏后的窗口标题，显示窗口，单击锁定按钮，将窗口锁定成固定窗口。

(5) 拖动窗口可以对窗口进行移动，可以在视图操作区域的上、下、左、右四个位置上进行放置，如图 3-6 所示。

(6) 将窗口拖动到位置图标处，即可放置窗口。中间图标与四周图标的放置位置相同，只是窗口在视图中所占的比例不同，如图 3-7 所示。

(7) 将鼠标指针放置在窗口边框上，直至鼠标指针变为分隔条，单击边框并将其拖动到所需的大小。

提示： 可以调整已固定窗口和自动隐藏窗口的大小。在自动隐藏组中，可以独立于其他窗口调整每个窗口的大小。在固定组中，调整一个窗口的大小会同时调整其余窗口的大小。

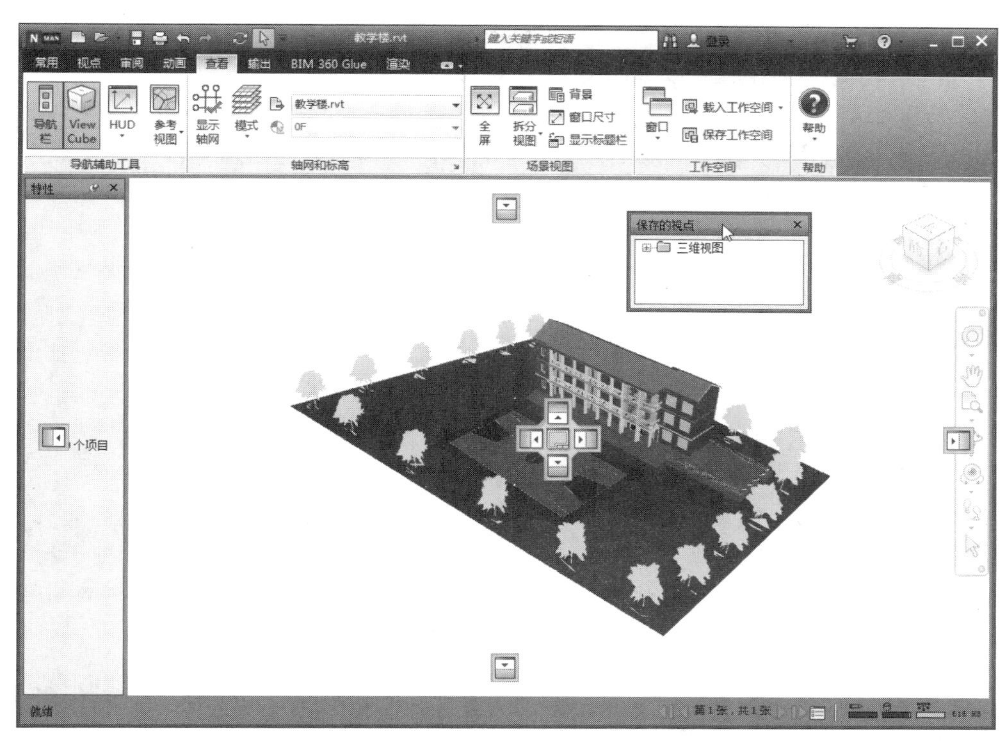

图 3-6 移动窗口

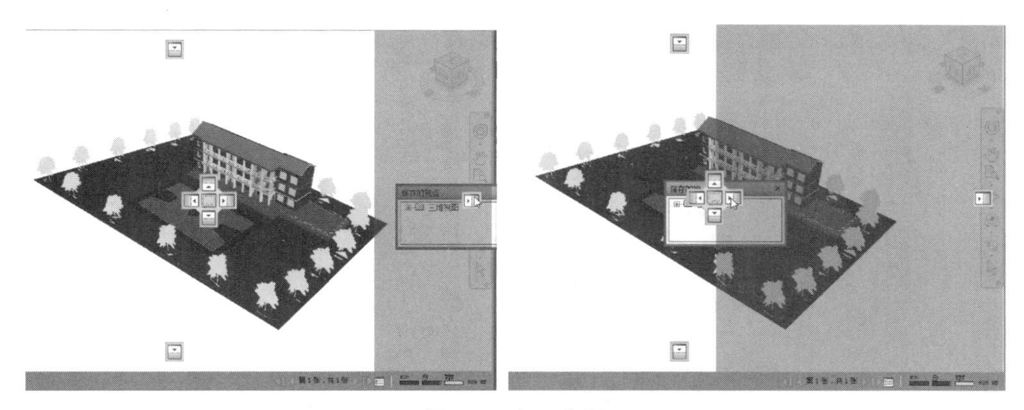

图 3-7 窗口位置

3.1.3 保存工作空间

（1）单击“查看”选项卡“工作空间”面板中“保存工作空间”按钮，打开如图 3-8 所示的“保存当前工作空间”对话框。

（2）在对话框中设置保存路径，输入新工作空间的名称。还可以选择现有工作空间的名称，以便用修改后的配置覆盖它。

（3）单击“保存”按钮，保存设置好的工作空间。

Note

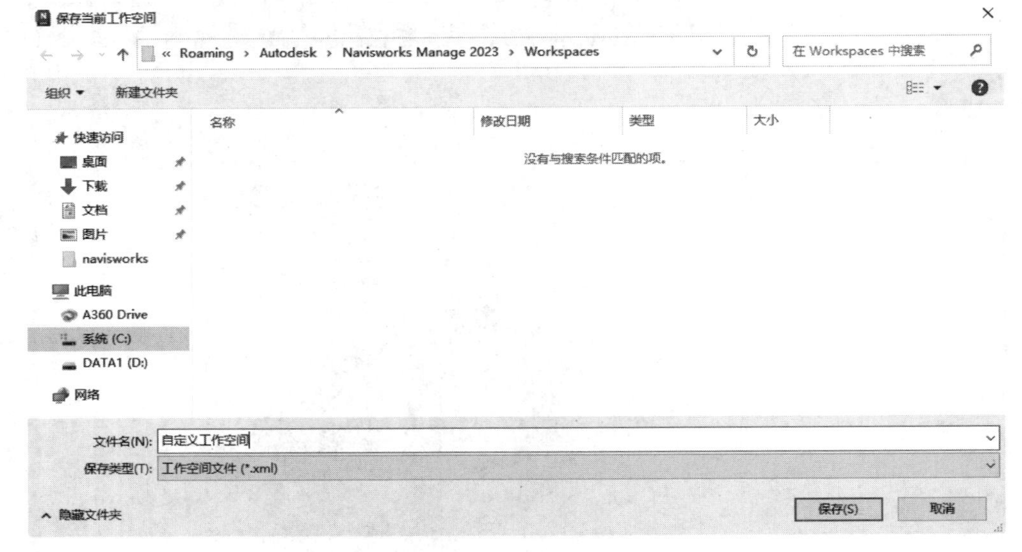

图 3-8 “保存当前工作空间”对话框

3.2 场景视图

3-1

3.2.1 设置背景

Navisworks 中默认的背景颜色为黑色，用户可以根据需要调整场景视图中的背景颜色。

（1）打开源文件中的“教学楼.nwd”文件，在当前场景文件中显示教学楼的模型，当前场景的背景为渐变的颜色。

（2）单击“查看”选项卡“场景视图”面板中的“背景”按钮，或在视图区域的空白位置右击，弹出如图 3-9 所示的快捷菜单 1，单击“背景...”选项，打开如图 3-10 所示“背景设置”对话框。

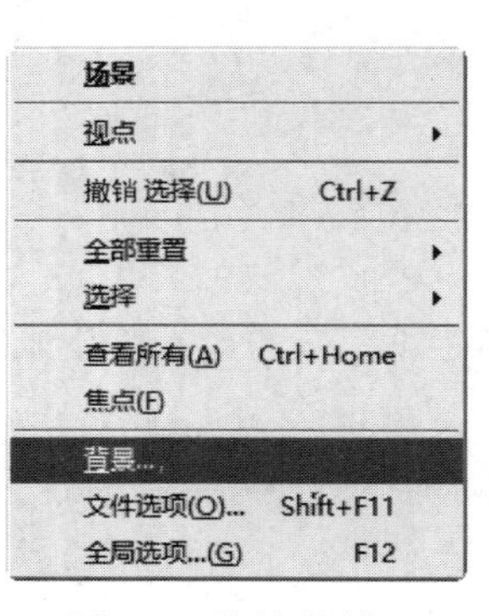

图 3-9 快捷菜单 1

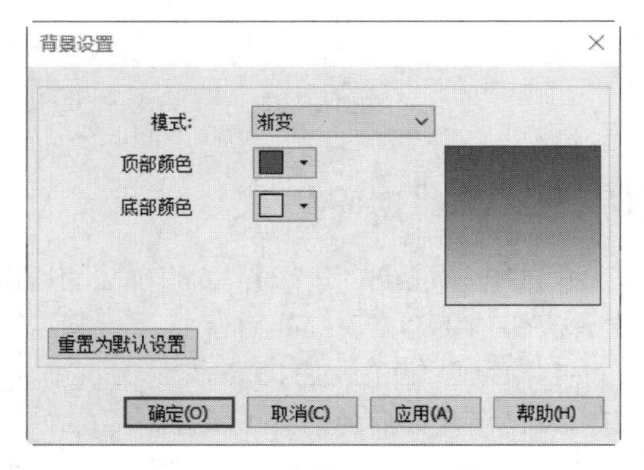

图 3-10 “背景设置”对话框

Note

"背景设置"对话框中的选项说明如下。

➢ 模式：选择背景效果的类型，包括"单色""渐变"和"地平线"三种效果。

- 单色：场景的背景使用选定的颜色填充。这是默认的背景样式，此背景可用于三维模型和二维图纸。
- 渐变：场景的背景使用两个选定颜色之间的平滑渐变色填充。此背景可用于三维模型和二维图纸。
- 地平线：三维场景的背景在地平面分开，从而生成天空和地面的效果，如图 3-11 所示。生成的仿真地平仪可指示用户在三维世界中的方向。二维图纸或在正交模式下不支持此背景。

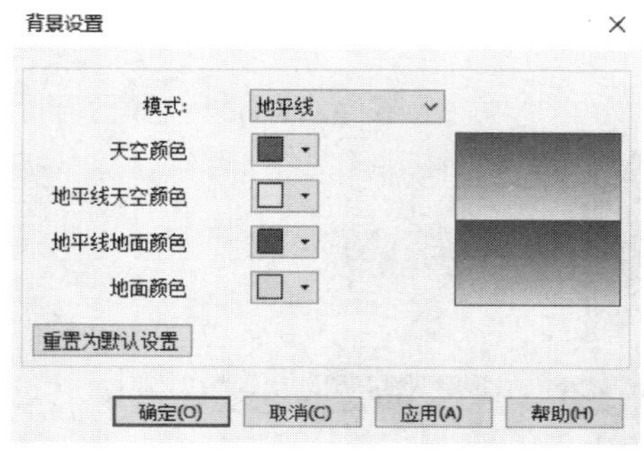

图 3-11　地平线背景

➢ 顶部颜色：在渐变背景中设置顶部颜色。

➢ 底部颜色：在渐变背景中设置底部颜色。

➢ 天空颜色：在地平线背景中设置天空颜色(顶部)。

➢ 地平线天空颜色：在地平线背景中设置天空颜色(底部)。

➢ 地平线地面颜色：在地平线背景中设置地面颜色(顶部)。

➢ 地面颜色：在地平线背景中设置地面颜色(底部)。

(3) 在"模式"下拉列表中选择"单色"，从颜色调色板中选择所需的颜色，单击"更多颜色"选项，打开"颜色"对话框，选择所需的颜色，这里选取白色，单击"应用"按钮，将背景颜色设置为白色。

(4) 在"模式"下拉列表中选择"渐变"，从"顶部颜色"调色板中选择第一种颜色，从"底部颜色"调色板中选择第二种颜色，在预览框中查看新的背景效果，单击"应用"按钮，将背景颜色设置为渐变色。

(5) 在"模式"下拉列表中选择"地平线"，要设置渐变天空颜色，使用"天空颜色"和"地平线天空颜色"调色板；要设置渐变地面颜色，使用"地平线地面颜色"和"地面颜色"调色板。在预览框中查看新的背景效果，然后单击"确定"按钮。

3.2.2　自定义场景视图

3-2

(1) 单击"查看"选项卡"场景视图"面板中"拆分视图"下拉列表中"水平拆分"按钮，将活动场景视图进行水平拆分，如图 3-12 所示。可以分别对拆分后的视图进行操作，各场景视图互不影响。

Note

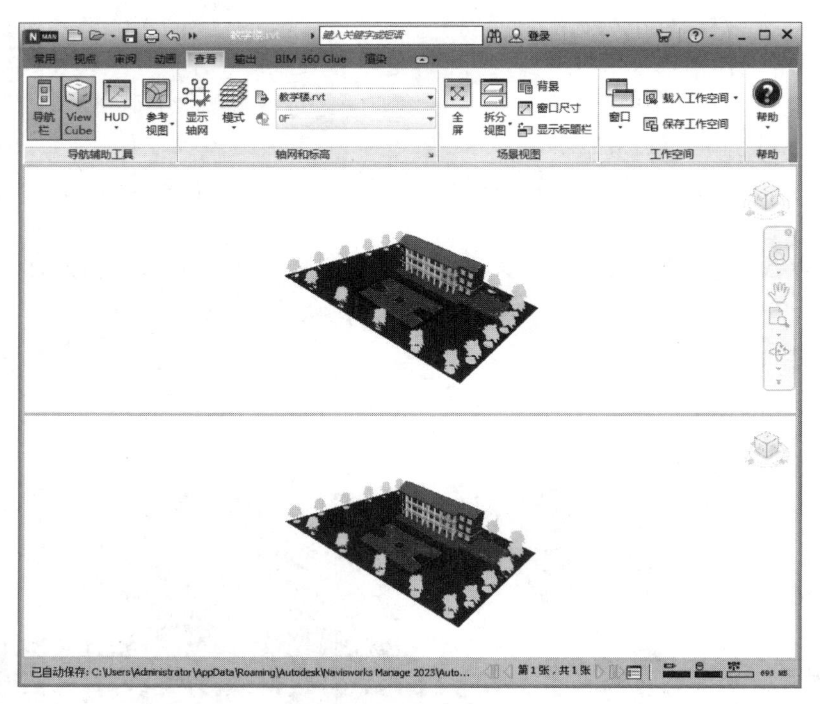

图 3-12　水平拆分视图

（2）单击"查看"选项卡"场景视图"面板中"拆分视图"下拉列表中"垂直拆分"按钮，将活动场景视图进行垂直拆分，如图 3-13 所示。

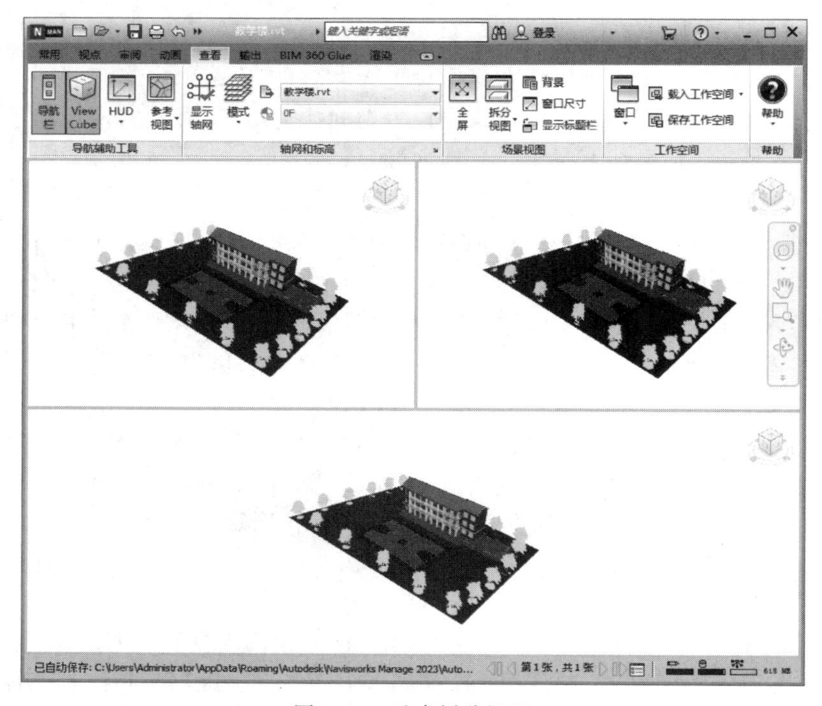

图 3-13　垂直拆分视图

(3) 单击"查看"选项卡"场景视图"面板中的"显示标题栏"按钮，所有自定义场景视图都已包含标题栏，如图 3-14 所示。

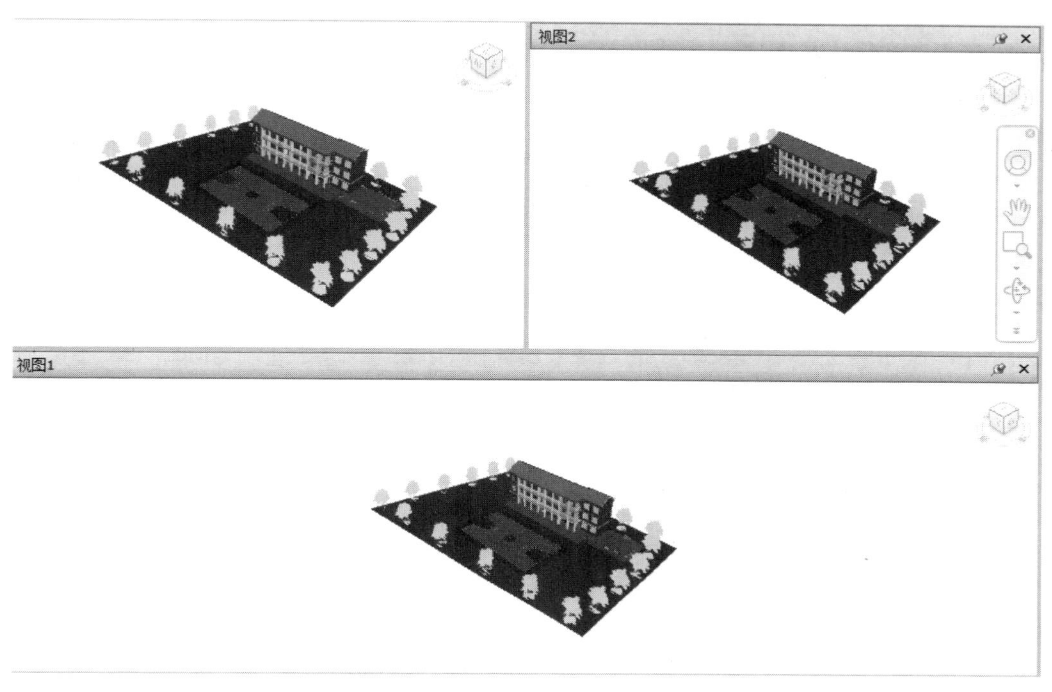

图 3-14　显示标题栏

(4) 单击"查看"选项卡"场景视图"面板中的"窗口尺寸"按钮，打开如图 3-15 所示的"窗口尺寸"对话框。在"类型"下拉列表中选择类型，然后设置尺寸，单击"确定"按钮，根据设置的尺寸调整窗口大小。

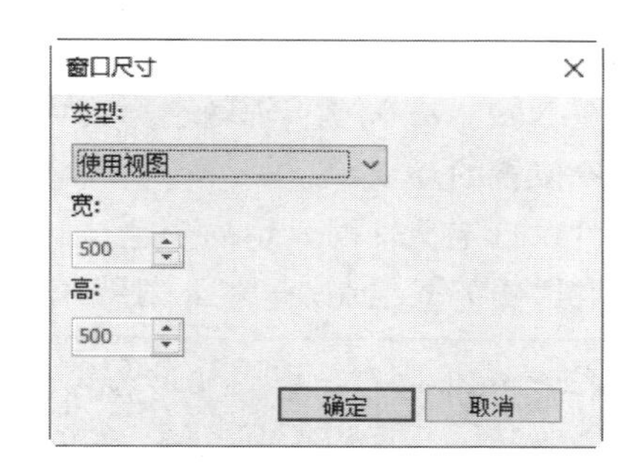

图 3-15　"窗口尺寸"对话框

"窗口尺寸"对话框中的选项说明如下。

- 使用视图：使内容填充当前活动场景视图。
- 显示：为内容定义精确的宽度和高度，例如将宽度设置为 300，高度设置为 200，窗口如图 3-16 所示。
- 使用纵横比：输入高度时，使用当前场景视图的纵横比自动计算内容的宽度，或者输入宽度时，使用当前场景视图的纵横比自动计算内容的高度。

(5) 单击"查看"选项卡"场景视图"面板中的"全屏"按钮(F11)，全屏显示场景视图，再次按 F11 键退出全屏显示。

提示：如果使用两个显示器，则会自动将默认场景视图放置在主显示器上，且可以将该界面放置到辅助显示器上以控制交互。

Note

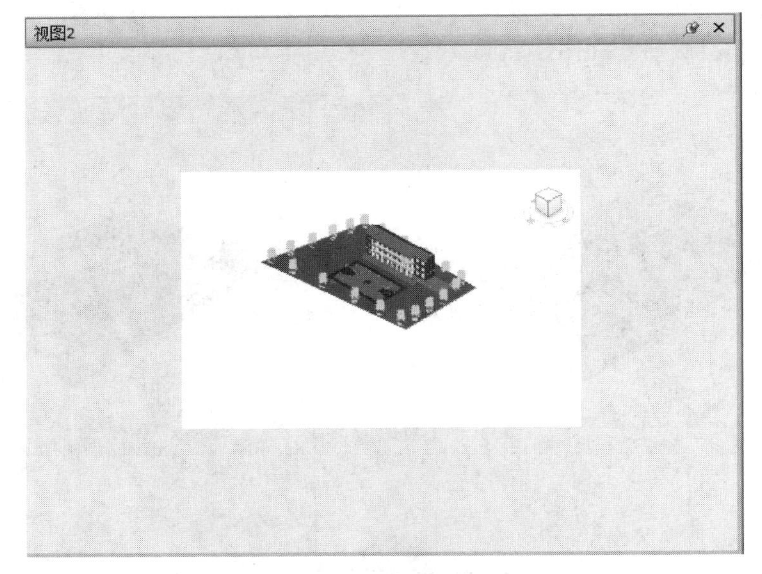

图 3-16　窗口显示

（6）单击视图上的“关闭”按钮 ×，关闭场景视图。注意：无法删除默认场景视图。

3.3　轴网和标高

在 Navisworks 中，轴网和标高可以帮助浏览场景，并提供用户所在位置以及场景中对象位置的环境。

可以自定义轴网显示的颜色、轴网标签上的字体大小，以及轴网线被对象挡住时是否通过透明方式绘制（称为 X 射线模式）。

> **注意**：要使用轴网和标高的完整功能，必须设置透视相机才能查看模型。设置正交相机时，只有选择面视图（如俯视图或前视图）时，才会显示轴网和标高，但并非所有功能都可用。

3.3.1　使用轴网和标高

3-3

（1）单击“查看”选项卡“轴网和标高”面板中的“显示轴网”按钮，显示模型中的轴网，如图 3-17 所示，轴网的显示位置与轴网模式的设置有关。再次单击“显示轴网”按钮，关闭轴网。

（2）将光标悬停在模型中的轴网交点上时，将显示标高的名称和（或）显示参考，如图 3-18 所示。

（3）单击“查看”选项卡“轴网和标高”面板中的“轴网对话框启动器”按钮，打开“选项编辑器”对话框的“轴网”页面，更改轴网中的字体大小以及颜色。

Note

图 3-17　显示轴网

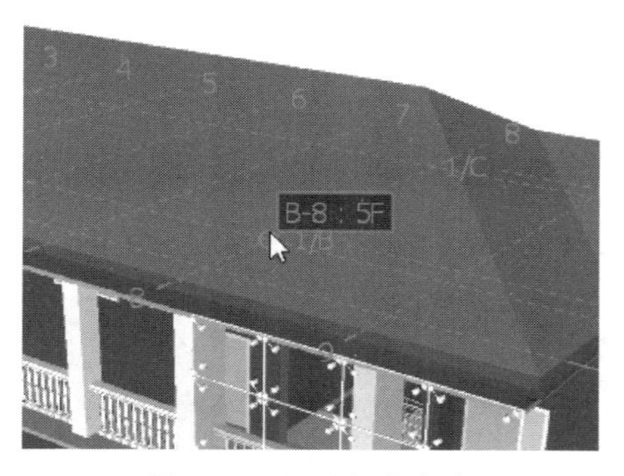

图 3-18　显示标高名称

3.3.2　轴网模式

3-4

单击“查看”选项卡“轴网和标高”面板中的“模式”下拉按钮，打开如图 3-19 所示的“模式”下拉菜单，根据需要选择相对于相机位置显示轴网标高。

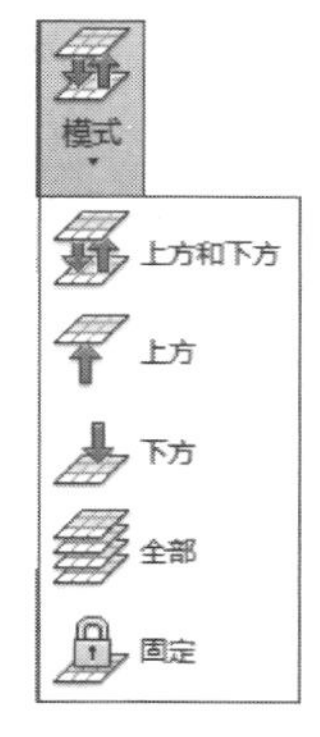

图 3-19　“模式”下拉菜单

- 上方和下方：在相机位置正上方和正下方标高处显示活动轴网。
- 上方：在相机位置正上方标高处显示活动轴网。
- 下方：在相机位置正下方标高处显示活动轴网。
- 全部：在所有可用标高处显示活动轴网。
- 固定：在用户指定的标高处显示活动轴网。选择此选项，在“显示级别”下拉列表中选择要显示活动轴网的标高。

3.4　模型显示方式

Navisworks 提供了几种不同的显示控制方式，包括模型中实体的显示以及线、点的显示。

Note

3-5

3.4.1 渲染模式

单击“视点”选项卡“渲染样式”面板中的“模式”下拉按钮，打开如图 3-20 所示的“模式”下拉菜单，根据需要选择渲染模式。

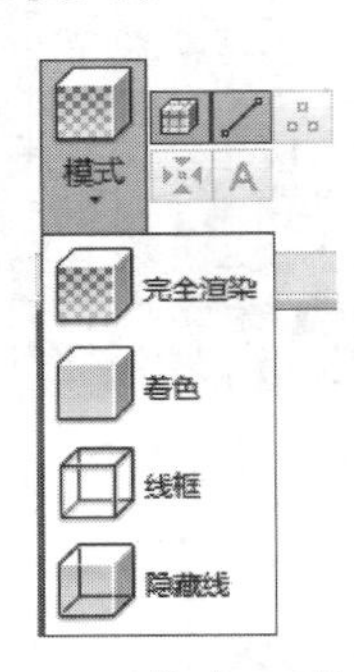

图 3-20 “模式”下拉菜单

➢ 完全渲染：显示模型中所有已设置的材质状态，如图 3-21 所示，是 Navisworks 实时显示中效果最好的。

图 3-21 “完全渲染”模式

➢ 着色：通过使用已设置的照明和已应用的材质、环境设置对场景的几何图形进行着色，其显示效果较隐藏线模式更进一步，如图 3-22 所示。

图 3-22 “着色”模式

Note

➢ 线框：该模式仅显示图元的边界，所有的三维模型图元均以三角网形式显示，在该模式下，图元无“前后”关系，不会进行遮挡计算，如图 3-23 所示。

图 3-23 “线框”模式

➢ 隐藏线：该模式是在线框模式的基础上进行遮挡运算，使得模型具备远近及相互遮挡的关系，如图 3-24 所示。

图 3-24 “隐藏线”模式

3.4.2 调整图元的显示

在“场景视图”中启用和禁用“曲面”“线”“点”“捕捉点”和“文字”的显示。

1. 曲面

曲面是构成场景中二维项目和三维项目的多个三角形。单击“视点”选项卡“渲染样式”面板中的“曲面”按钮，显示/隐藏曲面几何图形。

2. 线

单击“视点”选项卡“渲染样式”面板中的“线”按钮，显示/隐藏线几何图形。

3. 点

点是模型中的实际点，例如，在激光扫描文件中，点云中的点。单击“视点”选项卡“渲染样式”面板中的“点”按钮，显示/隐藏点。

4. 捕捉点

捕捉点是模型中的暗示点，例如，球的中心点或管道的端点。单击“视点”选项卡

“渲染样式”面板中的“捕捉点”按钮，显示/隐藏捕捉点。

5. 文字

单击“视点”选项卡“渲染样式”面板中的“文本”按钮 A，显示/隐藏文字图元。二维图纸不支持此功能。

Note

3.5 导航辅助工具

3.5.1 平视显示仪

平视显示仪显示用户在三维工作空间中的位置和方向的信息。

1. “XYZ 轴”指示器

“XYZ 轴”指示器显示相机的 X、Y、Z 方向或替身的眼位置。

单击“查看”选项卡“导航辅助工具”面板中的 HUD 按钮，在打开的下拉列表中勾选“XYZ 轴”复选框，打开“XYZ 轴”指示器，它位于“场景视图”的左下角，如图 3-25 所示。取消勾选“XYZ 轴”复选框，将关闭“XYZ 轴”指示器。

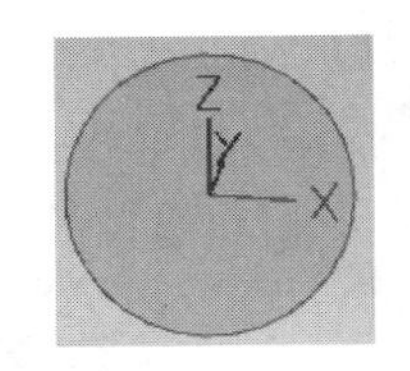

图 3-25 “XYZ 轴”指示器

2. 位置读数器

位置读数器显示相机的绝对 X、Y、Z 位置或替身的眼位置。

单击“查看”选项卡“导航辅助工具”面板中的 HUD 按钮，在打开的下拉列表中勾选“位置读数器”复选框，打开“位置读数器”，它位于“场景视图”的左下角，如图 3-26 所示。取消勾选“位置读数器”复选框，将关闭位置读数器。

3. 轴网位置

轴网位置显示相机相对于活动轴网的轴网和标高位置。HUD 显示基于距离当前相机位置最近的轴网交点以及当前相机位置下面的最近标高。

单击“查看”选项卡“导航辅助工具”面板中的 HUD 按钮，在打开的下拉列表中勾选“轴网位置”复选框，打开“轴网位置”指示器，它位于“场景视图”的左下角，如图 3-27 所示。

X: 23.170 m Y: -130.802 m Z: 64.914 m

图 3-26 位置读数器

A(-124)-10(-1) : 5F (53)

图 3-27 “轴网位置”指示器

3.5.2 参考视图

3-6

参考视图用于获得用户在整个场景中所处位置的全景以及在大模型中将相机快速移动到某个位置。

Navisworks 提供了两种类型的参考视图：平面视图和剖面视图。

参考视图显示模型的某个固定视图。在默认情况下，剖面视图从模型的前面显示视图，而平面视图显示模型的俯视图。

Note

1. 使用平面视图

（1）单击“视图”选项卡“导航辅助工具”面板中的“参考视图”按钮，在打开的下拉列表中勾选“平面视图”复选框，打开如图 3-28 所示的“平面视图”窗口，显示模型的参考视图。

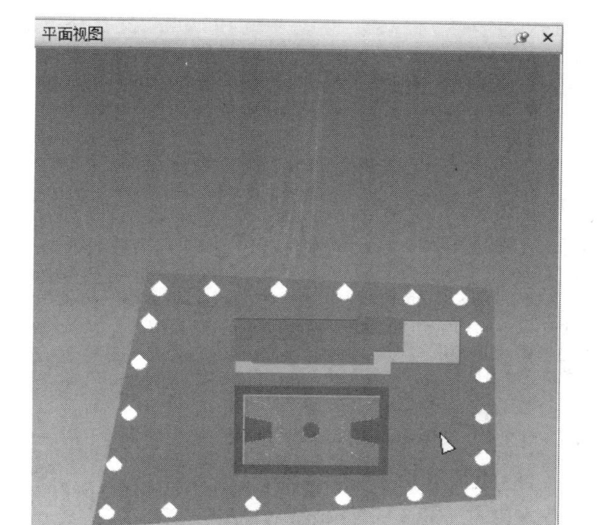

图 3-28　“平面视图”窗口

（2）在“平面视图”中使用白色三角形标记表示当前场景视图中的视点，将鼠标移动到三角形标记上时，鼠标变为，按住鼠标左键移动鼠标，即可拖动三角形标记，将其拖动到一个新位置，“场景视图”中的相机也会改变其位置；或者，在“场景视图”中导航到其他位置。参考视图中的三角形标记会改变其位置以与“场景视图”中的相机位置相匹配。

（3）在“平面视图”窗口中的任意位置右击，弹出如图 3-29 所示的快捷菜单 2，通过该菜单可以修改缩略图的查看方向、相机位置等。

- 查看方向：用于将参考视图设置为其中一个预设视点。单击此选项，打开如图 3-30 所示的级联菜单，从中可以选择上、下、前、后、左、右或当前视点。选择“当前视点”选项可将参考视图设置为活动导航视点中的视图，如图 3-31 所示。
- 更新当前视点：将活动导航视点设置为参考视图中的视图。例如，在“平面视图”窗口中右击，在弹出的快捷菜单中选择“查看方向”→“上面”选项，将参考视图中的视图设置为上视图，然后右击，在弹出的快捷菜单中选择“更新当前视点”选项，此时，在“场景视图”中也显示为上视图，如图 3-32 所示。

Note

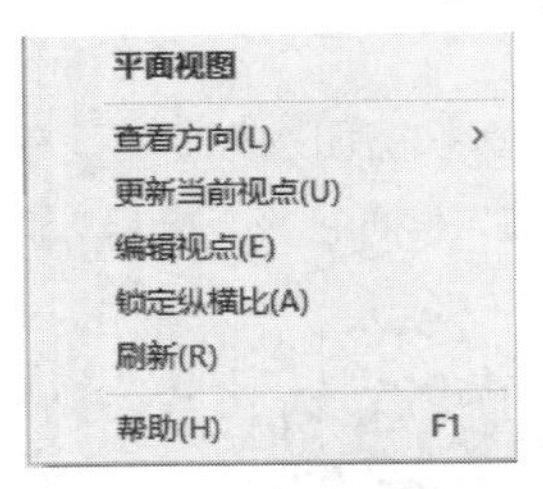

图 3-29　快捷菜单 2

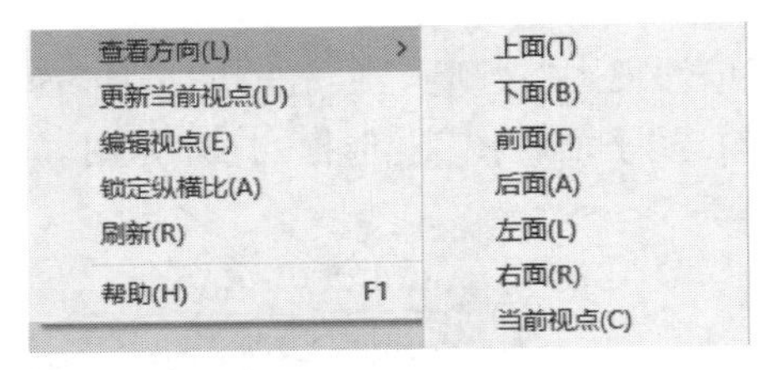

图 3-30　“查看方向”级联菜单

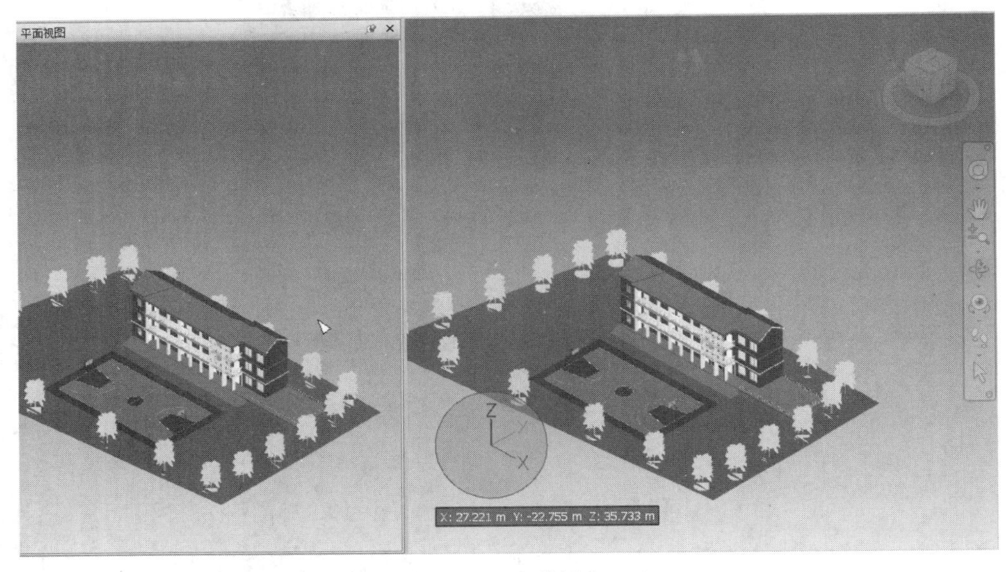

图 3-31　当前视点

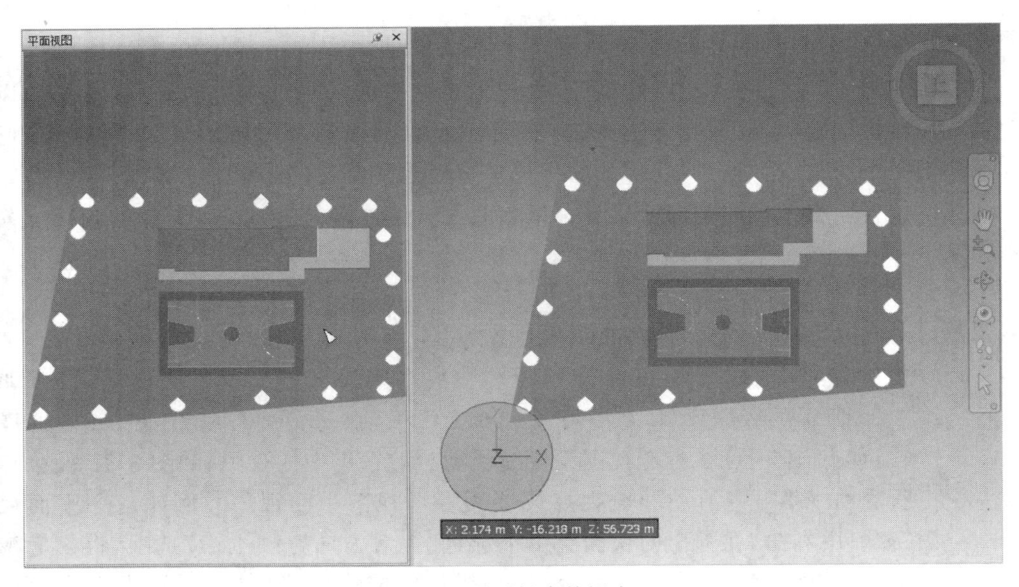

图 3-32　更新当前视点

Note

➢ 编辑视点：选择此选项，打开“编辑视点”对话框(对话框中的含义介绍详见 6.1.2 节)，用于修改相应的参考视图的设置。

➢ 锁定纵横比：将参考视图的纵横比与场景视图中当前视点的纵横比相匹配。甚至使用参考视图调整窗口的大小时，也会进行匹配。这通常会使参考视图的顶部和底部或任一侧出现灰色条纹，如图 3-33 所示。

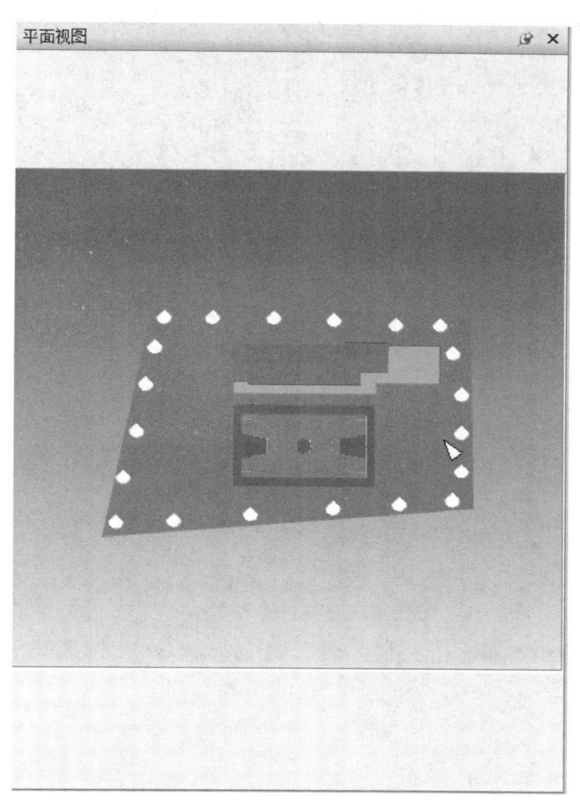

图 3-33　锁定纵横比

➢ 刷新：基于当前设置重新绘制参考视图。

2. 使用剖面视图

(1) 单击“视图”选项卡“导航辅助工具”面板中的“参考视图”按钮，在打开的下拉列表中勾选“剖面视图”复选框，打开如图 3-34 所示的“剖面视图”窗口，显示模型的参考视图。

(2) 在“剖面视图”中使用白色三角形标记表示当前场景视图中的视点，将鼠标移动到三角标记上时，鼠标变为，按住鼠标左键移动鼠标，即可拖动三角形标记，将其拖动一个新位置，“场景视图”中的相机也会改变其位置；或者，在“场景视图”中导航到其他位置。参考视图中的三角形标记会改变其位置以与“场景视图”中的相机位置相匹配。

(3) 在“剖面视图”窗口中的任意位置右击，弹出如图 3-30 所示的快捷菜单，通过该菜单可以修改缩略图的查看方向、相机位置等。

图 3-34 “剖面视图”窗口

3.6 漫游和飞行

3-7

3.6.1 漫游

使用“漫游”工具，可以模拟在场景视图中漫步观察对象。

(1) 单击“视点”选项卡“导航”面板中的“漫游”按钮，移动鼠标到场景视图中，鼠标变成，按住鼠标左键，移动鼠标，在场景视图中按照鼠标移动方向行走。

(2) 单击“视点”选项卡“导航”面板中的“真实效果”按钮，在打开的下拉列表中勾选“第三人”复选框，如图 3-35 所示，将在场景视图中显示虚拟人物，按住鼠标左键，移动鼠标，虚拟人物在场景视图中按照鼠标移动方向行走，如图 3-36 所示。

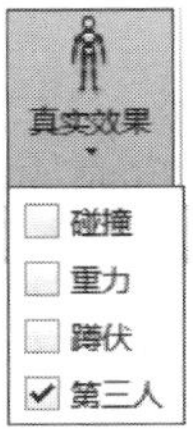

图 3-35 “真实效果”下拉列表

➢ 碰撞：此功能将我们定义为一个碰撞量，即一个可以围绕模型导航并与模型交互的三维对象，并服从将我们限制在

Note

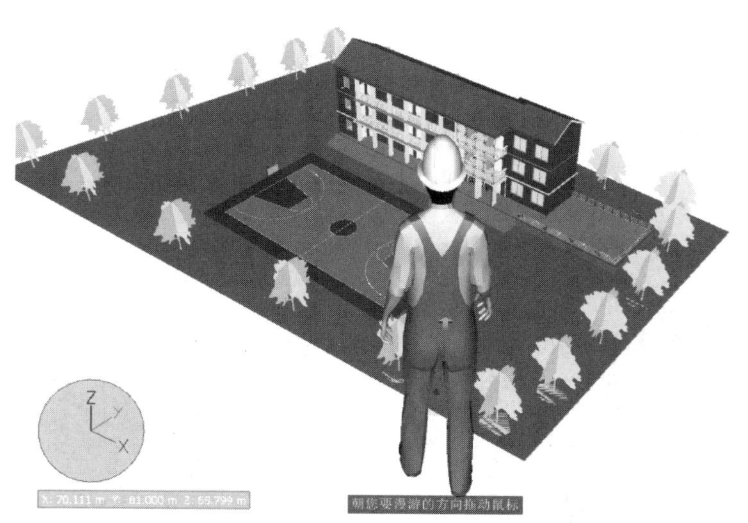

图 3-36　虚拟人物漫游

模型本身内的某些物理规则。换句话说，我们有体量，因此，无法穿过场景中的其他对象、点或线。我们可以走上或爬上场景中高度达到碰撞量一半的对象，例如，我们可以走上楼梯。碰撞量就其基本形式而言，是一个球体（半径为 r），可以将其拉伸以提供高度。可以为当前视点或作为一个全局选项自定义碰撞量的尺寸。

- 重力：碰撞提供体量，而重力提供重量。这样，我们（作为碰撞量）在场景中漫游的同时将被向下拉。例如，我们可以走下楼梯或依随地形而走动。
- 蹲伏：在激活碰撞的情况下围绕模型漫游或飞行时，可能会遇到高度太低而无法在其下漫游的对象，如很低的管道。通过此功能可以蹲伏在任何这样对象的下面。激活蹲伏的情况下，对于在指定高度无法在其下漫游的任何对象，将在这些对象下面自动蹲伏，因此不会妨碍我们围绕模型导航。
- 第三人：此功能可以通过第三人透视导航场景。激活“第三人”后，将能够看到一个体现，该体现是自己在三维模型中的表示。在导航时，将控制体现与当前场景的交互。将“第三人”与“碰撞”和“重力”一起使用时，此功能将变得非常强大，使我们能够精确可视化一个人与所需设计交互的方式。我们可以为当前视点或作为一个全局选项自定义设置，如体现选择、尺寸和定位。

（3）在移动鼠标的同时按住键盘上的“↑”键，将调整当前视图的高度（虚拟人物上升的视觉效果），如图 3-37 所示。

（4）单击“视点”选项卡“导航”面板中的“真实效果”按钮，在打开的下拉列表中勾选“重力”复选框，系统将自动勾选“碰撞”复选框，按住鼠标左键，移动鼠标，虚拟人物将回落到地面，并沿地面行走，如图 3-38 所示。

（5）继续拖动鼠标，向前走，虚拟人物爬上楼梯来到教室门口，由于勾选“碰撞”复选框，虚拟人物碰到门将停止移动，无法穿越门，如图 3-39 所示。

（6）单击“视点”选项卡“导航”面板中的“真实效果”按钮，在打开的下拉列表中勾

图 3-37　虚拟人物上升

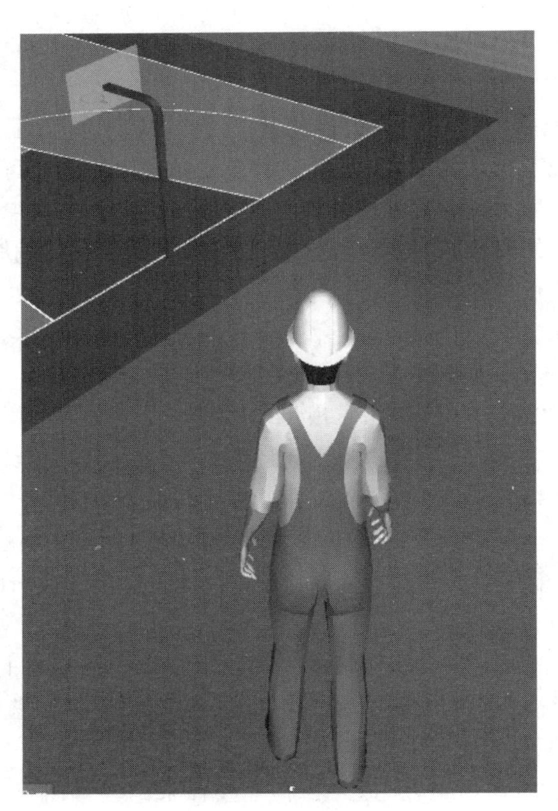

图 3-38　虚拟人物回落地面

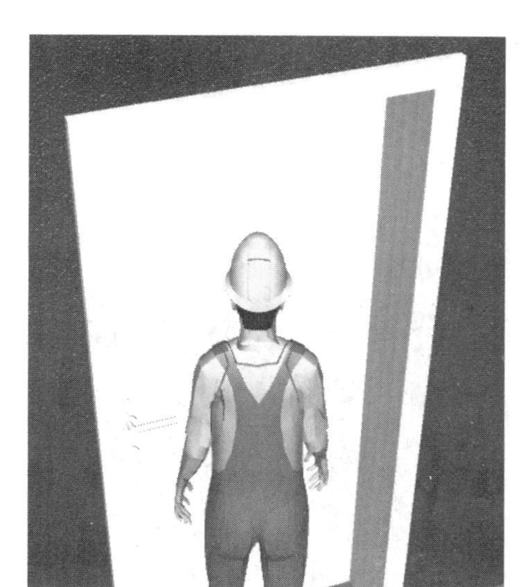

图 3-39　虚拟人物碰到门停止

选“蹲伏”复选框，继续拖动鼠标，虚拟人物将自动“蹲伏”，以尝试用蹲伏的方式从模型底部通过，如图 3-40 所示。

图 3-40　虚拟人物蹲伏

Note

（7）单击“视点”选项卡“导航”面板中的“真实效果”按钮，在打开的下拉列表中取消勾选“碰撞”复选框，系统将取消勾选“重力”和“蹲伏”复选框，继续移动鼠标向前行走，虚拟人物将穿过教室门，进入教室内部，然后勾选“重力”复选框，使虚拟人物在教室地面上行走，如图 3-41 所示。

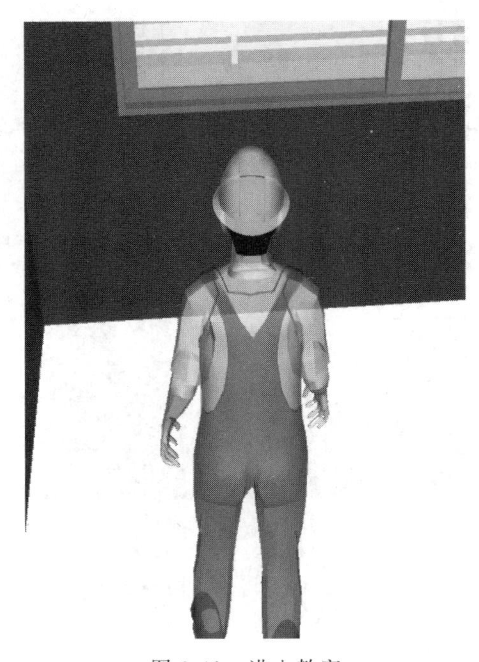

图 3-41　进入教室

（8）单击“视点”选项卡“导航”面板右侧的三角按钮，展开“导航”面板，如图 3-42 所示。用户可以通过设置“线速度(m/s)”和“角速度(°/s)”来控制漫游时前进的线速度和旋转视图时的角速度。

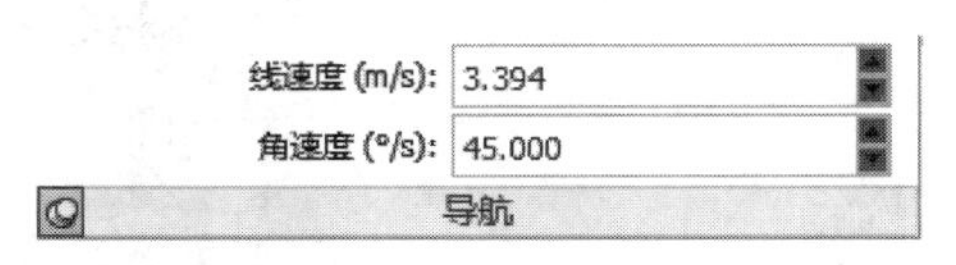

图 3-42　“导航”展开面板

3-8

3.6.2　飞行

使用“飞行”工具，可以模拟在场景视图中飞行观察对象。

（1）单击“视点”选项卡“导航”面板中的“漫游”按钮，移动鼠标到场景视图中，鼠标变成，按住鼠标左键，移动鼠标，在场景视图中按照鼠标移动方向飞行，上、下、左、右移动鼠标将改变飞行方向。

（2）单击“视点”选项卡“导航”面板中的“真实效果”按钮，在打开的下拉列表中显示“重力”复选框不可用。

“飞行”模式和“漫游”模式的控制方式非常相似，这里就不再一一介绍。

集　合

在 Navisworks 中，可以创建和使用类似对象的集。这样可以更轻松地查看和分析模型。

4.1　选择和搜索对象

4.1.1　选择对象

4-1

1. 选择对象

（1）单击“常用”选项卡“选择和搜索”面板中的“选择”按钮或单击“导航器”中的“选择”按钮，在“场景视图”中单击项目进行选择。

（2）按住 Ctrl 键继续单击场景中的项目，选择多个几何图形。

（3）按住 Ctrl 键在已选择的项目上单击，从当前选择中删除项目。

（4）按 Esc 键从当前选择中删除所有项目。

提示：按住空格键可将选择工具切换为“选择框”工具。松开空格键后，选择工具将回到“选择”工具，同时保留已经做出的所有选择。

2. 框选对象

（1）单击“常用”选项卡“选择和搜索”面板中的“选择框”按钮。

（2）在“场景视图”上方拖出一个框，如图 4-1 所示，即可选择该框内的所有项目，如图 4-2 所示。

3. 全选

单击“常用”选项卡“选择和搜索”面板中的“全选”按钮，选择模型内包含的所有项目。

图 4-1　拖出框

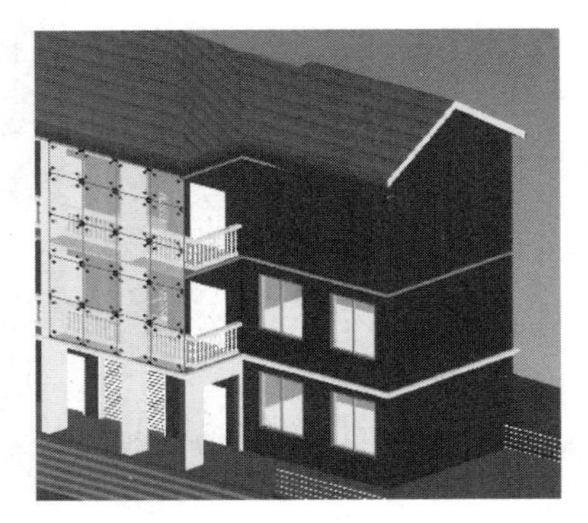

图 4-2　框选项目

4. 取消选定

单击“常用”选项卡“选择和搜索”面板中的“取消选择”按钮，取消选择模型中所有项目。

5. 反向选择

单击“常用”选项卡“选择和搜索”面板中的“反向选择”按钮，将当前选定的项目变为未选定的项目，而当前未选定的项目变成选定项目。

例如，先选取场地项目，如图 4-3 所示，然后单击“常用”选项卡“选择和搜索”面板中的“反向选择”按钮，将场地变成未选定项目，其他项目将变成选定项目，如图 4-4 所示。

图 4-3　选取场地

图 4-4　反向选择

Note

6. 选择树

单击“常用”选项卡“选择和搜索”面板中的“选择树”按钮，打开如图 4-5 所示“选择树”窗口，显示模型结构中各个层次视图。单击“选择树”中的对象以选择“场景视图”中对应的几何图形。使用 Ctrl 键可以逐个选择多个项目，而使用 Shift 键可以选择选定的第一个项目和最后一个项目之间的多个项目。

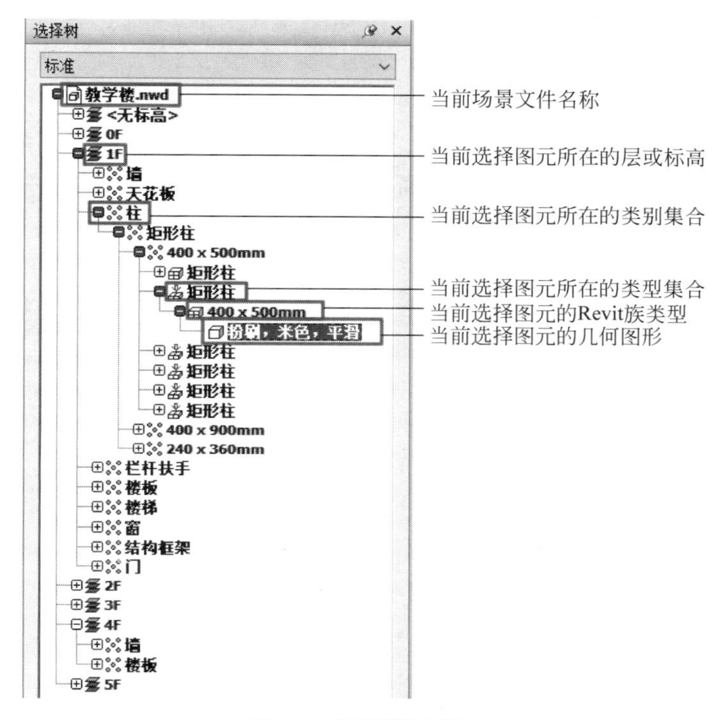

图 4-5 “选择树”窗口

- 显示方式：在默认情况下，有 4 种显示方式，包括“标准”“紧凑”“特性”和“集合”。
  - 标准：显示默认的树层次结构(包含所有实例)。层次可以按字母顺序进行排序。
  - 紧凑：显示“标准”层次的简化版本，省略各种项目。
- 特性：显示基于项目特性的层次结构。
- 集合：显示选择集和搜索集的列表。
- ：表示一个模型，如图形文件或设计文件。
- ：表示一个图层或级别。
- ：表示一个集合。它是 Revit 模型中的一系列项目，其中可能包含其他任何几何图形。
- ：表示一个几何图形项目，如多边形。
- ：表示一个复合对象，即在 Navisworks 中由一组几何图形项目表示的单个 CAD 对象。

- ：表示一个组，如 AutoCAD 中的块定义或 MicroStation 中的单元定义。
- ：表示一个实例化的几何图形项目，如 3D Studio 中的实例。
- ：表示一个实例化组，如 AutoCAD 中的插入块或 MicroStation 中的单元。如果在导入的文件中未命名实例，则 Navisworks 将命名该实例以便与其子项的名称匹配。
- ：表示已保存的选择集。
- ：表示已保存的搜索集。

7. 选择相同对象

"选择相同对象"下拉菜单可以根据当前所选择的图元情况，显示不同的选项。

单击"常用"选项卡"选择和搜索"面板中的"选择相同对象"按钮，打开如图 4-6 所示的下拉菜单，可以选定当前选定项目的所有其他实例，还可以利用相同特性去选择元素、约束、材质等信息，以方便对模型快速选择。

- 同名：选择与当前选定的项目名称相同的项目。例如，在"选择树"窗口中选择 1F 中的"墙"项目，如图 4-7 所示，单击"选择相同对象"按钮，在打开下拉列表中选择"同名"选项，将选取所有的"墙"项目，如图 4-8 所示。
- 同类型：选择与当前选定的项目具有相同类型的项目。例如，在"选择树"窗口中选择 1F 中的"400×500mm"类型的矩形柱，单击"选择相同对象"按钮，在打开的下拉列表中选择"同类型"选项，将选取所有的"400×500mm"类型的矩形柱，如图 4-9 所示。

图 4-6 "选择相同对象"下拉列表

图 4-7 选择 1F"墙"项目

- 选择相同的 元素/选择相同的 底部约束/选择相同的 创建的阶段/选择相同的 顶部约束/选择相同的 元素 ID/选择相同的 TimeLiner：选择具有指定特性的

Note

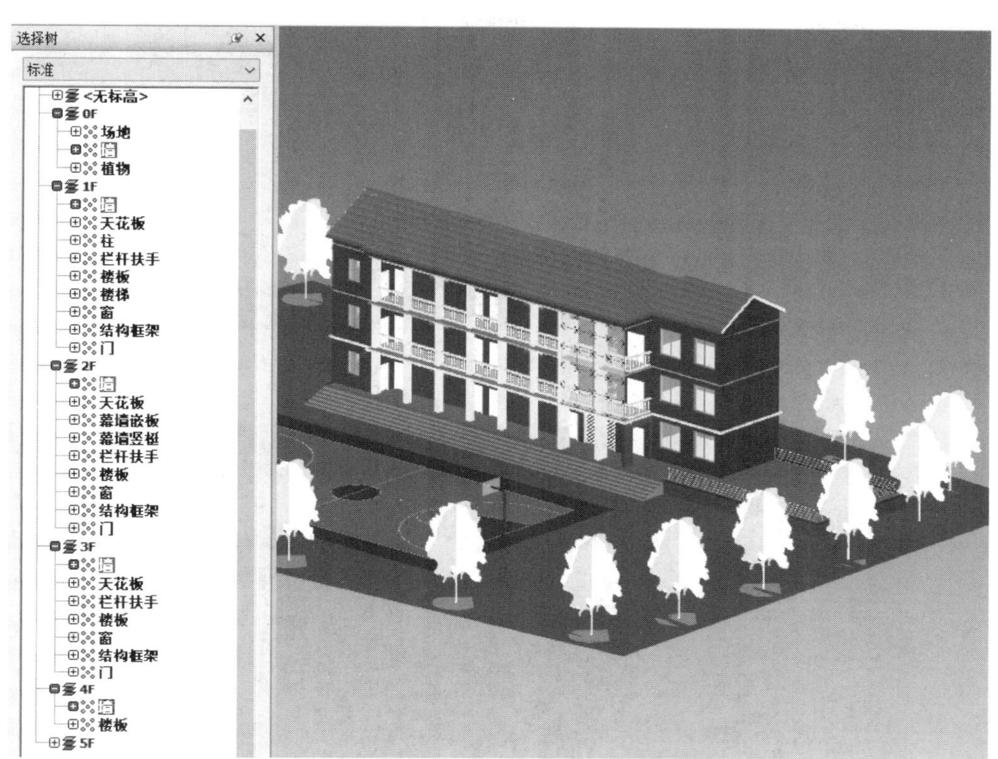

图 4-8　选取所有“墙”项目

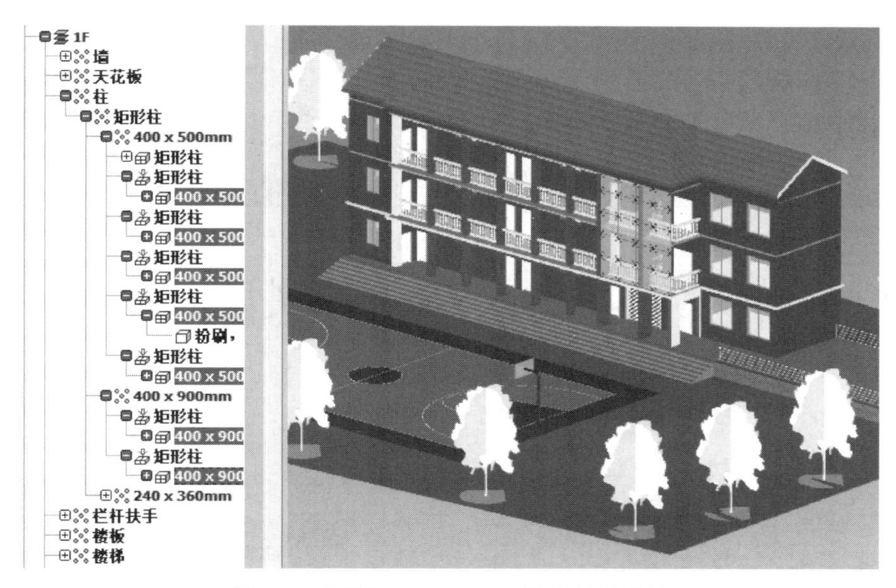

图 4-9　选择“400×500mm”类型的矩形柱

所有项目。例如,在“选择树”窗口中选择 1F 中的任意“基本墙”项目,如图 4-10 所示,单击“选择相同对象”按钮,在打开下拉列表中选择“选择相同的 顶部约束”选项,将选取所有顶部约束为 1F 的“墙”项目,如图 4-11 所示。

Note

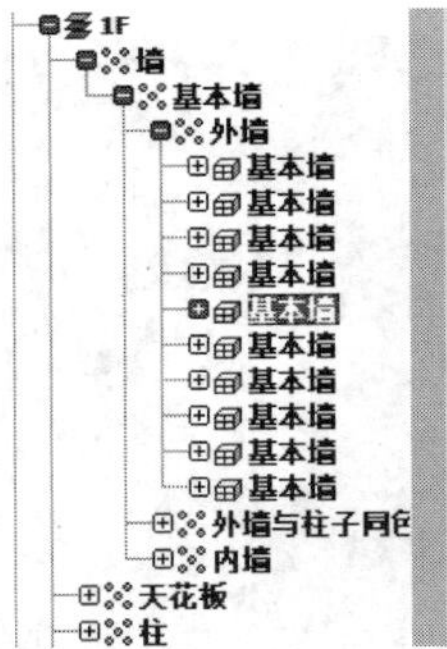

图 4-10 选择"基本墙"项目

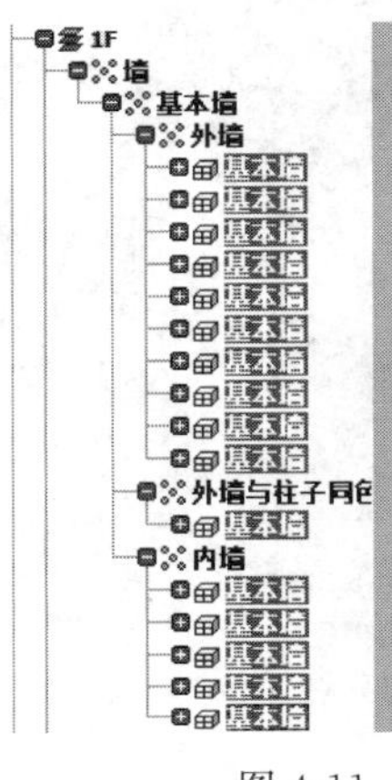

图 4-11 选择所有顶部约束相同的"基本墙"项目

提示：对象的特性可以用"特性"窗口来查看。在场景视图中选择对象，单击"常用"选项卡"显示"面板中的"特性"按钮，打开如图 4-12 所示的"特性"窗口，该窗口中包含专用于和当前选定对象关联的每个特性类别的选项卡。

8. 设置选取精度

单击"常用"选项卡"选择和搜索"面板下的"选取精度"下拉按钮，打开如图 4-13 所示的下拉菜单。

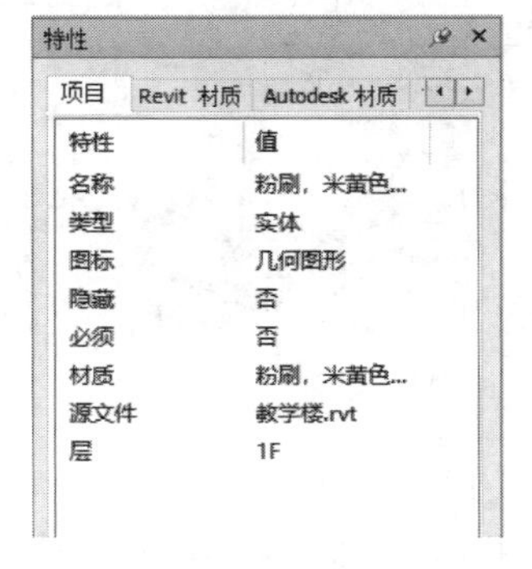

图 4-12 "特性"窗口

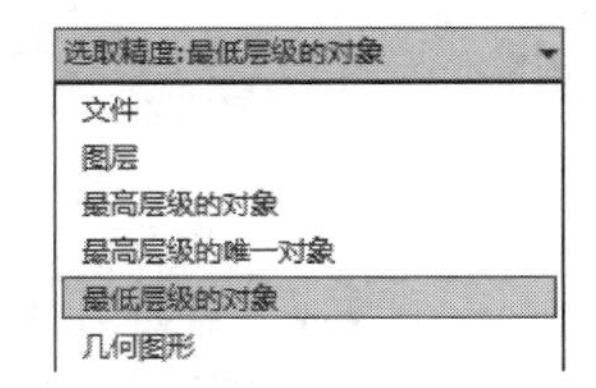

图 4-13 "选取精度"下拉菜单

➢ 文件：使对象路径始于文件级别，因此，将选择处于当前文件级别的所有对象。例如，如果将当前选取精度设置为“文件”，选取窗户上的玻璃时，系统将选取整个模型，“选择树”窗口中将高亮显示该图元所在的场景文件名称，如图 4-14 所示。

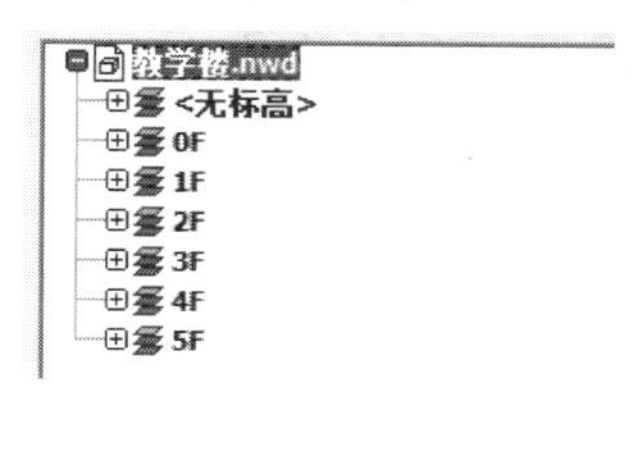

图 4-14　选取文件

➢ 图层：使对象路径始于层节点，因此，将选择图层内的所有对象。例如，如果将当前选取精度设置为“图层”，选取窗户上的玻璃时，系统将选取玻璃所在图层上的所有图元，“选择树”窗口中将高亮显示该图元的标高名称，如图 4-15 所示。

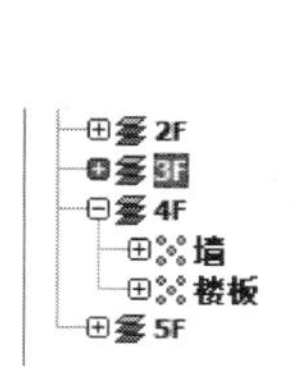

图 4-15　选取图层

➢ 最高层级的对象：使对象路径始于层节点下的最高级别对象。例如，如果将当前选取精度设置为“最高层级的对象”，选取窗户上的玻璃时，系统将选取整个窗户，“选择树”窗口中将高亮显示该图元的族名称，如图 4-16 所示。

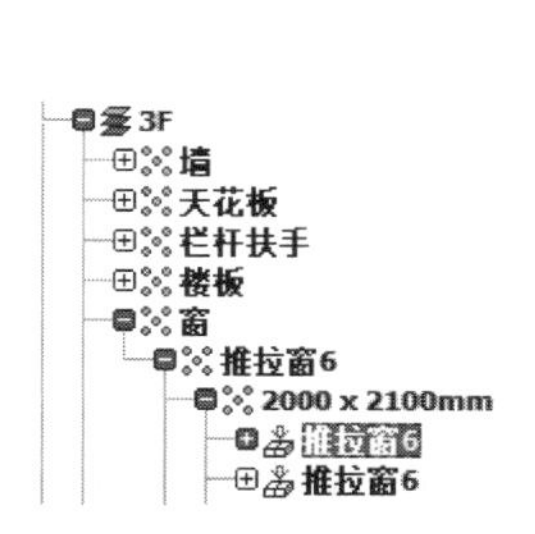

图 4-16　选取最高层级的对象

➢ 最高层级的唯一对象：使对象路径始于“选择树”中第一个唯一级别对象。

➢ 最低层级的对象：系统默认选项，使对象路径始于“选择树”中的最低级别对象。Navisworks 首先查找复合对象，如果没有找到，则会改为使用几何图形级别。例如，如果将当前选取精度设置为“最低层级的对象”，选取窗户上的玻璃时，系统将选取整个窗户，“选择树”窗口中将高亮显示该图元的类型名称，如图 4-17 所示。

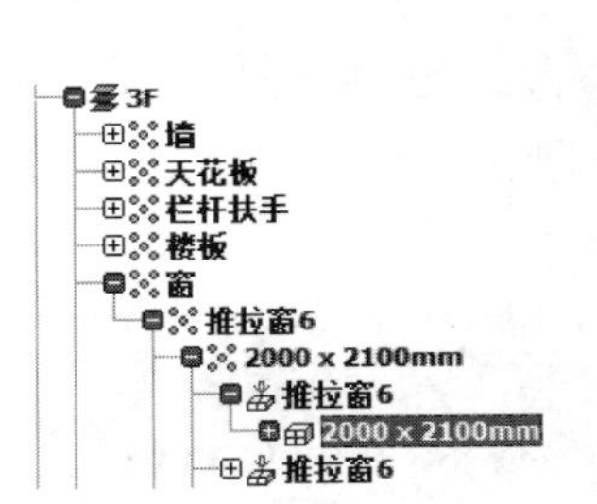

图 4-17　选取最低层级的对象

➢ 几何图形：使对象路径始于“选择树”中的几何图形级别。例如，将当前选取精度设置为“几何图形”，在场景视图中选取窗户上的玻璃时，系统将选取最底层的“玻璃”，如图 4-18 所示。

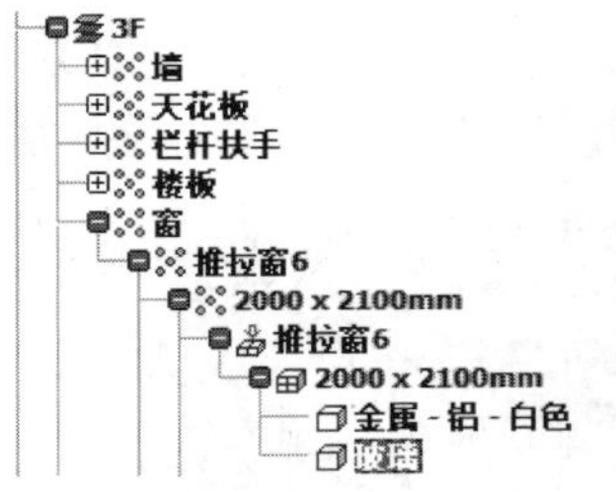

图 4-18　选取几何图形

9. 隐藏对象

(1) 隐藏选定的对象。

可以在当前选择中隐藏对象，这样便不会在“场景视图”中绘制这些对象。希望删除模型的特定部分时，这是很有用的。例如，当用户沿着建筑的走廊行走时，可能需要隐藏挡住了用户的视线而使用户无法看到下一个房间的墙。

在场景视图中选择要隐藏的项目，单击“常用”选项卡“可见性”面板中的“隐藏”按钮，所选对象看不见，再次单击“隐藏”按钮，可显示不可见对象。

例如，在“选择树”中选择 3F，选取整个 3F 楼层的图元，单击“常用”选项卡“可见性”面板中的“隐藏”按钮，隐藏整个 3F 楼层的图元，如图 4-19 所示。注意：在“选择树”窗口中，被隐藏的图元显示为灰色。

图 4-19　隐藏所选对象

（2）隐藏未选定对象。

可以隐藏除当前选定项目之外的所有项目。

在场景视图中选择不需要隐藏的项目，单击“常用”选项卡“可见性”面板中的“隐藏未选定项目”按钮，只有所选对象可见，其他项目都被隐藏。再次单击“隐藏未选定项目”按钮，可显示不可见对象。

例如，选取整个3F楼层，单击“常用”选项卡“可见性”面板中的“隐藏未选定项目”按钮，系统将显示除3F以外的所有图元，如图4-20所示。注意：在“选择树”窗口中，被隐藏的图元显示为灰色。

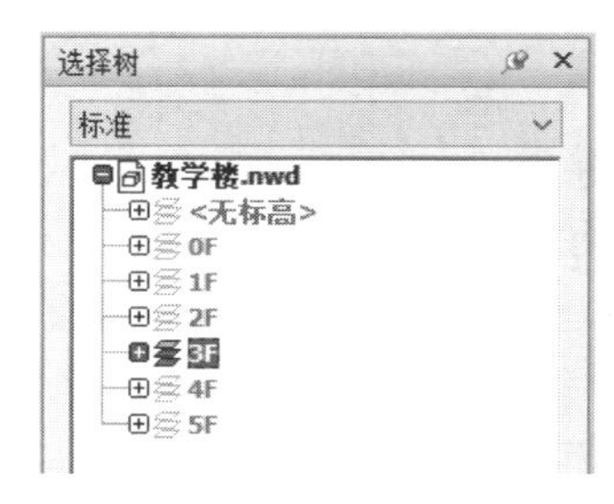

图4-20　隐藏未选定对象

（3）显示所有的隐藏对象。

单击“常用”选项卡“可见性”面板中的“显示全部”按钮，显示所有的隐藏对象。

4.1.2　搜索对象

4-2

1. 查找项目

（1）单击“常用”选项卡“选择和搜索”面板中的“查找项目”按钮，打开如图4-21所示的“查找项目”对话框。

图4-21　“查找项目”对话框

"查找项目"对话框中选项的说明如下。

➢ 类别：在下拉列表中选择类别名称，该列表中只显示场景中包含的类别。

➢ 特性：在下拉列表中选择特性名称，该列表中只显示所选类别内场景中的特性。

➢ 条件：为搜索选择一个条件运算符，可以使用以下运算符。

- =：可用于计算任何类型的特性。要符合搜索条件，特性必须与指定的值完全匹配。
- 不等于：可用于计算任何类型的特性。
- 包含：要符合搜索条件，特性必须包含指定的值。
- 通配符：允许在"值"字段中使用通配符(?)以匹配任一字符，或使用通配符(*)以匹配任意字符序列。
- 已定义：要符合搜索条件，特性必须定义了某个值。
- 未定义：要符合搜索条件，特性不得定义任何值。

➢ 值：可以在此框中随意键入一个值，也可以从下拉列表(它显示在前面定义的类别和特性内可用的场景中所有值)中选择一个预定义的值。如果将"通配符"用作条件运算符，则可以键入一个包含通配符的值。要匹配单个未指定的字符，使用符号"?"(问号)。要匹配任何数目的未指定字符，使用符号"*"(星号)。

➢ 匹配字符宽度：勾选此复选框，在搜索时考虑字符宽度，主要用于同时使用全角和半角字符的语言。

➢ 匹配附加符号：勾选此复选框，在搜索时区分附加符号。附加符号指字符上方或下方的符号，用于表示该字符的发音。

➢ 匹配大小写：勾选此复选框，在搜索时区分小写和大写字符。

➢ 剪除不理想的结果：勾选此复选框，在找到第一个符合条件的对象后立即停止搜索"查找选择树"的分支。

➢ 搜索：指定要运行的搜索类型。包括以下选项。

- 默认：在"查找选择树"中选定的所有项目以及这些项目下的路径中搜索符合条件的对象。
- 已选路径下面：仅在"查找选择树"中选定的项目下搜索符合条件的对象。
- 仅已选路径：仅在"查找选择树"中选定的项目内搜索符合条件的项目。

➢ 查找第一个：单击此按钮，查找第一个符合条件的项目，在"场景视图"和"选择树"中高亮显示。

➢ 查找下一个：单击此按钮，查找下一个符合条件的项目，在"场景视图"和"选择树"中高亮显示。

➢ 查找全部：单击此按钮，查找所有符合条件的项目，并在"场景视图"和"选择树"中高亮显示它们。

➢ 导出：单击此按钮，打开"导出"对话框，当前搜索的参数导出为XML文件。

➢ 导入：单击此按钮，打开"导入"对话框，导入先前保存的搜索条件。

(2) 在"查找选择树"上，单击要从其开始搜索的项目。

(3) 单击"类别"列，然后从下拉列表中选择特性类别名称，如"项目"。

(4) 在"特性"列中，从下拉列表中选择特性名称，如"材质"。

Note

（5）在“条件”列中，选择条件运算符，如“包含”，如图 4-22 所示。

（6）在“值”列中，键入要搜索的特性值，如“瓦片-筒瓦”。设置好的条件如图 4-22 所示。

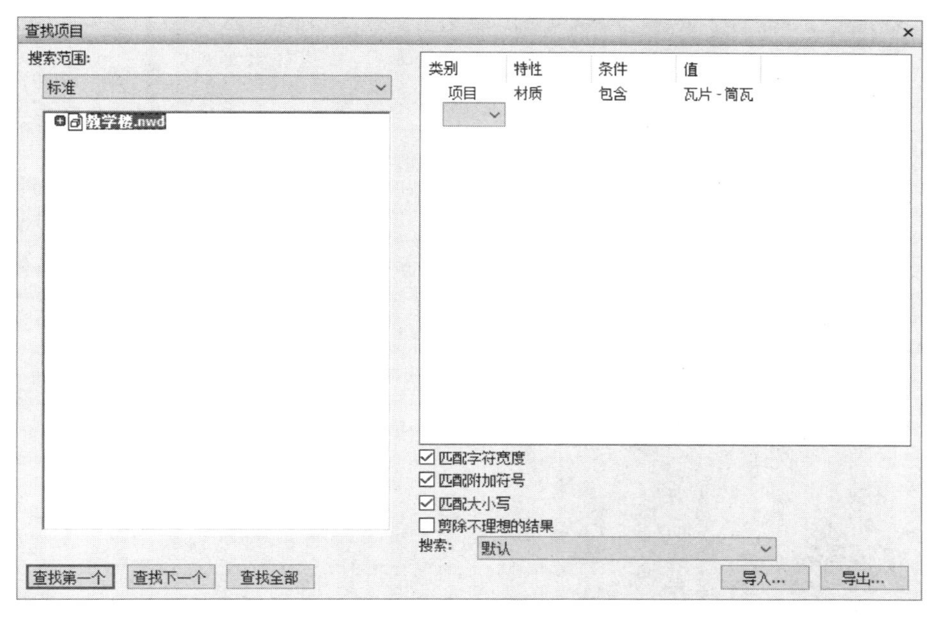

图 4-22　设置条件

（7）单击“查找全部”按钮。搜索结果将在“场景视图”和“选择树”中高亮显示，如图 4-23 所示。

图 4-23　查找对象 1

（8）重复步骤(2)～步骤(6)，根据需要定义更多搜索语句，如图 4-24 所示。

（9）在第二个条件上右击，弹出如图 4-25 所示的快捷菜单 1，选择“OR 条件”选项，系统将在第二个条件前出现“+”号，表示将搜索包含第一个条件和第二个条件信息的图元，如图 4-26 所示。

- 忽略字符串值大小写：使选定的搜索语句不区分大小写。例如，Chrome 和 Chrome 材质都被视为符合条件。
- 忽略类别用户名称：指示 Navisworks 对选定的搜索语句使用内部类别名称，而忽略用户类别名称。

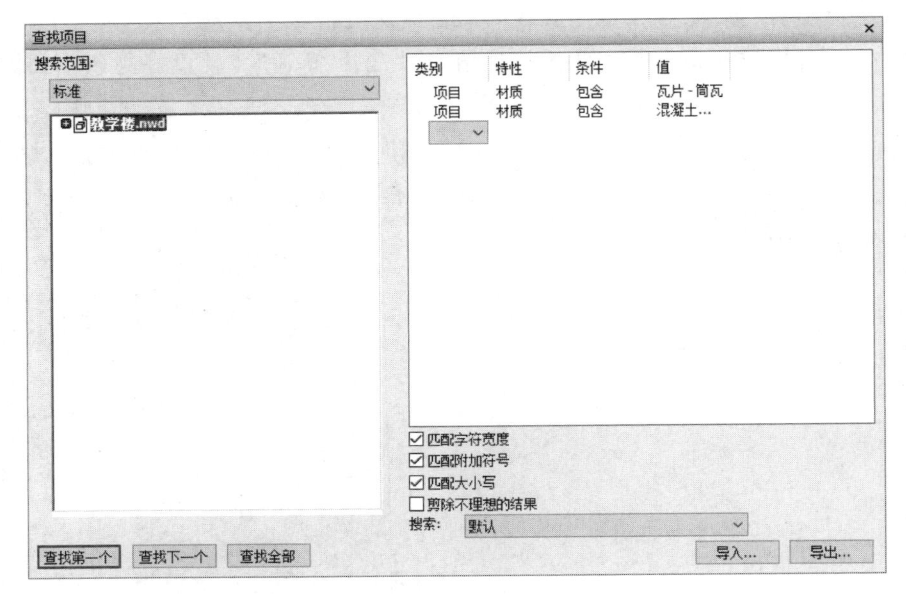

图 4-24 第二个条件

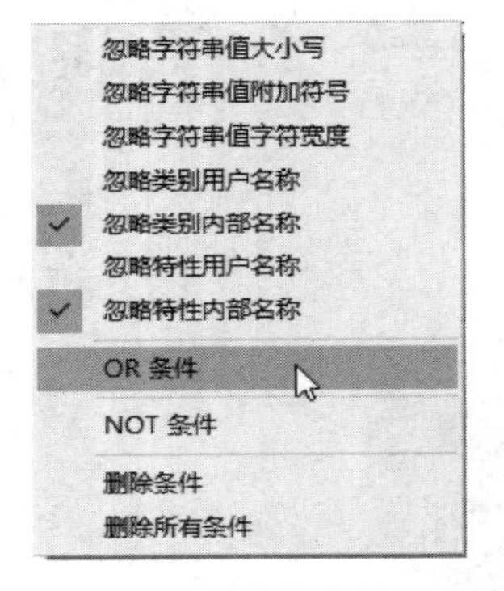

图 4-25 快捷菜单 1

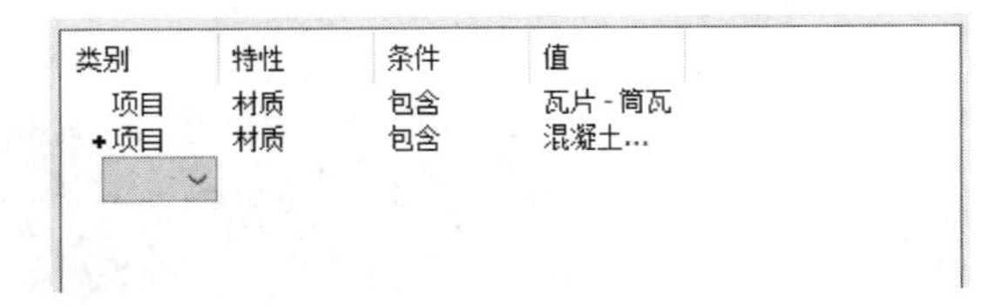

图 4-26 出现“+”号

- 忽略类别内部名称：指示 Navisworks 对选定的搜索语句使用用户类别名称，而忽略内部类别名称。
- 忽略特性用户名称：指示 Navisworks 对选定的搜索语句使用内部特性名称，而忽略用户特性名称。
- 忽略特性内部名称：指示 Navisworks 对选定的搜索语句使用用户特性名称，而忽略内部类别名称。
- OR 条件：搜索满足条件 1 或条件 2 任意一个条件的项目。
- NOT 条件：搜索满足条件 1 且不满足条件 2 的项目。
- 删除条件：删除选定的搜索语句。
- 删除所有条件：删除所有搜索语句。

(10) 单击“查找全部”按钮。搜索结果将在“场景视图”和“选择树”中高亮显示，如图 4-27 所示。

Note

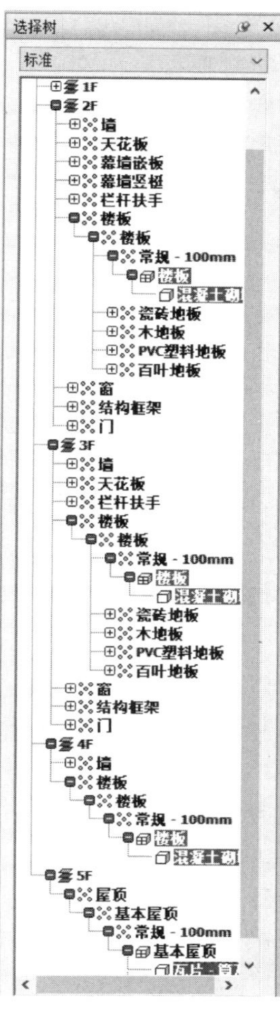

图 4-27　查找对象 2

2. 快速查找

（1）在“常用”选项卡“选择和搜索”面板“快速查找”文本框中输入要在项目特性中搜索的字符串，可以是一个词或几个词。

（2）单击“快速查找”按钮，系统在“选择树”中查找并选择与输入的文字匹配的第一个项目，并在“场景视图”中选中它，然后停止搜索。

4.2　集合的创建

4.2.1　选择集

4-3

选择集是静态的项目组，用于保存需要对其定期执行某项操作（如隐藏对象、更改透明度等）的一组对象。选择集仅存储一组项目以便稍后进行检索。

Note

创建选择集

(1) 在“场景视图”中或“选择树”上选择要保存的所有项目。

(2) 单击“常用”选项卡“选择和搜索”面板中的“保存选择”按钮,选择集保存在“集合”窗口中,如图 4-28 所示。

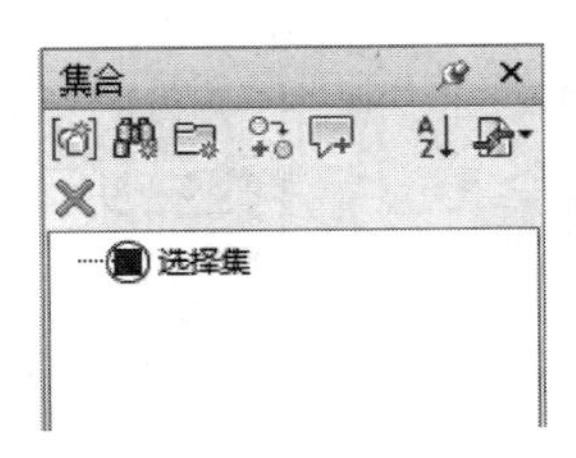

图 4-28 “集合”窗口

- 保存选择:将当前选择另存为新选择集,并显示在列表中。
- 保存搜索:将当前搜索另存为搜索集,并显示在列表中。
- 新建文件夹:单击此按钮,创建文件夹。
- 复制:在层次中的同一点处创建所有选定项目的副本。如果复制了文件夹,则还会复制该文件夹的所有内容。副本与原始项目同名,但具有 X 后缀,其中 X 是下一个可用编号。
- 添加注释:单击此按钮,打开“添加注释”对话框,为选定项目注释。
- 排序:按字母顺序对集合窗口的内容排序。
- 导入/导出:单击此按钮,打开下拉菜单,包括“导入搜索集”“导出搜索集”和“导入 PDS 显示集”。
- 删除:删除选定的项目。

(3) 也可以选择项目后,在“集合”窗口中单击“保存选择”按钮,创建选择集。

(4) 还可以选择项目后,直接将其拖入“集合”窗口中,用使用名称“选择集(X)”来创建新选择集。

4-4

4.2.2 搜索集

搜索集是动态的项目组,它们与选择集的工作方式类似,只是它们保存搜索条件而不是选择结果,因此可以在以后当模型更改时再次运行搜索。

(1) 单击“常用”选项卡“选择和搜索”面板中的“查找项目”按钮,打开“查找项目”窗口,在“查找项目”窗口中设置所需搜索条件,单击“查找全部”按钮以运行搜索。

(2) 在“集合”窗口中单击“保存搜索”按钮,创建搜索集,输入新的名称,按 Enter 键确认,如图 4-29 所示。

(3) 在“搜索集”上右击,打开如图 4-30 所示的快捷菜单 2,通过该菜单管理集合。

- 更新:用当前的搜索条件更新选定的搜索集。
- 复制:在层次中的同一点处创建所有选定项目的副本。如果复制了文件夹,则还会复制该文件夹的所有内容。副本与原始集同名,但具有 X 后缀,其中 X 是下一个可用编号。
- 复制名称:复制选中项目的名称到剪贴板。
- 重命名:选择此选项,选中的项目名称处于编辑状态,输入新名称,按 Enter 键确认。
- 删除:删除所选项目。

Note

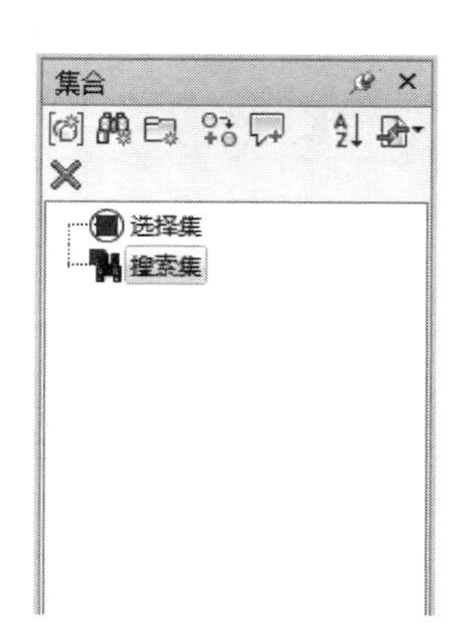

图 4-29 创建搜索集

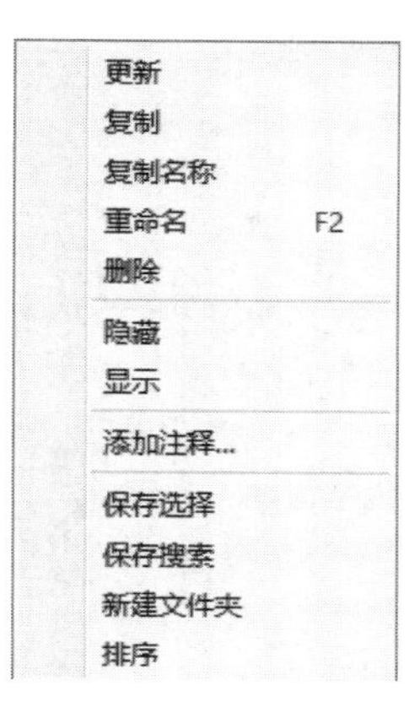

图 4-30 快捷菜单 2

- 隐藏：隐藏选定集合中所包含的几何图形。如果选择了文件夹，则该文件夹中的集合所涉及的所有项目都将变为隐藏状态。
- 显示：显示搜索集或选择集中的处于隐藏状态的几何图形。
- 添加注释：选择此选项，打开"添加注释"对话框。
- 保存选择：将当前选择另存为新选择集。
- 保存搜索：将当前搜索另存为新搜索集。
- 新建文件夹：在所选项目上方创建文件夹。
- 排序：按字母顺序以升序对"集合"窗口中的内容进行排序。

提示：选择集和搜索集的比较

选择集和搜索集都可以实现对图元选择的管理，但是两种图元选择的管理方式存在较大的区别。

使用选择集可以方便灵活地控制图元的数量，可以根据需要随时添加或减少选择集中的图元，通常用于动画制作、场景查看等。但是，选择集仅用于当前场景中，不能将已定义的选择集导出。

使用搜索集不能手动任意增加或减少搜索集中的图元，只能通过查找条件来修改。搜索集可以导出为 XML 格式，在不同的项目中传递搜索条件。

4.2.3 更新集合

4-5

（1）单击"常用"选项卡"选择和搜索"面板中的"选择树"按钮，打开"选择树"窗口。

（2）单击"常用"选项卡"选择和搜索"面板"集合"下拉列表中的"管理集"选项，打开"集合"窗口。

（3）在"选择树"窗口中选择 1F 中的"门"，将其直接拖动到"集合"窗口中，生成选择集，如图 4-31 所示。

（4）在上面创建的选择集上右击，在弹出的快捷菜单中选择"重命名"选项，更改名称为"门"，按 Enter 键确认。

Note

图 4-31　创建选择集

(5) 在“选择树”窗口中选择 2F 中的“门”，然后在“集合”窗口中的“门”集合上右击，在弹出的快捷菜单中选择“更新”选项，此时，“门”集合中的项目为 2F 中的门。

4-6

4.2.4　传递集合

1. 导出集合

(1) 在“集合”窗口中选择要导出的集合。

(2) 在“集合”窗口中单击“导入/导出”按钮 ，打开如图 4-32 所示的下拉列表，选择“导出搜索集”选项。

图 4-32　“导入/导出”下拉列表

(3) 打开“导出”对话框，指定保存路径，输入文件名称，如图 4-33 所示，单击“保存”按钮，将导出的集合保存为 XML 格式。

2. 导入集合

(1) 在“集合”窗口中单击“导入/导出”按钮 ，在打开的下拉列表中选择“导入搜索集”选项。

(2) 打开“导入”对话框，指定文件路径，选择要导入的搜索集文件，如图 4-34 所示，单击“打开”按钮，将搜索集导入当前场景中，如图 4-35 所示。

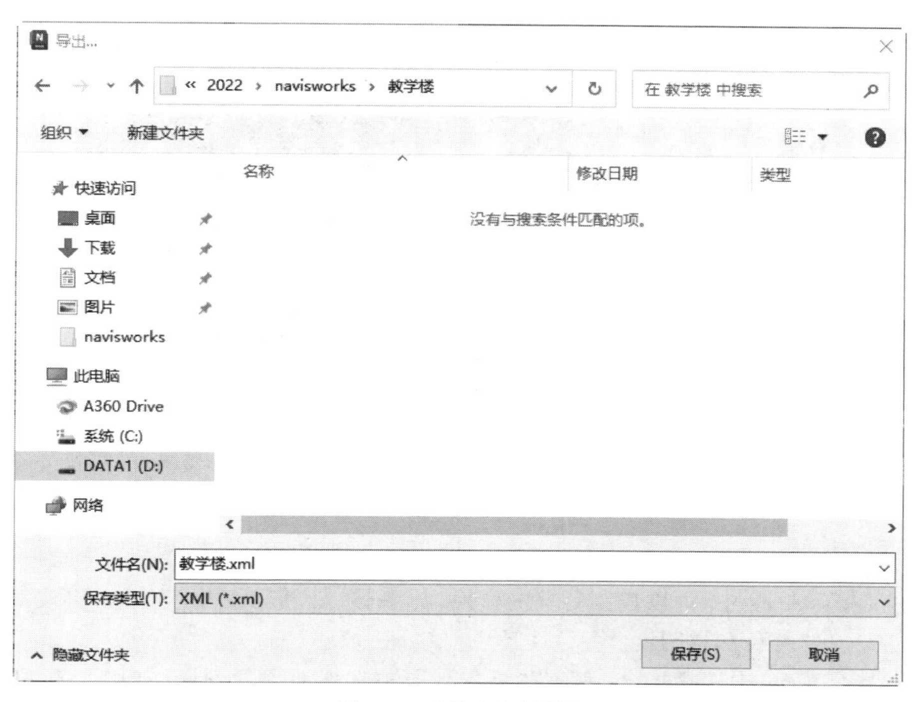

图 4-33 “导出”对话框

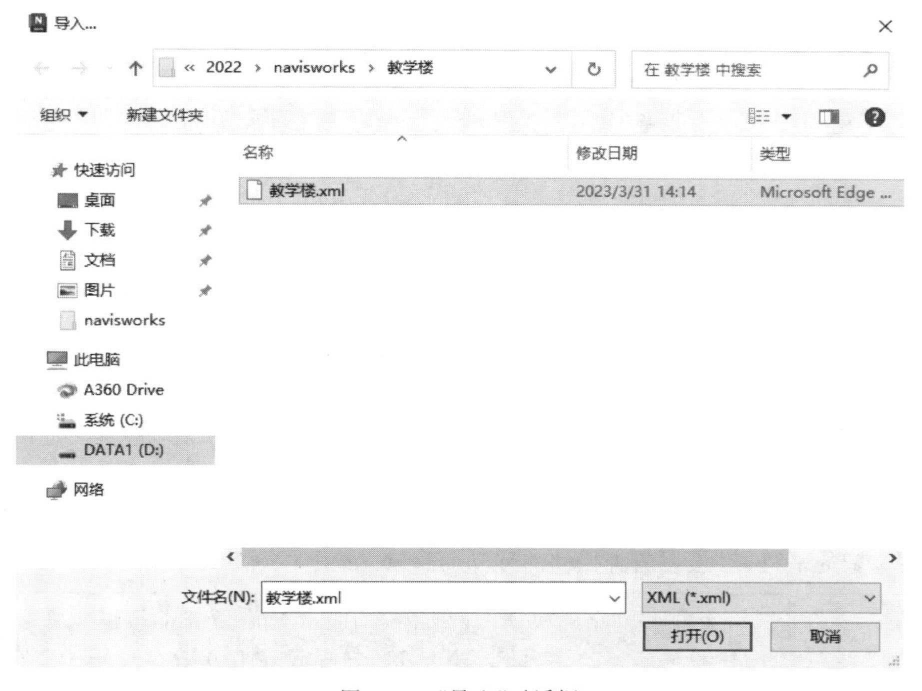

图 4-34 “导入”对话框

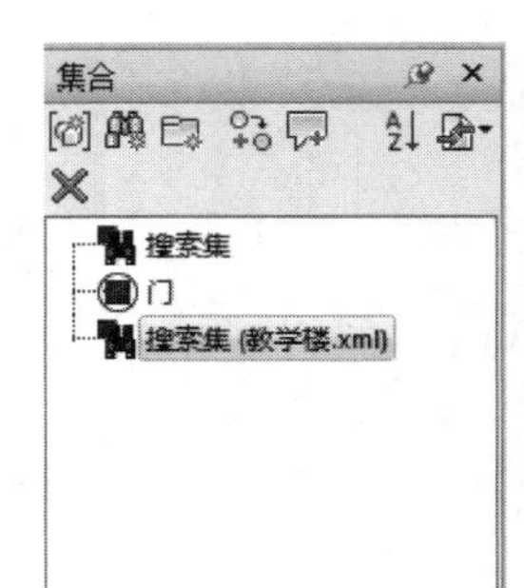

图 4-35　导入的搜索集

4.3　对象的控制

在 Navisworks 中，可以控制对象的变换，如平移、旋转和缩放，还可以更改对象的外观，如对象的颜色和透明度。

在“集合”窗口中选择集合，或者在场景视图中选择对象后，打开如图 4-36 所示的“项目工具”选项卡，通过该选项卡可以对集合或对象进行控制。

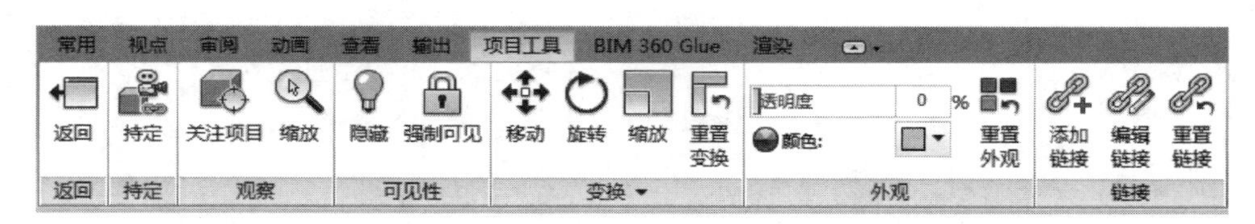

图 4-36　“项目工具”选项卡

4.3.1　变换对象

1. 移动对象

(1) 在“集合”窗口中选择需要变换的集合(这里选择“门”集合)，或者在场景视图中选择要变换的对象，打开“项目工具”选项卡。

(2) 单击“变换”面板中的“移动”按钮，在所选对象上显示移动控件，如图 4-37 所示。

(3) 将鼠标放在所需轴末端的箭头上。当光标变为，拖动屏幕上的箭头以增加/减小沿该轴的平移，对象会随着控件的移动而移动，如图 4-38 所示。

> **提示**：(1) 在所需轴之间拖动控件上的方形框，可以同时沿多个轴移动对象。
> (2) 按住 Ctrl 键并拖动小控件中间的球，只移动小控件本身而不移动选定对象。

(4) 单击“变换”面板上的，展开“变换”面板，在位置栏中输入数值，根据输入的数值移动所选对象，如图 4-39 所示。在变换中心栏中输入数值，将移动中心点。

图 4-37　显示移动控件

图 4-38　移动对象 1

Note

	X	Y	Z	
位置:	-0.500	5.000	20.000	m
旋转:	0.000	0.000	0.000	°
缩放:	0.000	0.000	0.000	
变换中心:	4.832	-0.322	24.665	m

捕捉项目

变换

图 4-39　通过数值移动对象

2. 旋转对象

（1）单击“变换”面板中的“旋转”按钮，在所选对象上显示旋转控件，如图 4-40 所示。

（2）将鼠标放在中间的圆弧曲线上。当光标变为，拖动曲线，旋转选定对象，如图 4-41 所示。

图 4-40　显示旋转控件

图 4-41　移动对象 2

Note

> **提示：**(1) 控件上的圆弧曲线颜色与用于旋转对象的轴颜色是匹配的。例如，拖动 X 轴和 Y 轴之间的蓝色曲线，则会绕蓝色的 Z 轴旋转对象。
>
> (2) 按住 Ctrl 键并拖动中间三条曲线中的某条曲线，只旋转小控件本身而不旋转选定对象。

(3) 单击“变换”面板上的▼，展开“变换”面板，在旋转栏中输入数值，根据输入的数值旋转所选对象，如图 4-42 所示。在变换中心栏中输入数值，确定旋转中心点。

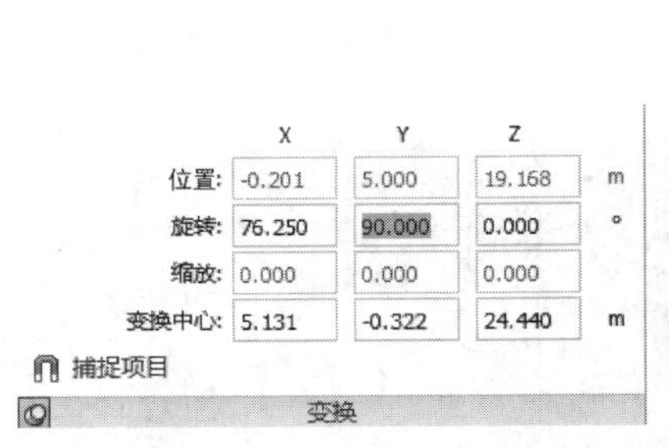

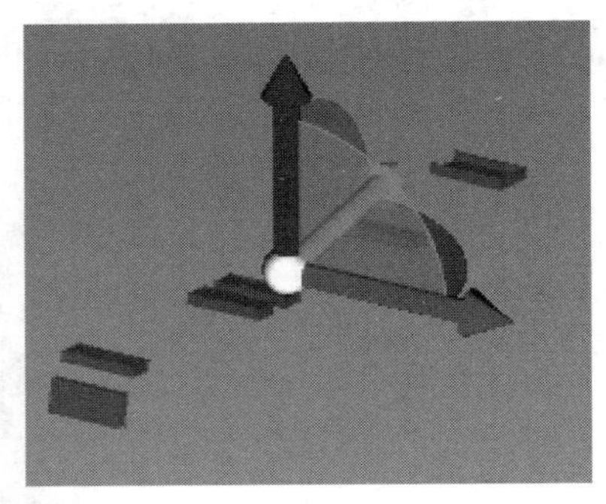

图 4-42　通过数值旋转对象

3. 缩放对象

(1) 单击“变换”面板中的“缩放”按钮，在所选对象上显示缩放控件，如图 4-43 所示。

(2) 将鼠标放在所需轴上。当光标变为，拖动鼠标将沿该轴方向放大/减小对象，如图 4-44 所示。

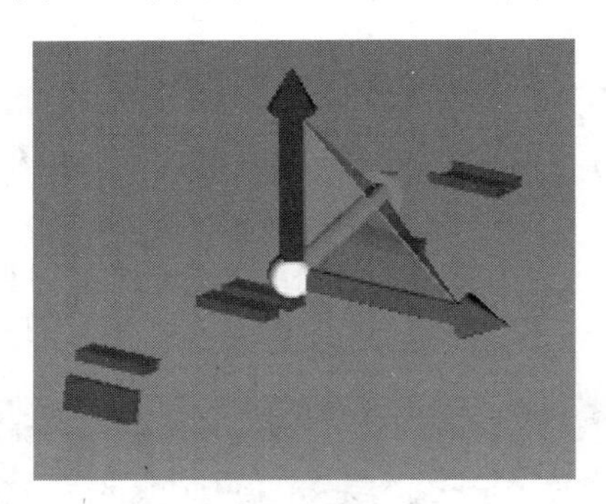

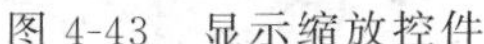

图 4-43　显示缩放控件

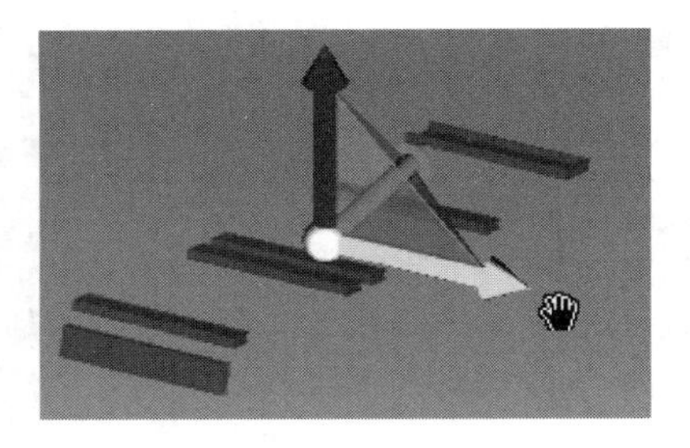

图 4-44　单方向缩放对象

(3) 将鼠标放在中间的彩色三角形上。当光标变为，拖动鼠标将沿两个轴缩放选定对象，如图 4-45 所示。

(4) 将鼠标放在控件的中心圆球上。当光标变为，拖动鼠标通过三个轴缩放选定对象，如图 4-46 所示。

(5) 单击“变换”面板上的▼，展开“变换”面板，在缩放栏中输入数值，根据输入的数值缩放所选对象，如图 4-47 所示。在变换中心栏中输入数值，确定缩放中心点。

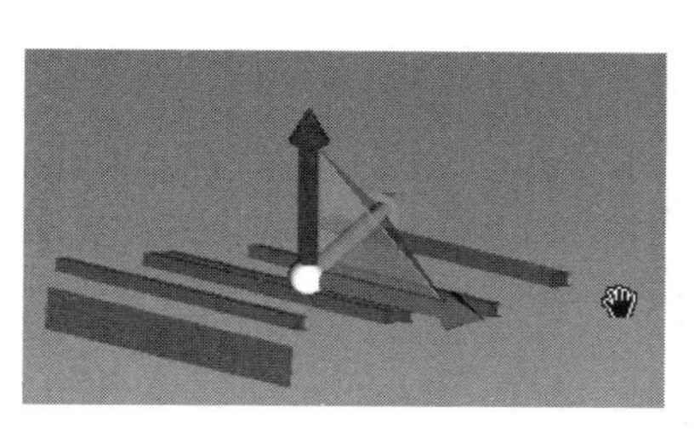

图 4-45　两个方向缩放对象

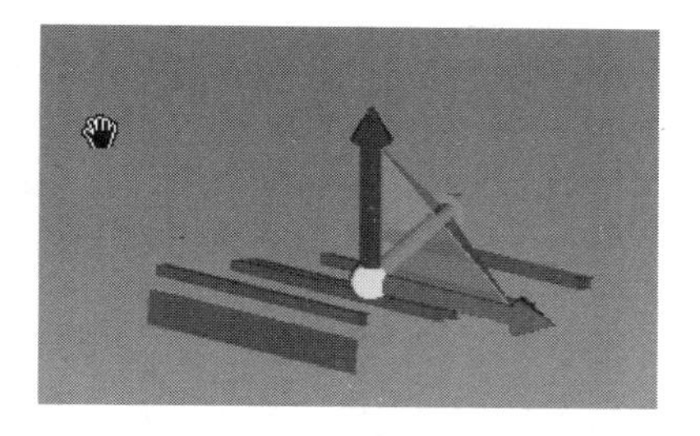

图 4-46　三个轴缩放选定对象

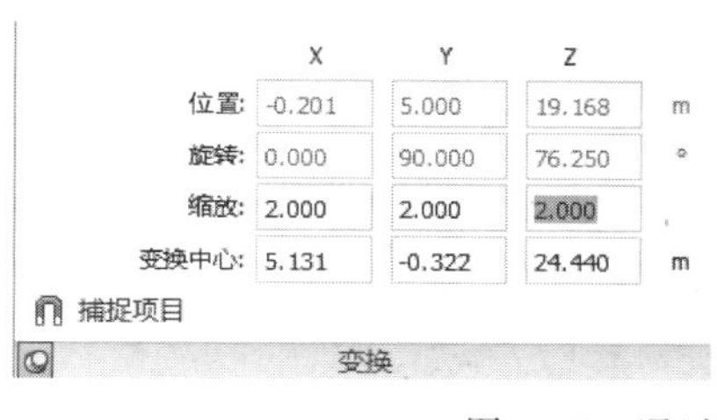

图 4-47　通过数值缩放对象

4. 还原对象

单击"变换"面板中的"重置变换"按钮，将场景中变换后的对象重置到原始状态。

4.3.2　更改对象的外观

4-8

可以更改对象的颜色和透明度。

(1) 在"选择树"窗口中选择 2F 中的"墙"，将其直接拖动到"集合"窗口中，生成选择集，更改选择集名称为"墙"。

(2) 在"集合"窗口中选择需要更改外观的集合(这里选择"墙"集合)，或者在场景视图中选择要变换的对象，打开"项目工具"选项卡。

(3) 单击"外观"面板中的"颜色"按钮，在打开的下拉列表中选择所需颜色，如图 4-48 所示。所选对象的颜色变成指定的颜色，如图 4-49 所示。

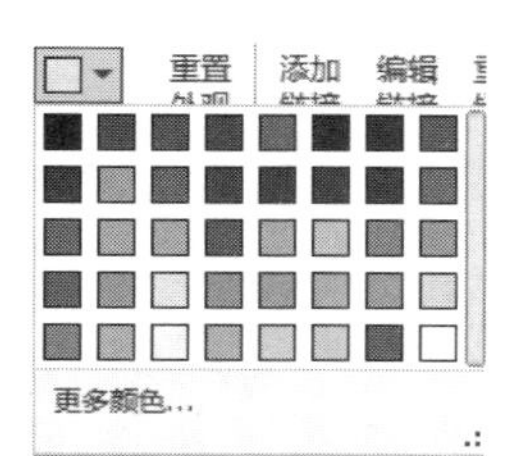

图 4-48　"颜色"下拉列表

(4) 在"外观"面板中拖动"透明度"滑块，可以修改透明度的值，如图 4-50 所示，即可调整对象的透明度，如图 4-51 所示。

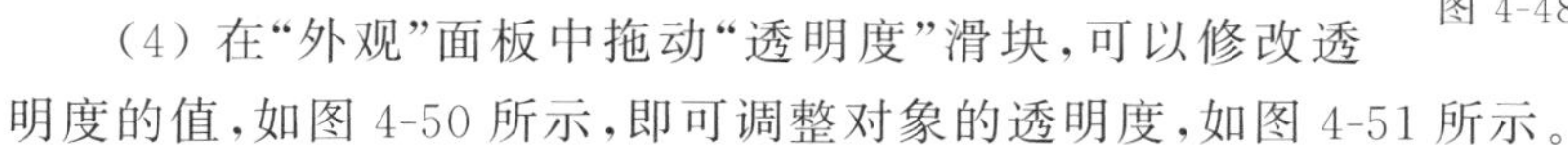

提示：如果更改对象颜色和透明度后，在场景视图中没有变化，单击"视点"选项卡"渲染样式"面板"模式"下拉列表中的"着色"按钮，更改渲染样式为"着色"即可看出变化。

Note

图 4-49　更改二层墙体颜色

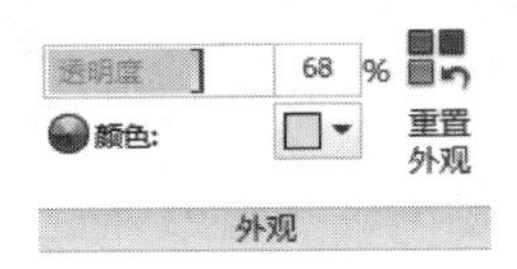

图 4-50　更改透明度值

图 4-51　更改墙体透明度

第5章 审　　阅

在 Navisworks 中进行审查时，常常需要在图元之间进行测量，看是否符合要求。如果在审查时发现问题，需要在问题所在处添加批注、标记或注释，以便于协调和记录。

5.1 测　　量

5.1.1 “测量工具”窗口

5-1

“测量工具”窗口是一个可固定窗口，当用户在“场景视图”中执行测量时，此窗口显示测量结果。

单击“审阅”选项卡“测量”面板中的“测量选项”按钮，打开如图 5-1 所示的“测量工具”窗口 1。

对于所有测量，“开始”点和“结束”点的 X、Y 和 Z 坐标将与“差值”和绝对“距离”信息一起显示在文本框中。如果使用累加测量，如“点直线”或“累加”，则显示的“距离”为测量中记录的所有点的累加距离。

单击“选项”按钮，打开“选项编辑器”对话框的“测量”页面，可以对测量颜色、锚点样式等参数进行修改。

5.1.2 测量工具

5-2

通过测量工具，可以在模型中项目上的两个点之间进行测量。

单击“审阅”选项卡“测量”面板“测量”下拉按钮，打开如图 5-2 所示的“测量”下拉菜单。系统提供了 6 种测量工具。

1. 测量两点之间的距离

(1) 单击“审阅”选项卡“测量”面板“测量”下拉菜单中的“点到点”按钮。

Note

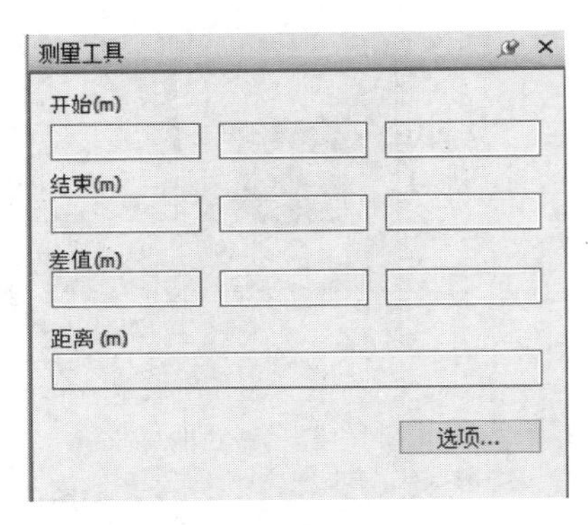

图 5-1 "测量工具"窗口

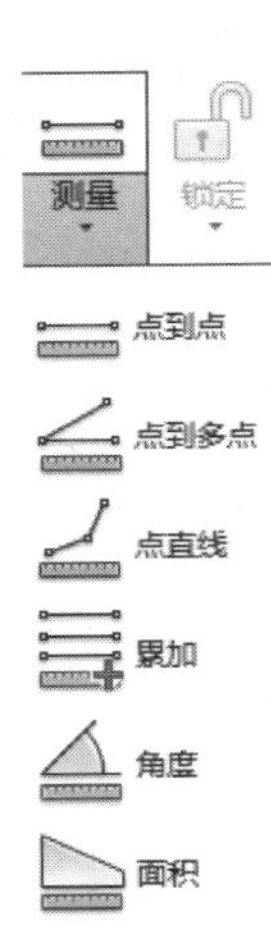

图 5-2 "测量"下拉菜单

(2) 在"场景视图"中单击要测量距离的起点和终点，标注标签将显示测量的距离，如图 5-3 所示。

> **提示：** 同时会在"测量工具"窗口 2 中显示起点和终点的 X、Y、Z 坐标值，两点之间的 X、Y、Z 坐标差值和测量的距离值，如图 5-4 所示。

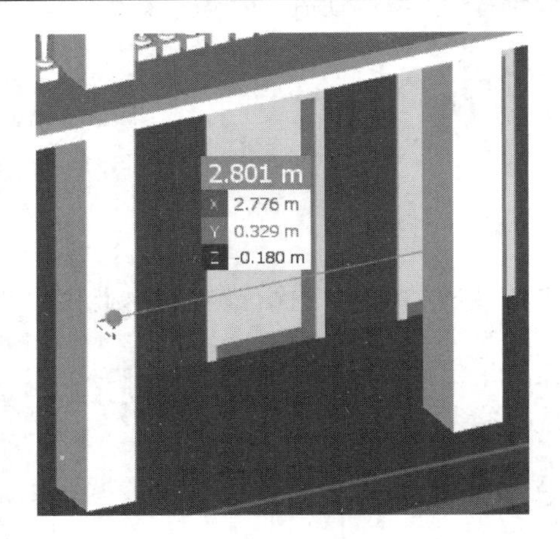

图 5-3 测量两点之间的距离

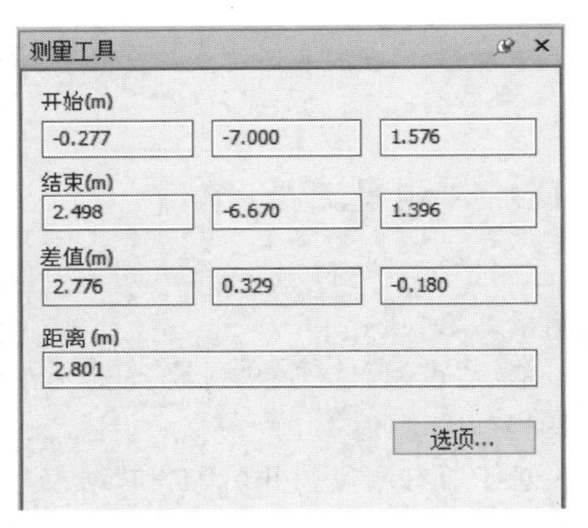

图 5-4 "测量工具"窗口 2

2. 在测量两点之间的距离时保持同一点

(1) 单击"审阅"选项卡"测量"面板"测量"下拉菜单中的"点到多点"按钮。

(2) 单击起点和要测量的第一个终点。在两点之间将显示一条测量线。

(3) 单击以记录要测量的下一个终点，如图 5-5 所示。

(4) 如果需要，可重复此操作以测量其他终点。标注标签始终显示上一次测量的距离。起点始终保持不变。

> **提示：** 如果要更改起点，可在"场景视图"中右击，然后选择一个新起点。

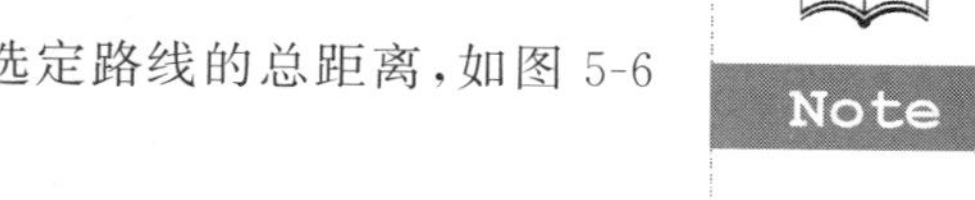

Note

3. 测量沿着某条路线的总距离

（1）单击“审阅”选项卡“测量”面板“测量”下拉菜单中的“点直线”按钮。

（2）单击起点和要测量的第二个点。

（3）单击沿该路线的下一个点。

（4）重复此操作以测量整条路线。标注标签将显示沿选定路线的总距离，如图 5-6 所示。

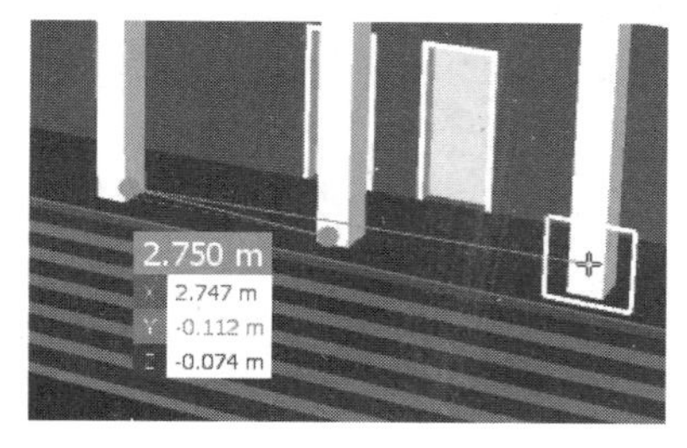

图 5-5　点到多点

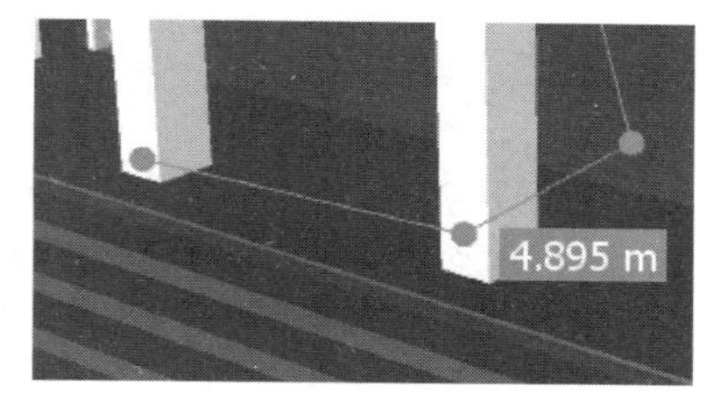

图 5-6　点直线

4. 计算多个点到点测量的总和

（1）单击“审阅”选项卡“测量”面板“测量”下拉菜单中的“累加”按钮。

（2）单击要测量的第一个距离的起点和终点。

（3）单击要测量的第二个距离的起点和终点。

（4）重复此操作以测量更多距离。标注标签显示所有点到点测量的总和，如图 5-7 所示。

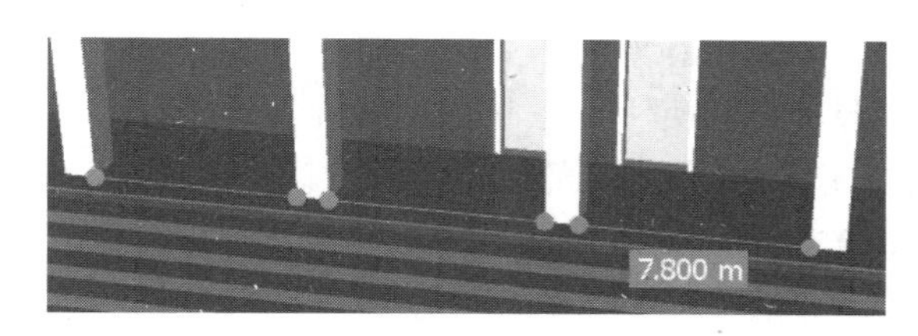

图 5-7　测量多个距离

5. 测量两条线之间的夹角

（1）单击“审阅”选项卡“测量”面板“测量”下拉菜单中的“角度”按钮。

（2）单击第一条线上的点。

（3）单击第一条线与第二条线的交点。

（4）单击第二条线上的点。标注标签显示计算的两条线之间的夹角，如图 5-8 所示。

6. 测量面积

（1）单击“审阅”选项卡“测量”面板“测量”下拉菜单中的“面积”按钮。

（2）单击鼠标以确定一系列点，绘制要计算的面积的边界。标注标签显示自第一点起绘制的边界的面积，如图 5-9 所示。

Note

图 5-8 测量角度

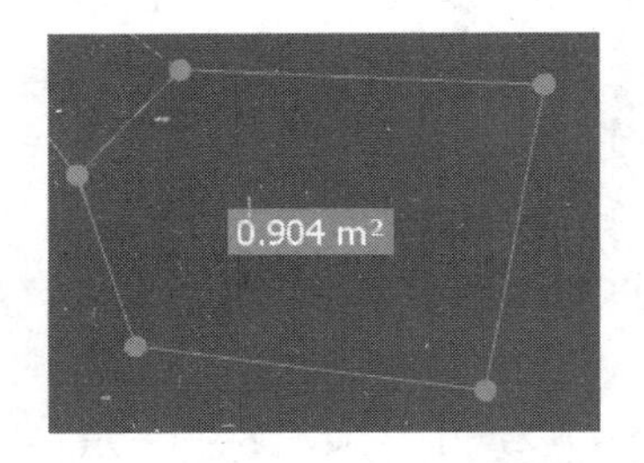

图 5-9 测量面积

5-3

5.1.3 测量最短距离

1. 测量两个对象之间的最短距离

(1) 按住 Ctrl 键,单击"常用"选项卡"选择和搜索"面板中的"选择"按钮,激活选择工具,在"场景视图"中选择两个对象。

(2) 单击"审阅"选项卡"测量"面板中的"最短距离"按钮,场景视图将自动缩放到测量区域,标注标签将显示选定对象之间的最短距离,如图 5-10 所示。

图 5-10 两个对象之间的最短距离

2. 测量两个参数化对象之间的最短距离

(1) 按住 Ctrl 键,单击"常用"选项卡"选择和搜索"面板中的"选择"按钮,激活选择工具,在"场景视图"中选择两个参数化对象。

(2) 单击"审阅"选项卡"测量"面板中的"最短距离"按钮,场景视图将自动缩放到测量区域,标注标签将显示选定参数化对象之间的中心线之间的最短距离,如图 5-8 所示。

提示: 标注参数化对象的最短距离时,要在"选项编辑器"对话框的"测量"页面中选中"使用中心线"复选框。

5-4

5.1.4 锁定的应用

使用锁定功能可以保持要测量的方向,防止移动或编辑测量线或测量区域。

测量时,某些对象几何图形可能会妨碍精确测量。锁定可以确保测量的几何图形相对于所创建的第一个测量点保持一致的位置。例如,锁定到 X 轴,或在与对象的曲面平行对齐的方向上进行锁定。测量线的颜色会发生更改,以反映所使用的锁定类型。测量多个点时,可以通过按快捷键在不同的锁定模式之间切换。

单击"审阅"选项卡"测量"面板中的"锁定"下拉按钮,打开如图 5-11 所示的"锁定"下拉菜单。系统提供了 5 种锁定方式。

➢ X 轴:是水平轴,由红色测量线表示,测量时红色实线表示测量的轴向正确;虚线表示轴向错误,无法直线测量到该选定处。在使用测量工具时,单击"审

阅”选项卡“测量”面板“锁定”下拉菜单中的“X 轴”按钮或直接按 X 键即可使用，如图 5-12 所示。

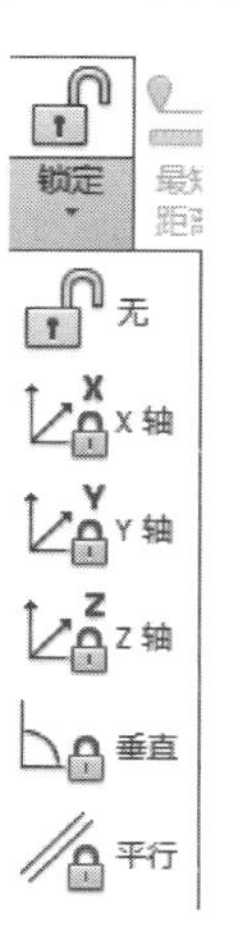

图 5-11 “锁定”下拉菜单

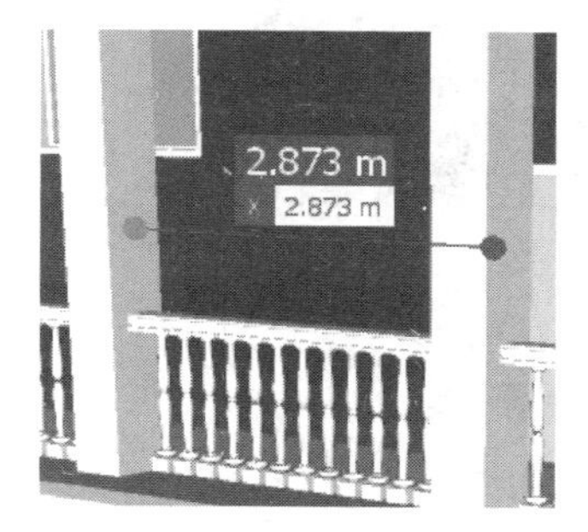

图 5-12 锁定 X 轴测量

- Y 轴：是垂直轴，由绿色测量线表示，测量时绿色实线表示测量的轴向正确；绿色虚线表示轴向错误，无法直线测量到该选定处。在使用测量工具时，单击“审阅”选项卡“测量”面板“锁定”下拉菜单中的“Y 轴”按钮或直接按 Y 键即可使用，如图 5-13 所示。
- Z 轴：是深度，由蓝色测量线表示，测量时蓝色实线表示测量的轴向正确；蓝色虚线表示轴向错误，无法直线测量到该选定处。在使用测量工具时，单击“审阅”选项卡“测量”面板“锁定”下拉菜单中的“Z 轴”按钮或直接按 Z 键即可使用，如图 5-14 所示。

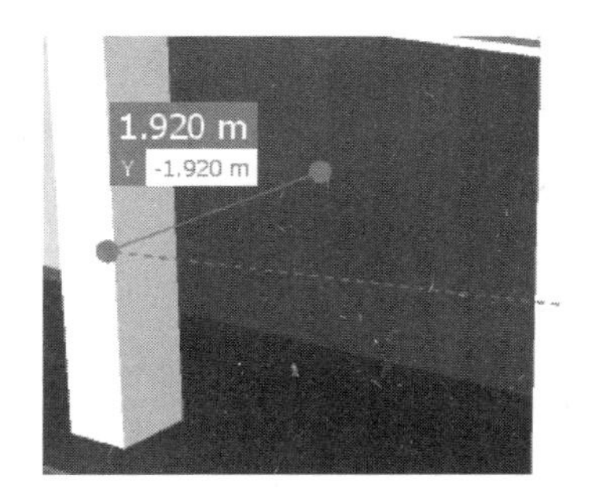

图 5-13 锁定 Y 轴测量

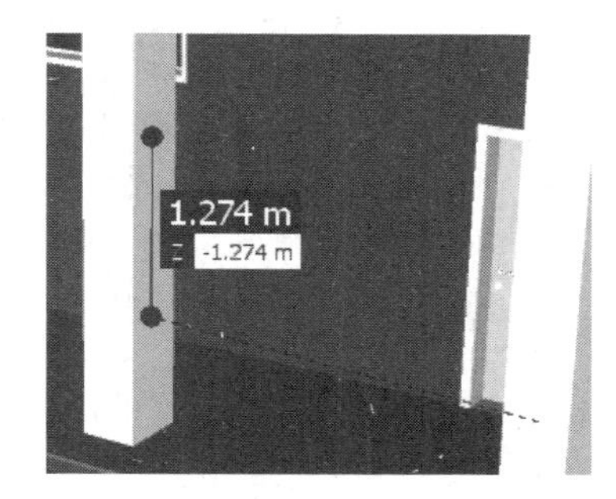

图 5-14 锁定 Z 轴测量

- 垂直：与当前所选定的面的垂直方向进行测量，由黄色实线表示。在使用测量工具时，单击“审阅”选项卡“测量”面板“锁定”下拉菜单中的“垂直”按钮或直接按 P 键即可使用，如图 5-15 所示。
- 平行：与当前所选定的面的平行方向进行测量，由黄色实线表示。在使用测量工具时，单击“审阅”选项卡“测量”面板“锁定”下拉菜单中的“平行”按钮或直接按 L 键即可使用，如图 5-16 所示。

Note

图 5-15　锁定垂直测量

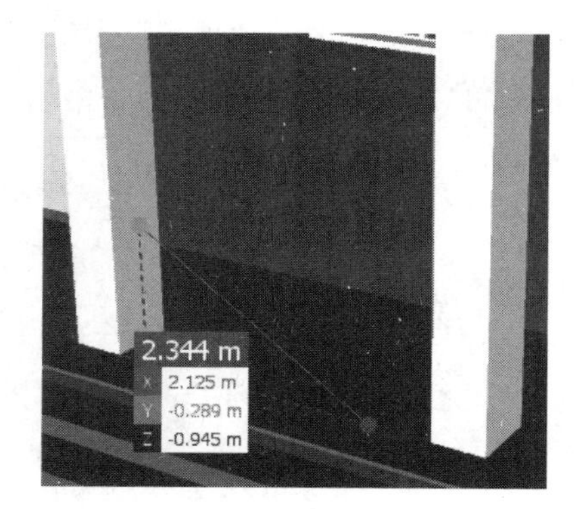

图 5-16　锁定平行测量

5-5

5.1.5　清除测量

利用此命令，可以清除当前测量。

(1) 利用任意测量工具，创建测量线。

(2) 单击"审阅"选项卡"测量"面板中的"清除"按钮，将上一步创建的测量结果清除。

5.2　红线批注

所有的红线批注在添加时会自动新建一个相应的视点以保存批注，如果该处已保存视点，则红线批注会自动保存在该视点中。

5-6

5.2.1　设置红线的颜色和线宽

颜色和线宽的设置不应该用于绘制的红线批注，线宽仅适用于线。这里的颜色和线宽设置不影响红线批注文字，红线批注文字有默认的大小和线宽，是不能进行修改的。

1. 设置颜色

单击"审阅"选项卡"红线批注"面板中的"颜色"按钮，打开如图 5-17 所示的颜色选择框选择颜色，或单击"更多颜色"选项，打开如图 5-18 所示的"颜色"对话框，选择或自定义颜色。

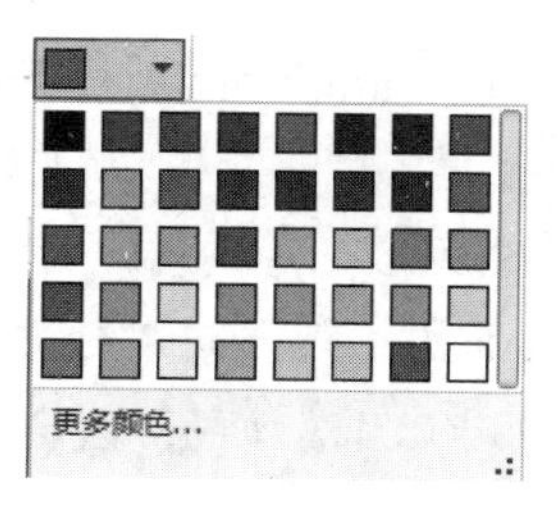

图 5-17　颜色选择框

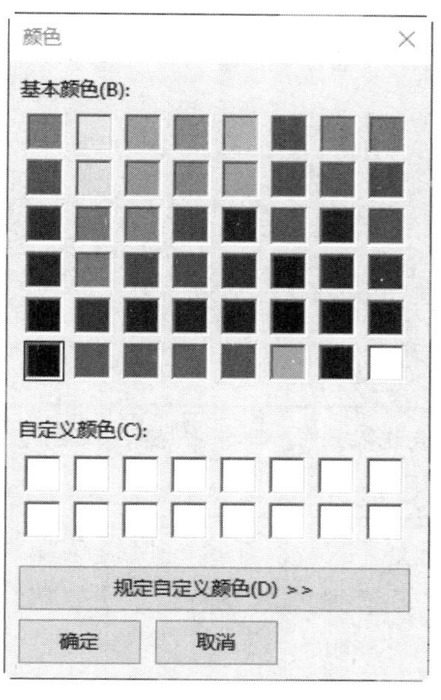

图 5-18 “颜色”对话框

2. 设置线宽

在“审阅”选项卡“红线批注”面板的“线宽”栏中输入数值(1～9)控制红线宽度。

5.2.2 将测量转换为红线批注

5-7

通常使用测量工具测量距离后，再进行下一个测量时前一个测量数值标注会消失，可以使用“转换为红线标注”命令，将测量转换为红线批注，即可将其固定在原处。

（1）使用测量工具进行测量，例如，测量两点之间的距离，如图 5-19 所示。

（2）单击“审阅”选项卡“测量”面板中的“转换为红线批注”按钮，当前测量的标记、线和标注标签将转换为红线批注，并存储在当前视点中，如图 5-20 所示。

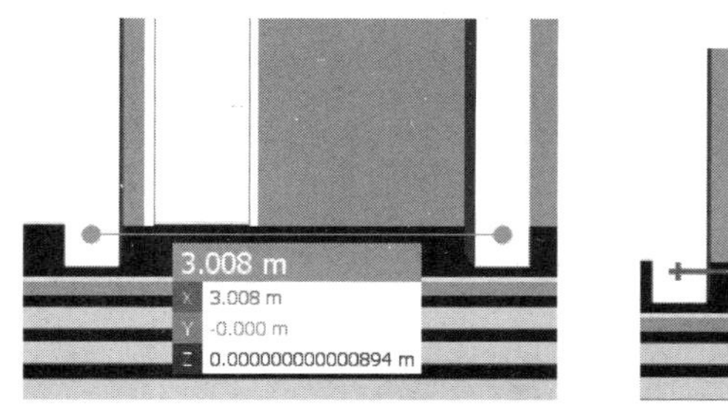

图 5-19 测量两点距离

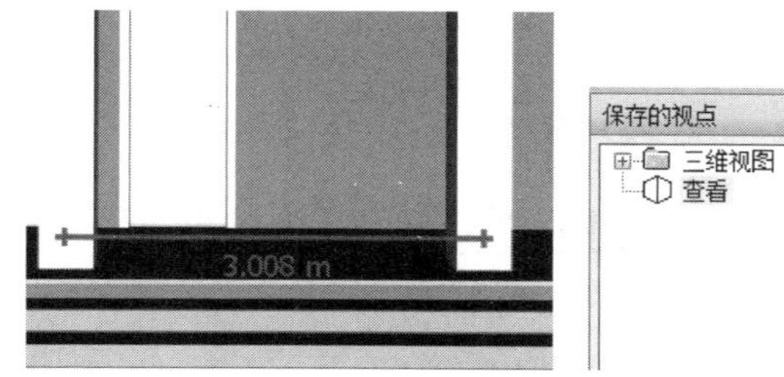

图 5-20 转换为红线批注并保存视点

5.2.3 添加文字

5-8

（1）单击“审阅”选项卡“红线批注”面板中的“文本”按钮，在“场景视图”中适当位置单击确定文字放置的位置。

Note

（2）打开如图5-21所示的对话框，输入文字，单击“确定”按钮，文字将放置到指定位置，并添加到视点，如图5-22所示。

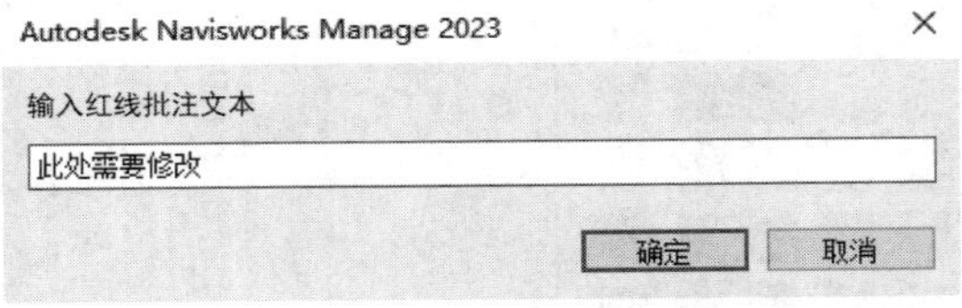

Autodesk Navisworks Manage 2023

输入红线批注文本

此处需要修改

确定　取消

图5-21　输入文字

图5-22　添加文字

提示： 使用文字命令，只能在一行中添加文字。如果需要添加多行文字，需要分别输入各行。

（3）在文字上右击，弹出如图5-23所示的快捷菜单1，选择“移动”选项，然后在“场景视图”中其他位置处单击，文字将移动到相应位置。

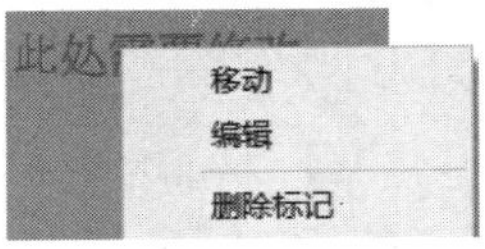

移动

编辑

删除标记

图5-23　快捷菜单1

（4）在图5-23所示的快捷菜单1中选择“编辑”选项，打开如图5-21所示的对话框，对文字进行编辑。

（5）在图5-23所示的快捷菜单1中选择“删除标记”选项，删除文字。

5-9

5.2.4　绘图

单击“审阅”选项卡“红线批注”面板中的“绘图”下拉按钮，打开如图5-24所示的“绘图”下拉菜单。系统提供了6种绘图工具。

1. 绘制云线

（1）单击“审阅”选项卡“红线批注”面板“绘图”下拉菜单中的“云线”按钮。

（2）在“场景视图”中单击以开始绘制云线的圆弧。每次单击时，都会添加一个新点。按顺时针方向单击可绘制常规弧，按逆时针方向单击可绘制反向弧。

（3）右击，终止云线，完成云线绘制，如图5-25所示。

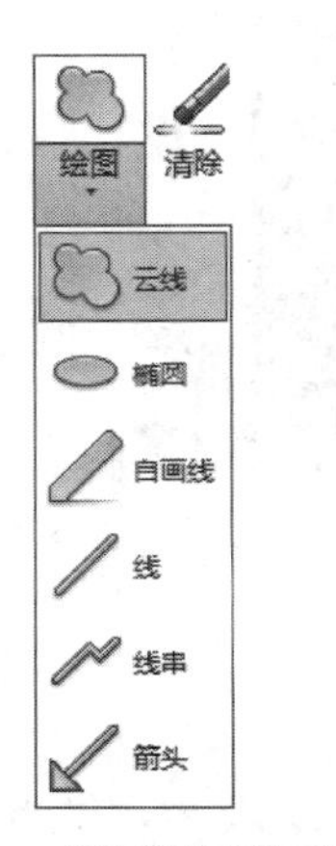

图5-24　“绘图”下拉菜单

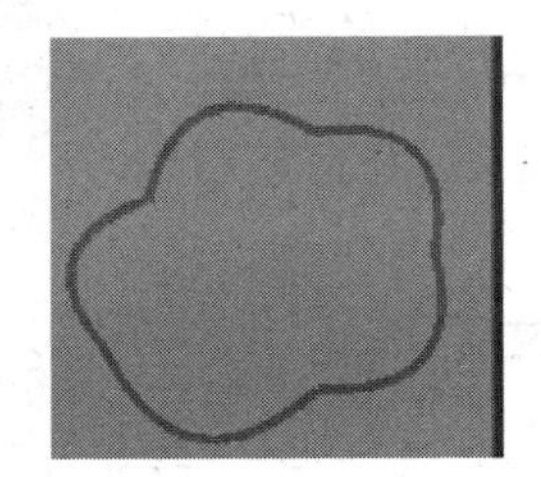

图5-25　绘制云线

2. 绘制椭圆

(1) 单击“审阅”选项卡“红线批注”面板“绘图”下拉菜单中的“椭圆”按钮。

(2) 在“场景视图”中单击并拖动一个框画出椭圆的轮廓。

(3) 释放鼠标将椭圆放置在视点中，如图 5-26 所示。

3. 自画线

(1) 单击“审阅”选项卡“红线批注”面板“绘图”下拉菜单中的“自画线”按钮。

(2) 在“场景视图”中按住鼠标拖动绘制，如图 5-27 所示。

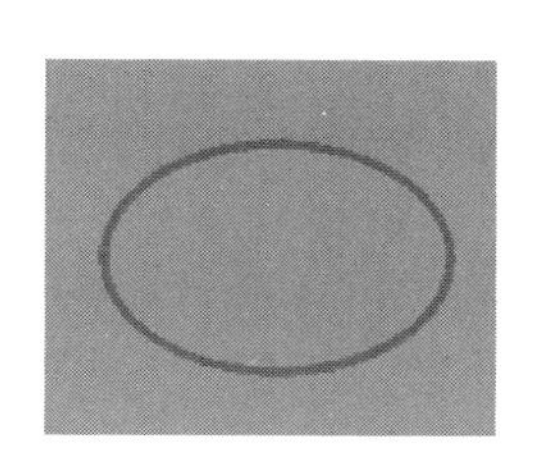

图 5-26　绘制椭圆

图 5-27　自画线

4. 绘制直线

(1) 单击“审阅”选项卡“红线批注”面板“绘图”下拉菜单中的“直线”按钮。

(2) 在“场景视图”中，单击确定直线的起点和终点，如图 5-28 所示。

5. 绘制线串

(1) 单击“审阅”选项卡“红线批注”面板“绘图”下拉菜单中的“线串”按钮。

(2) 在“场景视图”中，单击以开始操作。每次单击时，都会向线串添加一个新点。完成线串后，右击结束线，如图 5-29 所示。

提示：线串和线的区别在于线串是连续绘制的，而直线是一段一段绘制的。

6. 绘制箭头

(1) 单击“审阅”选项卡“红线批注”面板“绘图”下拉菜单中的“箭头”按钮。

(2) 在“场景视图”中，单击确定箭头的尾部，再次单击确定箭头的头部，如图 5-30 所示。

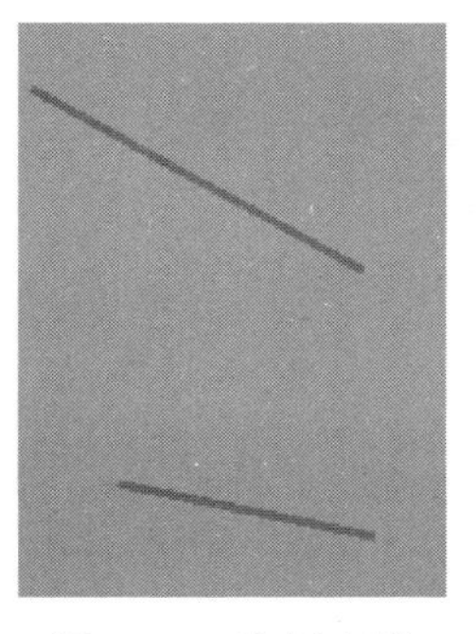

图 5-28　绘制直线

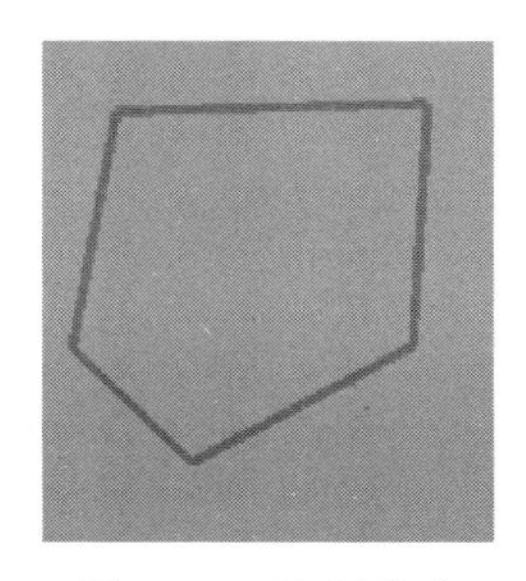

图 5-29　绘制线串

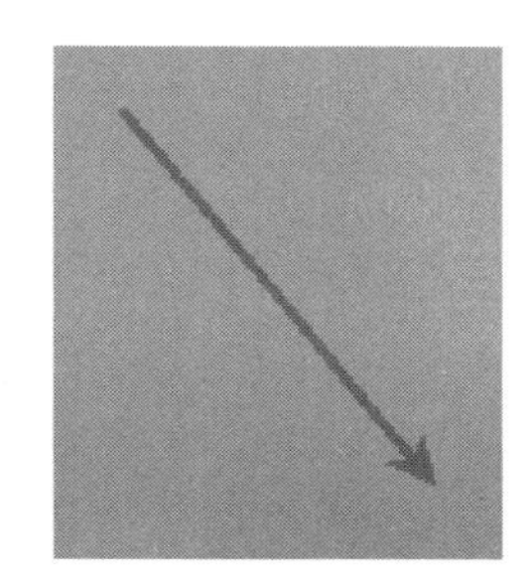

图 5-30　绘制箭头

5.3 标记和注释

Note

5-10

5.3.1 标记

标记将红线批注、视点和注释的功能组合到一个易用的审阅工具中。这样就可以在模型场景中标记要识别的任何内容了。系统会自动创建视点,用户可以向标记添加注释和状态。

1. 添加标记

(1) 单击“审阅”选项卡“标记”面板中的“添加标记”按钮。

(2) 在“场景视图”中,单击要标记的对象。

(3) 单击标记标签所在的区域。此时会添加标记,且两点由引线连接,如图 5-31 所示。如果当前视点尚未保存,则将自动保存并命名为“标记视图 X”,其中 X 是标记 ID,如图 5-32 所示。

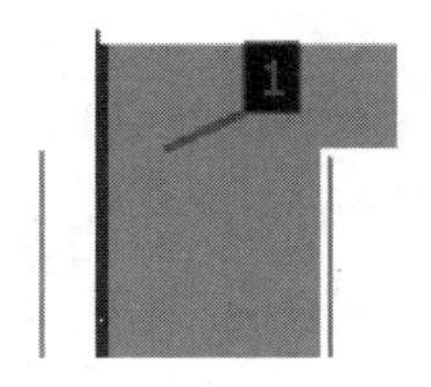

图 5-31 添加标记

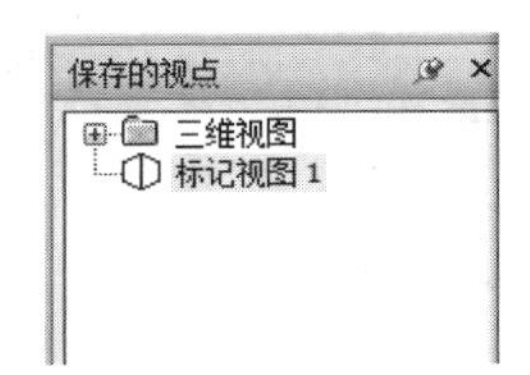

图 5-32 保存视点

(4) 打开“添加注释”对话框,输入要与标记关联的文字,从下拉列表中设置标记状态,如图 5-33 所示,状态有 4 种,包括“新建”“活动”“已核准”和“已解决”。设置完成后,单击“确定”按钮。

2. 管理标记

在“标记”面板中可以查找标记和在标记之间切换,如图 5-34 所示。

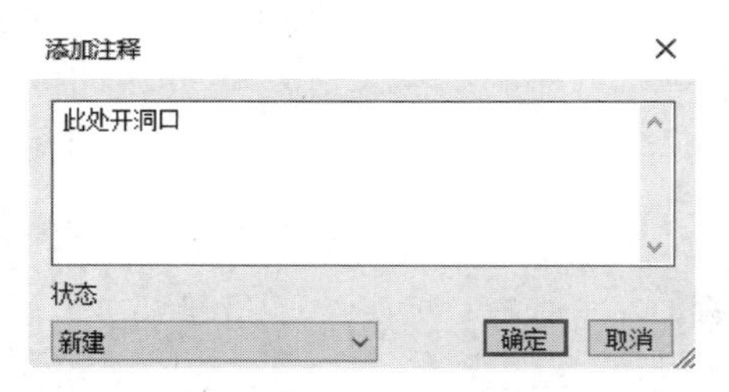

图 5-33 “添加注释”对话框

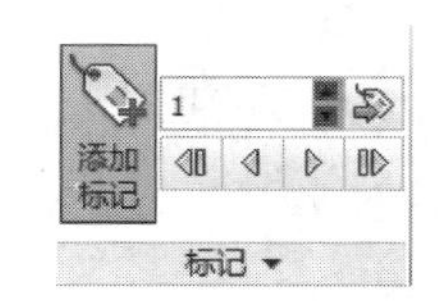

图 5-34 “标记”面板

(1) 在“标记”面板的文本框中输入标记 ID,然后单击“转至标记”按钮,系统自动转到相应的视点。

(2) 单击“标记”面板中的“下一个标记”按钮,转到当前标记后面的标记。

(3) 单击“标记”面板中的“上一个标记”按钮,转到当前标记前面的标记。

(4) 单击“标记”面板中的“第一个标记”按钮◁,转到场景中的第一个标记。

(5) 单击“标记”面板中的“最后一个标记”按钮▷,转到场景中的最后一个标记。

5.3.2 注释

5-11

1. 编辑注释和标记的内容和状态

(1) 单击“审阅”选项卡“注释”面板中的“查看注释”按钮,打开如图 5-35 所示“注释”窗口,在该窗口中可以查看标记注释内容,还可以对编辑进行注释。

(2) 在注释内容上右击,弹出如图 5-36 所示的快捷菜单 2,选择“添加注释”选项,打开“添加注释”对话框,在该标记处继续添加注释内容。

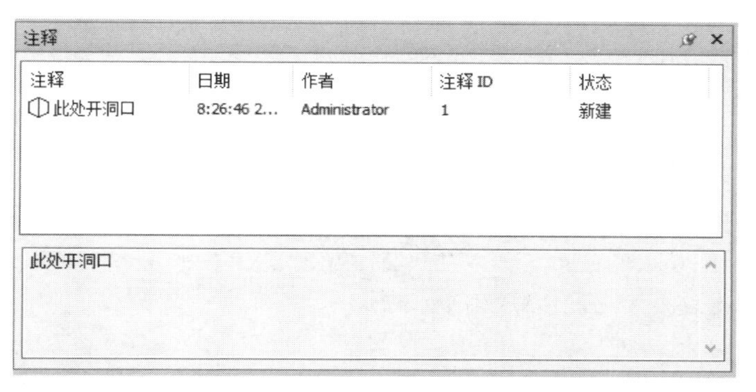

图 5-35 “注释”窗口

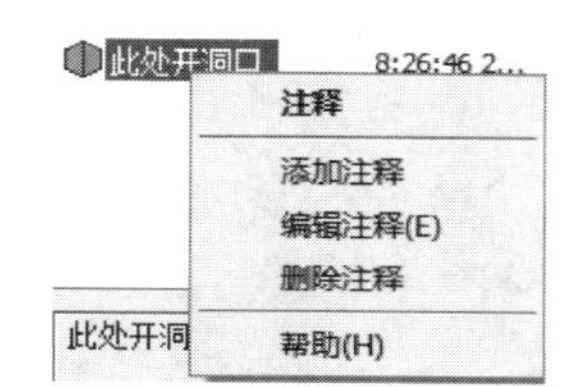

图 5-36 快捷菜单 2

(3) 在快捷菜单中选择“编辑注释”选项,打开“编辑注释”对话框,根据需要修改注释文字,在“状态”下拉列表中更改状态。

(4) 在快捷菜单中选择“删除注释”选项,删除所选注释。

2. 查找注释

(1) 单击“审阅”选项卡“注释”面板中的“查找注释”按钮,打开如图 5-37 所示的“查找注释”对话框。

“查找注释”对话框中的选项说明如下。

➢ “注释”选项卡:基于注释数据限制搜索。如果此选项卡上的框保留为空,则搜索将返回符合在“修改日期”和“来源”选项卡上设置的条件的所有注释。

- 文本:在所有注释中搜索的确切文字。这可以是一个词或几个词。如果不知道注释的确切内容,可以使用通配符。要匹配单个未指定的字符,可使用符号“?”(问号)。要匹配文字前后任意数目的未指定字符,可使用符号“*”(星号)。
- 作者:要在所有注释中搜索的确切作者姓名。
- ID:要搜索的确切注释 ID。此处只能使用数字。
- 状态:选择要搜索的注释状态。
- 匹配大小写:勾选此复选框,在搜索时区分小写和大写字符。
- 匹配附加符号:勾选此复选框,在搜索时区分附加符号。附加符号指字符上方或下方的符号,用于表示该字符的发音。
- 匹配字符宽度:勾选此复选框,在搜索时考虑字符宽度,主要用于同时使用全

Note

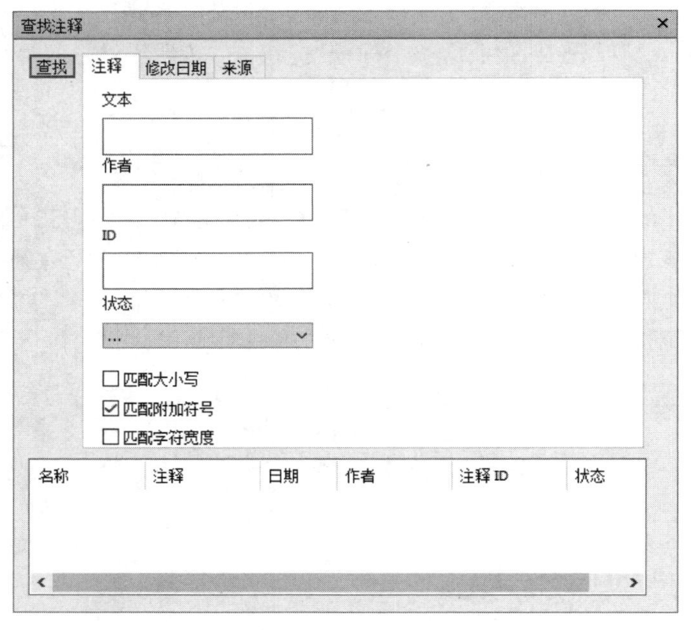

图 5-37 “查找注释”对话框

角和半角字符的语言。

➢“修改日期”选项卡：指定必须创建且已创建注释的日期范围。

- 全部注释：搜索将返回所有注释。
- 在…与…：要搜索在指定日期之间修改的所有注释。
- 在之前几个月内：选择此选项，查找在最后 X 个月修改的所有注释。
- 在之前几天内：选择此选项，查找在最后 X 天修改的所有注释。

➢“来源”选项卡：按照注释附加到的源限制搜索。

- Clash Detective：勾选此复选框，查找附加到 Clash Detective 结果的注释。清除此复选框，则会从搜索结果中排除与碰撞有关的注释。
- 选择集：勾选此复选框，查找附加到选择集和搜索集的注释。
- Quantification：勾选此复选框，查找附加到 Quantification 项目的注释。
- TimeLiner：勾选此复选框，查找附加到 TimeLiner 任务的注释。
- 视点：勾选此复选框，查找附加到视点的注释。
- 红线批注标记：勾选此复选框，查找附加到标记的注释。

（2）设置搜索条件，例如，在“注释”选项卡中设置特定的文字、作者、注释 ID 或状态；在“修改日期”选项卡中指定时间范围。

（3）单击“查找”按钮，查找符合条件的注释，显示在对话框下方的列表框内，如图 5-38 所示。

3. 快速查找注释

（1）在“审阅”选项卡“注释”面板的“快速查找注释”文本框中，输入要在所有注释中搜索的字符串，可以是一个词或几个词。

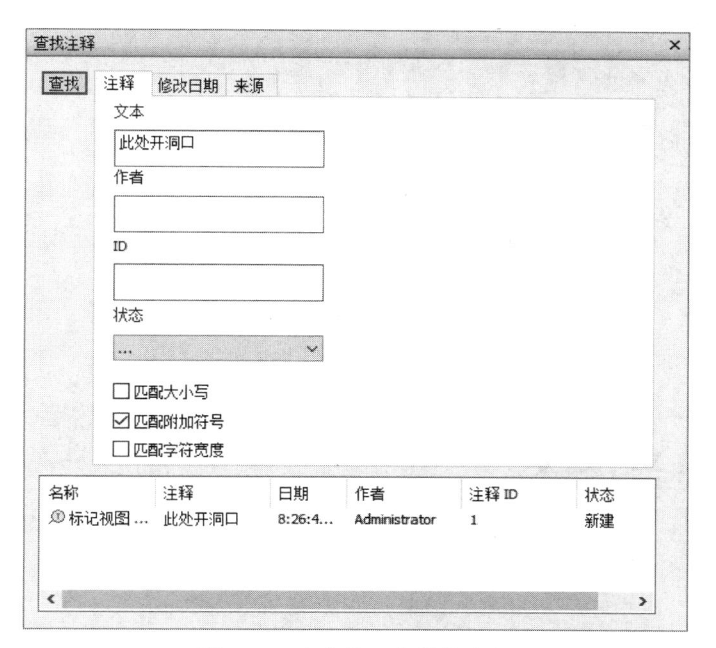

图 5-38　查找符合条件的注释

（2）单击“快速查找注释”按钮，打开“查找注释”对话框，显示与输入的文字匹配的所有注释的列表。

（3）单击列表框中的注释，将转到相应的视点。

视点和剖分

用户在使用 Navisworks 进行模型的设计和制作时，需要在模型中创建保存一些视点，这样在观察模型的时候更加方便；为了观察模型的内部情况，还需要剖分工具对模型进行剖分。

6.1 视　　点

视点是 Navisworks 的一项重要功能。使用视点可保存和重新调用与模型的视图和导航相关的不同设置。

视点是为“场景视图”中显示的模型创建的快照。重要的是，视点并非仅用于保存关于模型的视图的信息。例如，可以使用红线批注和注释对它们进行注释，从而使用户能够将视点用作设计审阅核查踪迹。

6-1

6.1.1 保存视点

视点、红线批注和注释都保存在 Navisworks 的 NWF 文件中，且与模型几何图形无关。

可以与视点一起保存的各种设置如下所示。

1. 模型的视图

相机位置、投影模式、视野和方向、光源模式、渲染模式以及用于不同几何图形类型的显示的开关、剖分配置。

2. 导航

动作的线速度和角速度、真实效果设置（碰撞、重力、第三人、蹲伏）、当前选定的导

Note

航工具。

3. 注释

标记和注释的具体步骤如下。

(1) 单击"视点"选项卡"保存、载入和回放"面板中的"保存的视点对话框启动器"按钮↘，打开如图6-1所示的"保存的视点"窗口。通过该窗口可以创建和管理模型的不同视图，以便我们可以跳转到预设视点，而无须每次都通过导航到达项目。

提示：

"保存的视点"窗口中使用不同的图标表示不同的元素。

- 表示可以包含所有其他元素的文件夹。
- 表示以透视模式保存的视点。
- 表示视点动画剪辑。
- 表示插入视点动画剪辑中的剪辑。
- 表示以正视模式保存的视点。

(2) 在场景视图中单击"主视图"图标，显示模型的主视图，单击"视点"选项卡"保存、载入和回放"面板中的"保存视点"按钮，在"保存的视点"窗口添加新视点，如图6-2所示，系统默认将新视点命名为"视图X"，其中X是添加到列表的下一个可用编号。该新视点采用"场景视图"中当前视点的所有属性。直接按Enter键采用默认名称。

图6-1　"保存的视点"窗口

图6-2　新添视点

(3) 在视点上右击，在弹出的快捷菜单中选择"重命名"选项，如图6-3所示，更改名称，例如，输入名称为"主视图"，按Enter键确认，如图6-4所示。

- 保存视点：保存当前视点，并将其添加到"保存的视点"窗口。
- 新建文件夹：将文件夹添加到"保存的视点"窗口。
- 添加动画：添加一个新的空视点动画，可以将视点拖动到该动画上。
- 添加剪辑：添加动画剪辑。剪辑用作视点动画中的暂停，在默认情况下暂停1秒。
- 添加副本：在"保存的视点"窗口中创建选定视点的副本。该副本命名为选定视点的名称，但将版本号括在括号中。如View1(1)、View1(2)等。
- 添加注释：添加有关选定视点的注释。
- 编辑：打开"编辑视点"对话框，可在其中手动编辑视点的属性。

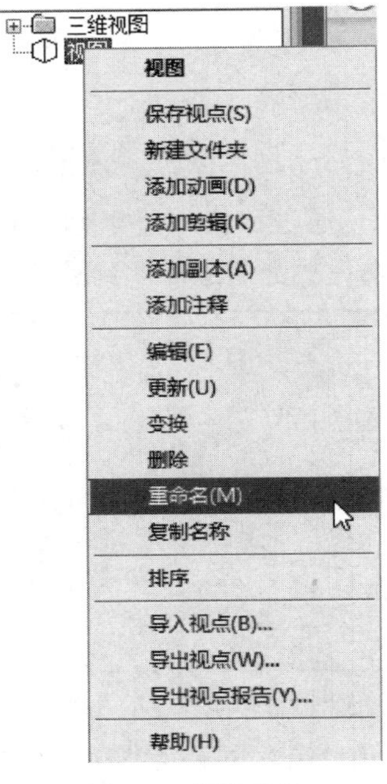

图 6-3　快捷菜单

图 6-4　更改视点名称

- 更新：使选定视点与“场景视图”中的当前视点相同。
- 变换：打开“变换”对话框，在该对话框中变换相机位置。
- 删除：从“保存的视点”窗口中删除选定视点。
- 重命名：用于重命名选定的视点。
- 复制名称：用于复制选定视点名称。
- 排序：按字母顺序对“保存的视点”窗口的内容进行排序。
- 导入视点：通过 XML 文件将视点和关联数据导入 Navisworks 中。
- 导出视点：将视点和关联数据从 Navisworks 导出到 XML 文件。
- 导出视点报告：创建一个 HTML 文件，其中包含所有保存的视点和关联数据（包括相机位置和注释）的 JPEG。

（4）将视图切换至前视图，单击“视点”选项卡“保存、载入和回放”面板中的“保存视点”按钮，在“保存的视点”窗口添加新视点，更改名称为“前视图”。

（5）放大教学楼主体，单击“视点”选项卡“保存、载入和回放”面板中的“保存视点”按钮，在“保存的视点”窗口添加新视点，更改名称为“教学楼”。

（6）在“保存的视点”窗口中单击“主视图”视点名称，系统将自动切换至“主视图”视点，再次单击“教学楼”视点名称，系统将自动切换至上一步创建的视点位置。

6.1.2　编辑视点

在“视点”选项卡“保存、载入和回放”面板的“视点”下拉列表中选择视点，单击“编辑当前视点”按钮，或在“保存的视点”窗口中选择要编辑的视点，右击，在弹出的关联菜单中选择“编辑”选项，打开如图 6-5 所示的“编辑视点”对话框，在该对话框中可以

Note

编辑视点的位置、观察点、偏移等属性。

➢ 位置：输入 X、Y 和 Z 坐标值可将相机移动到此位置。
➢ 观察点：输入 X、Y 和 Z 坐标值可更改相机的焦点。
➢ 垂直视野/水平视野：定义仅可在三维工作空间中通过相机查看的场景区域。可以调整垂直视角和水平视角的值。值越大，视角的范围越广；值越小，视角的范围越窄，或更紧密聚焦。
➢ 滚动：指围绕相机的前后轴旋转相机。正值将以逆时针方向旋转相机，而负值则以顺时针方向旋转相机。
➢ 垂直偏移：指相机位置向对象上方或下方移动的距离。
➢ 水平偏移：指相机位置向对象左侧或右侧(前方或后方)移动的距离。
➢ 镜头挤压比：指相机的镜头水平压缩图像的比率。大多数相机不会压缩所录制的图像，因此其镜头挤压比为 1。
➢ 线速度：指在三维工作空间中视点沿直线的运动速度。最小值为 0，最大值取决于场景边界框的大小。
➢ 角速度：指相机在三维工作空间中的旋转速度。
➢ 隐藏项目/强制项目：勾选此复选框，将有关模型中对象的隐藏/强制标记信息与视点一起保存。再次使用视点时，会重新应用保存视点时设置的隐藏/强制标记。
➢ 替代外观：勾选此复选框，将材质替代信息与视点一起保存。再次使用视点时，会重新应用保存视点时设置的材质替换。
➢ 设置：单击此按钮，打开如图 6-6 所示的“碰撞”对话框，进行碰撞设置。

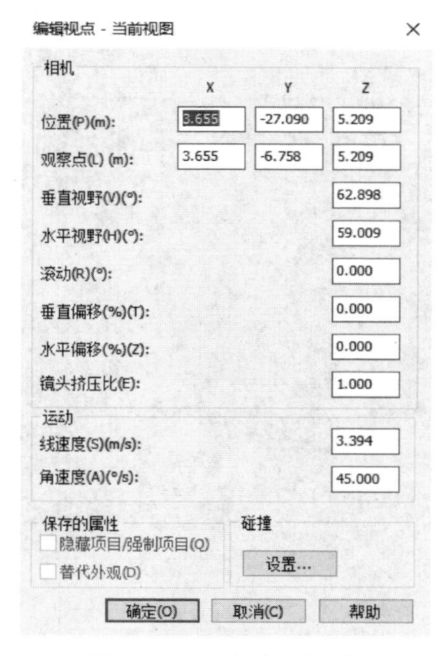

图 6-5　“编辑视点”对话框

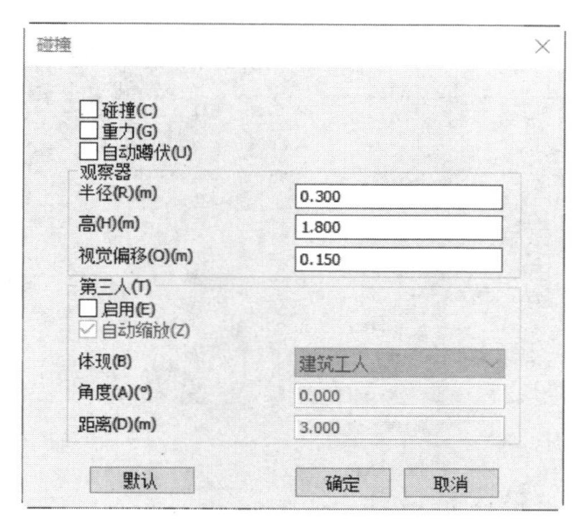

图 6-6　“碰撞”对话框

Note

6-3

6.2 相机视点

在 Navisworks 中除了使用“导航”面板中的工具来调整视点的位置、角度，还可以使用“相机”面板中的工具来创建相机视点。

（1）单击“查看”选项卡“导航辅助工具”面板中的 HUD 按钮，在打开的下拉列表中勾选“XYZ 轴”和“位置读数器”复选框，系统将在右下角显示 X、Y、Z 轴方向提示及相机所在坐标位置，如图 6-7 所示。

（2）单击“视点”选项卡“相机”面板中的“透视”按钮，使用透视相机。在“相机”面板的“视野”控制栏中单击并按住鼠标左键，左右拖动视野滑块控制相机的视图角度，如图 6-8 所示，向右移动滑块会产生更宽的视图角度，而向左移动滑块会产生更窄的或更加紧密聚焦的视图角度。

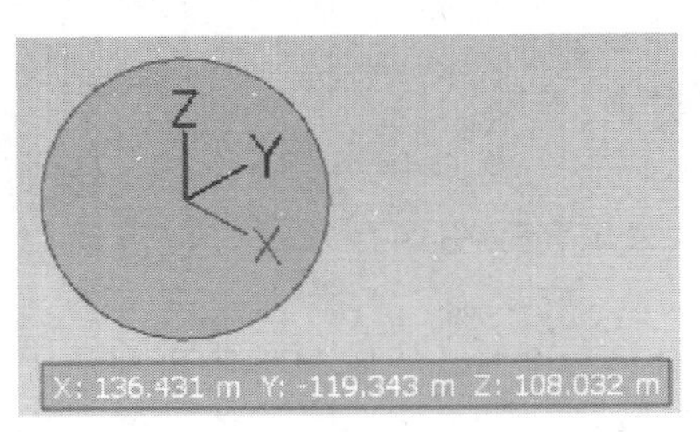

图 6-7　相机坐标位置

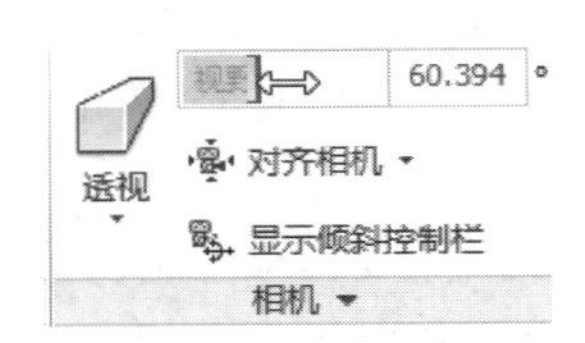

图 6-8　调整视野

（3）单击“相机”面板名称的右侧三角，展开“相机”面板，如图 6-9 所示。在该面板中显示相机位置以及观察点位置。

图 6-9　展开的“相机”面板

（4）在“位置”输入框中分别输入 X、Y、Z 值，移动相机位置，如图 6-10 所示。

（5）在“观察点”输入框中分别输入 X、Y、Z 值，移动相机焦点，如图 6-11 所示。

Note

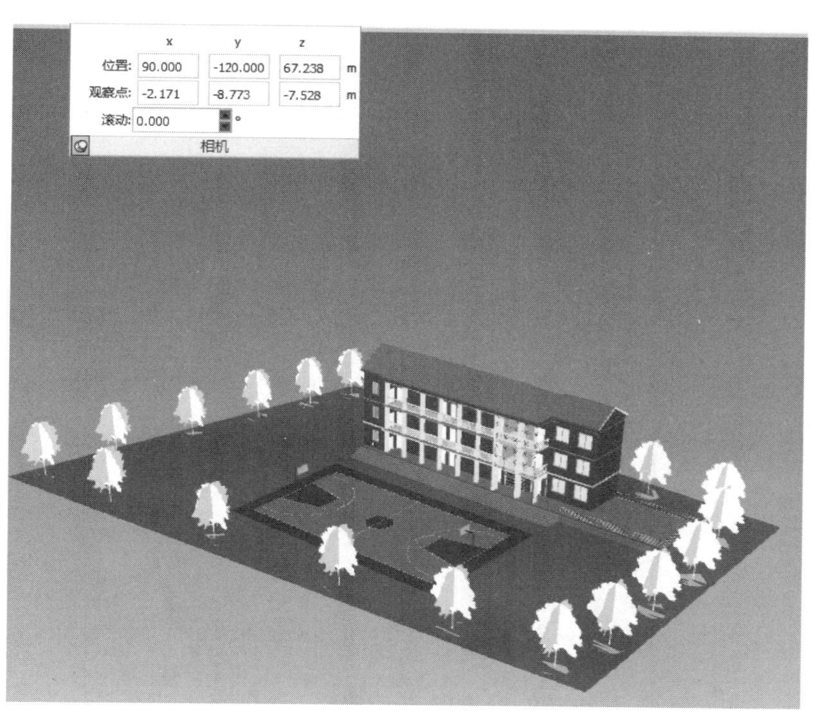

图 6-10　移动相机位置

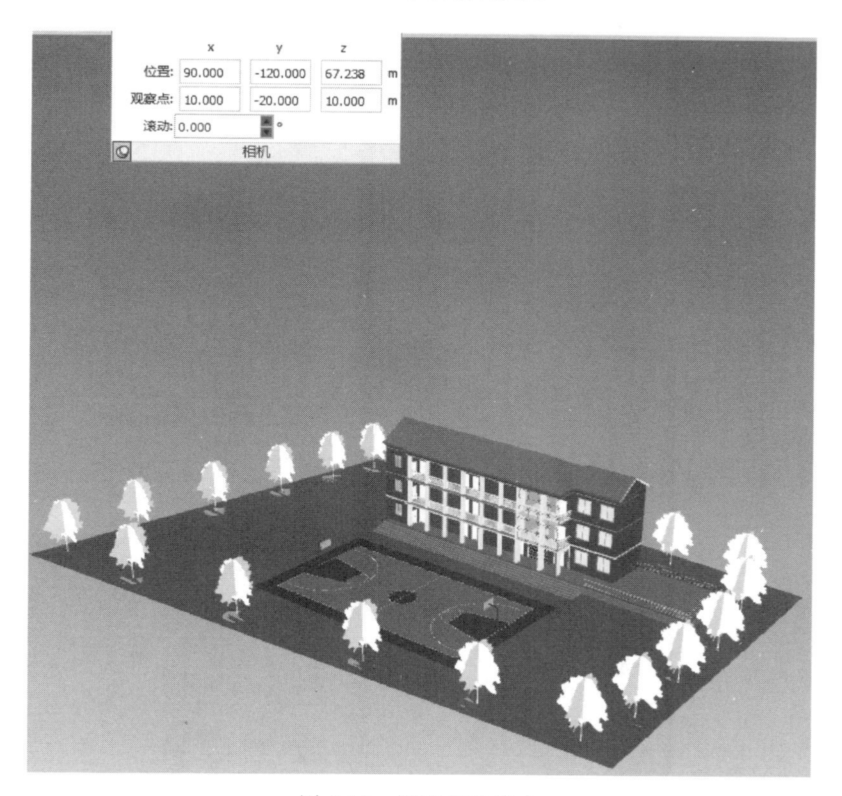

图 6-11　调整相机焦点

Note

(6) 在“滚动”输入框中输入值，围绕相机的前后轴旋转相机，正值将以逆时针方向旋转相机，而负值则以顺时针方向旋转相机。如图 6-12 所示。单击“相机”面板中的“显示倾斜控制栏”按钮，打开“倾斜”窗口，拖动滑块调整倾斜角度，如图 6-13 所示。

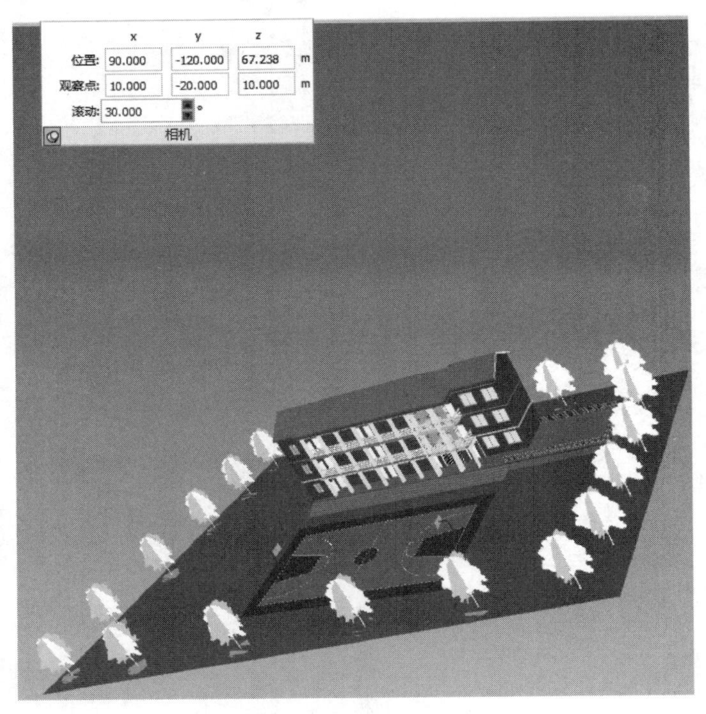

图 6-12 旋转相机

(7) 单击“视点”选项卡“相机”面板中的“正视”按钮，使用正视相机。单击“对齐相机”按钮，打开如图 6-14 所示的下拉列表，显示了几种用于快速定位相机位置的方式。如，单击“X 排列”选项，当前视图相机对齐至沿场景 X 轴方向，即显示场景的 X 轴方向的立面视图，如图 6-15 所示。

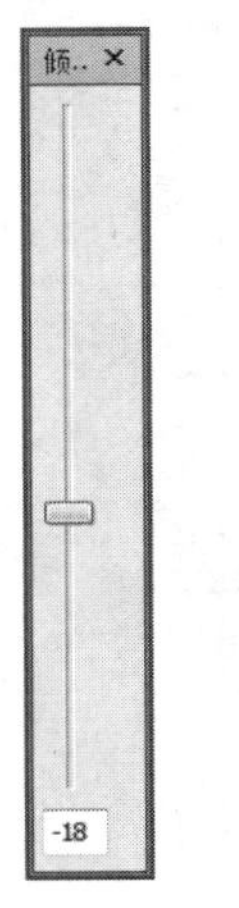

图 6-13 “倾斜”窗口

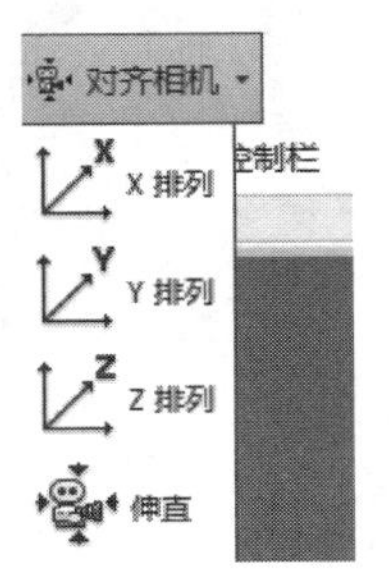

图 6-14 “对齐相机”下拉列表

图 6-15 “X 排列”相机视图

➢ 伸直：用于在三维视点中当相机发生较小倾斜(13°以内)时，可以自动对正相机的 Z 方向，使之保持在 Z 方向上。该选项的功能类似于将“相机”面板中的“滚动”值设置为 0°。

6.3 剖 分

使用 Navisworks，可以在三维工作空间中为当前视点启用剖分，并创建模型的横截面。

横截面是三维对象切除的视图，可用于查看三维对象的内部。

单击“视点”选项卡“剖分”面板中的“启用剖分”按钮，打开如图 6-16 所示的“剖分工具”选项卡，单击“剖分工具”选项卡中的“启用剖分”按钮，即可退出剖分工具。

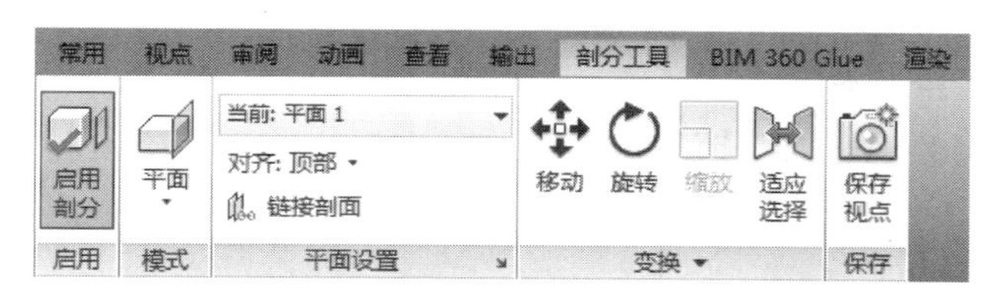

图 6-16 “剖分工具”选项卡

剖分工具提供了两种剖分模式：“平面”和“长方体”。

6.3.1 平面剖分

使用“平面”模式最多可在任何平面中生成 6 个剖面，同时仍能够在场景中导航，从而使用户无须隐藏任何项目即可查看模型内部。在默认情况下，剖面是通过模型可见区域的中心创建的。

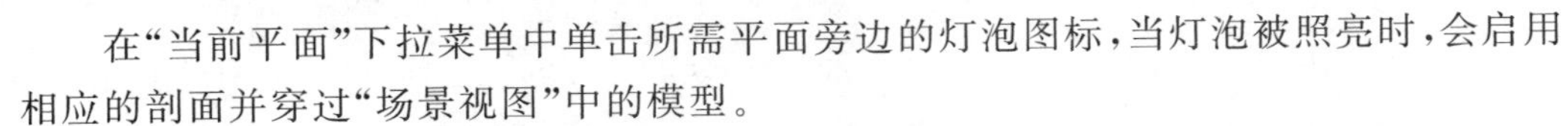

Note

在默认情况下，系统将剖面映射到6个主要的方向之一，如图6-17所示。

1. 设置当前平面

在“当前平面”下拉菜单中单击所需平面旁边的灯泡图标，当灯泡被照亮时，会启用相应的剖面并穿过“场景视图”中的模型。

在“当前平面”下拉菜单中选取需要成为当前平面的剖面，选定的平面即会可见，又可以对其进行操作。

当前平面是在“场景视图”中以可视方式渲染的平面。将某个平面选择为当前平面会自动启用该平面作为剖面，会使用默认的对齐和位置对模型进行部分。

2. 对齐平面

使用“剖分工具”的“平面”模式，系统默认当前平面为平面1，对齐为“顶部”，用户可以为当前平面选择一种对齐方式。系统提供了6种对齐和3种自定义对齐，如图6-18所示。

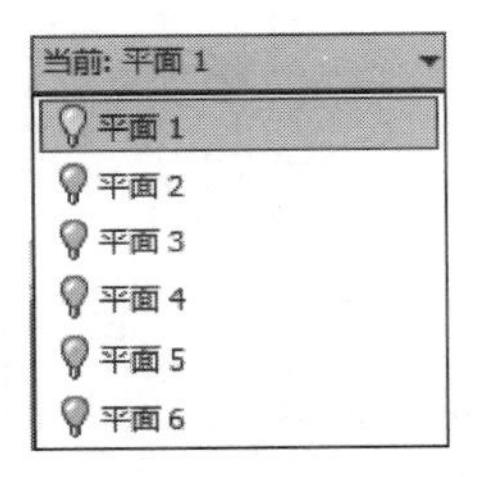

图6-17 “当前平面”下拉菜单

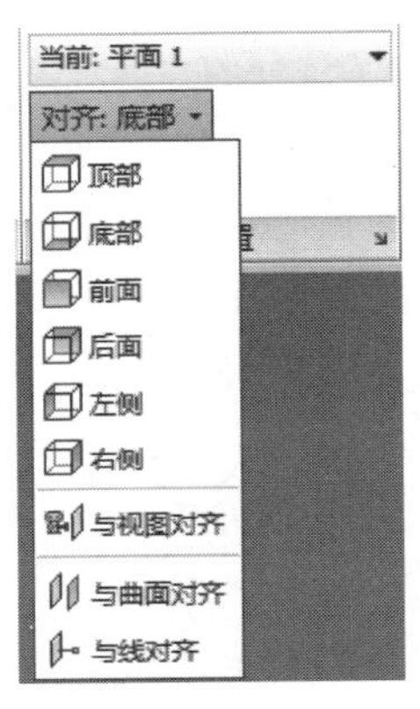

图6-18 “对齐”下拉菜单

- 顶部：将当前平面与模型的顶部对齐。
- 底部：将当前平面与模型的底部对齐。
- 前面：将当前平面与模型的前面对齐。
- 后面：将当前平面与模型的后面对齐。
- 左侧：将当前平面与模型的左侧对齐。
- 右侧：将当前平面与模型的右侧对齐。
- 与视图对齐：将当前平面与模型当前视点相机对齐。
- 与曲面对齐：将当前平面与所选曲面对齐。
- 与线对齐：将当前平面与所选线对齐。

3. 移动剖面

（1）单击“视点”选项卡“剖分”面板中的“启用剖分”按钮，打开“剖分工具”选项卡。

（2）在“平面设置”面板中的“当前平面”下拉菜单中选择需要使用的平面。

（3）单击“变换”面板中的“移动”按钮，在当前平面上显示移动控件，如图6-19所示。

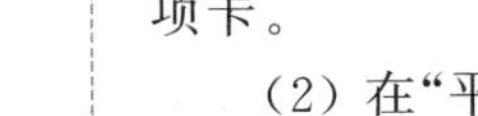

Note

图 6-19　显示移动控件

（4）根据需要拖动小控件以移动当前平面，如图 6-20 所示。

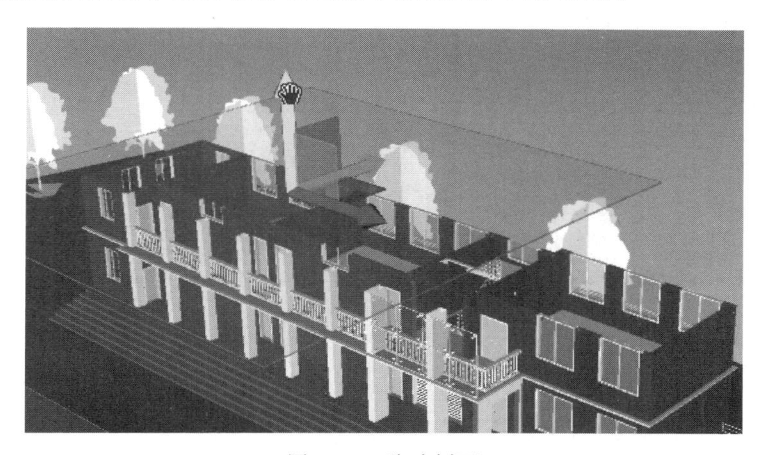

图 6-20　移动剖面

（5）单击“变换”面板上的 ▾ ，展开“变换”面板，在位置栏中输入数值，根据输入的数值移动当前平面，如图 6-21 所示。

	X	Y	Z	
位置:	0.000	-1.216	5.000	m
旋转:	0.000	0.000	0.000	°
大小:	0.000	0.000	0.000	m

变换

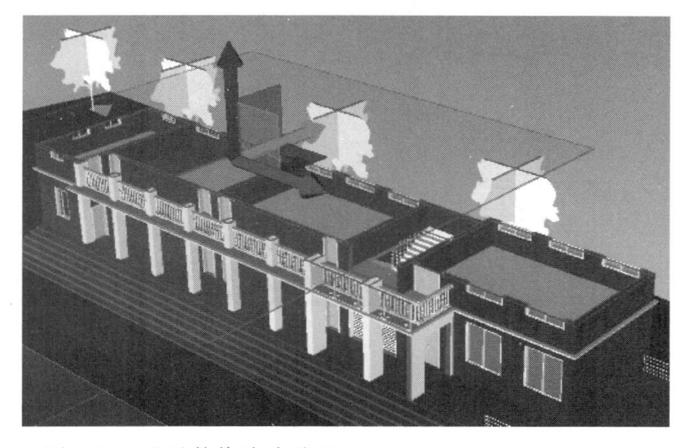

图 6-21　通过数值移动平面

Note

4. 旋转剖面

（1）单击“视点”选项卡“剖分”面板中的“启用剖分”按钮，打开“剖分工具”选项卡。

（2）在“平面设置”面板中的“当前平面”下拉菜单中选择需要使用的平面。

（3）单击“变换”面板中的“旋转”按钮，在当前平面上显示旋转控件，如图 6-22 所示。

图 6-22　显示旋转控件

（4）根据需要拖动小控件以旋转当前平面，如图 6-23 所示。

图 6-23　旋转剖面

（5）单击“变换”面板上的，展开“变换”面板，在旋转栏中输入数值，根据输入的数值旋转当前平面，如图 6-24 所示。

Note

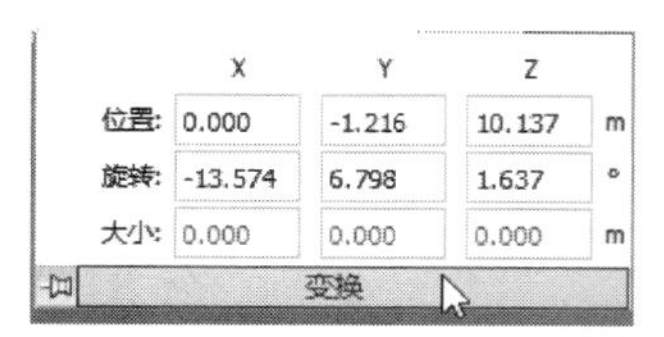

图 6-24　通过数值旋转平面

5. 链接剖面

在 Navisworks 中，最多可以使 6 个平面穿过模型，但只有当前平面可以使用剖分小控件进行操作。将剖面链接到一起可以使它们作为一个整体移动，并使用户能够实时快速切割模型。

（1）单击“视点”选项卡“剖分”面板中的“启用剖分”按钮，打开“剖分工具”选项卡。

（2）在“平面设置”面板中的“当前平面”下拉菜单中选择需要使用的平面，然后在“当前平面”下拉菜单中单击所有需要的平面旁边的灯泡图标，灯泡被照亮时，启用相应的平面。

（3）单击“平面设置”面板中的“链接剖面”按钮，将所有启用平面链接到一个剖面中。

（4）单击“变换”面板中的“移动”按钮，显示小控件，根据需要拖动小控件以移动所有剖面，如图 6-25 所示。

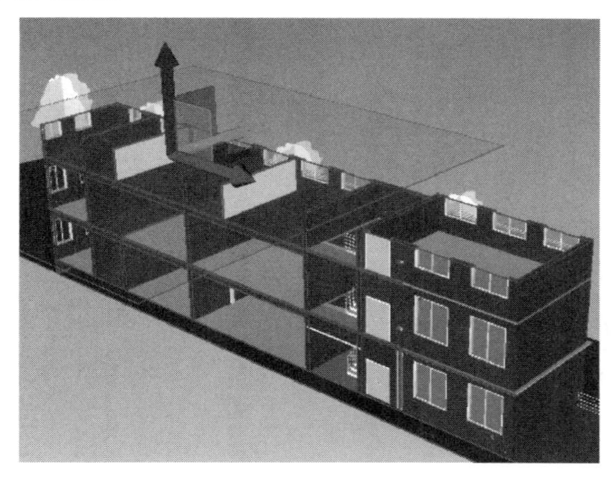

图 6-25　移动所有剖面

Note

6. 剖面设置

单击“剖分工具”选项卡“平面设置”面板中的“剖面对话框启动器”按钮，打开如图 6-26 所示的“剖面设置”对话框。

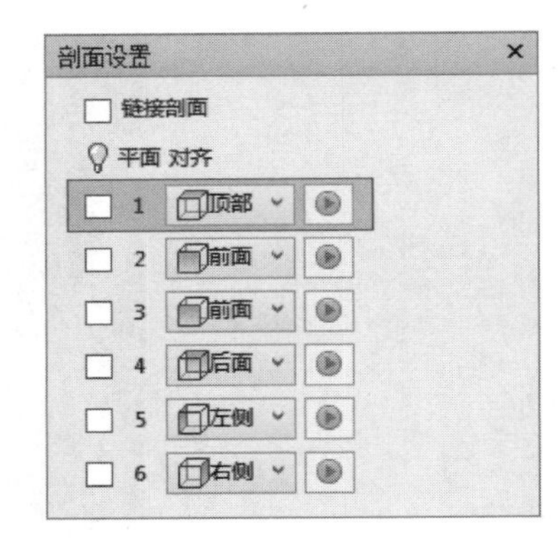

图 6-26 “剖面设置”对话框

- 链接剖面：勾选此复选框，与单击“链接剖面”按钮的功能是一样的，用于将剖面链接到一起。
- ：控制相应的剖面的可见性。选中此复选框时，可看到剖面的效果（即选中后将剪辑场景）。取消选中此复选框时，将看不到剖面的效果，并会禁用该平面的所有其他控件。
- 平面：在平面编号上单击会选中整个行，并会使选定平面成为当前平面且可见。
- 对齐：选择相应剖面的对齐。
- ：单击此按钮可重新应用“视图”“线”或“曲面”对齐。

6-5

6.3.2 长方体剖分

“长方体”模式能够集中审阅模型的特定区域和有限区域。移动长方体框时，在“场景视图”中仅显示已定义剖面框内的几何图形。

1. 移动长方体

(1) 单击“视点”选项卡“剖分”面板中的“启用剖分”按钮，打开“剖分工具”选项卡。

(2) 在“模式”面板中的下拉菜单中选择“长方体”按钮，切换到长方体模式，根据模型显示剖面框。

(3) 单击“变换”面板中的“移动”按钮，在长方体中显示移动控件，如图 6-27 所示。

(4) 根据需要拖动小控件，沿着轴移动剖面框，如图 6-28 所示。

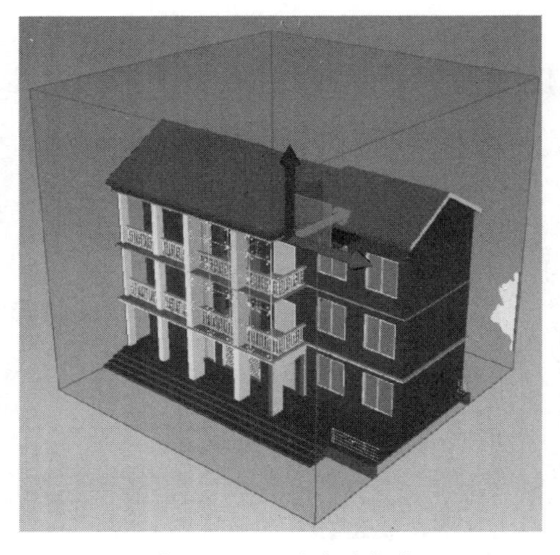
图 6-27 显示移动控件

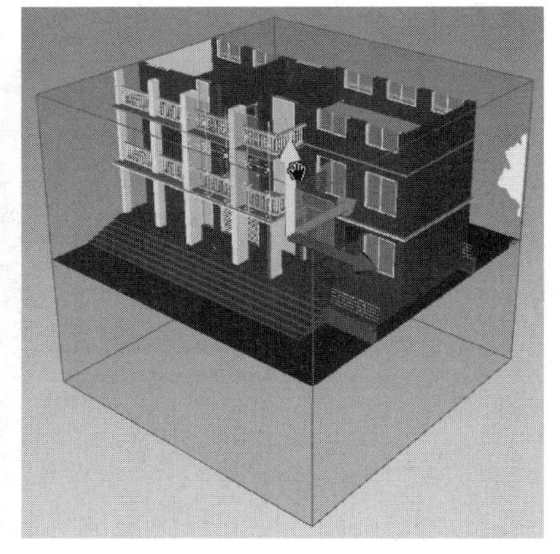
图 6-28 移动长方体

（5）单击“变换”面板上的 ▾ 按钮，展开“变换”面板，在“位置”栏中输入数值，根据输入的数值移动长方体框，如图 6-29 所示。

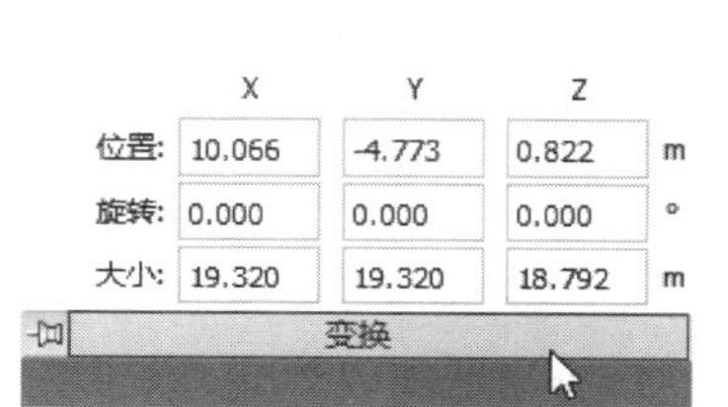

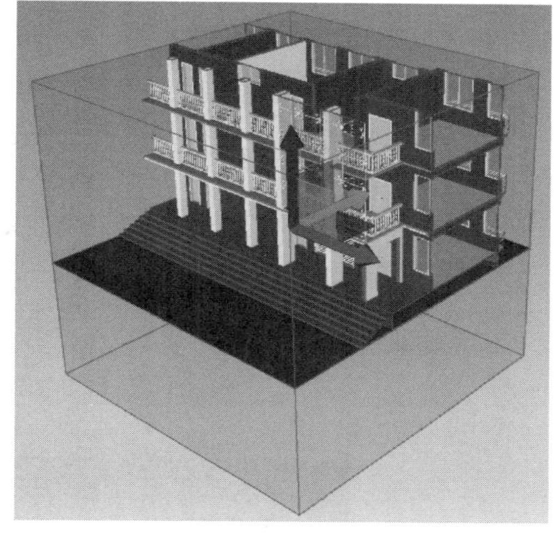

图 6-29 通过数值移动长方体

2. 旋转长方体

（1）在长方体模式下，单击“变换”面板中的“旋转”按钮，在长方体框中显示旋转控件，如图 6-30 所示。

（2）根据需要拖动小控件以旋转长方体，如图 6-31 所示。

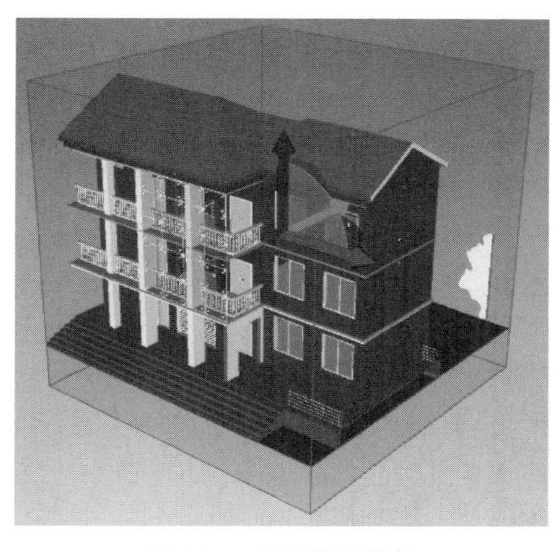

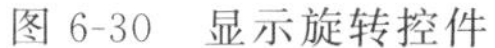

图 6-30 显示旋转控件

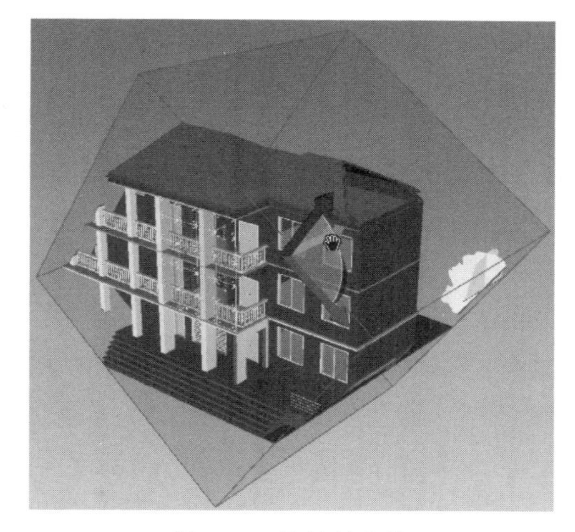

图 6-31 旋转长方体

（3）单击“变换”面板上的 ▾ 按钮，展开“变换”面板，在“旋转”栏中输入数值，根据输入的数值旋转长方体，如图 6-32 所示。

3. 缩放长方体

（1）在长方体模式下，单击“变换”面板中的“缩放”按钮，在长方体框中显示缩放控件，如图 6-33 所示。

Note

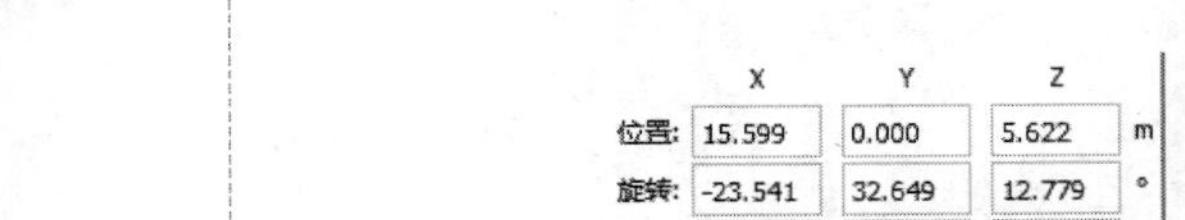

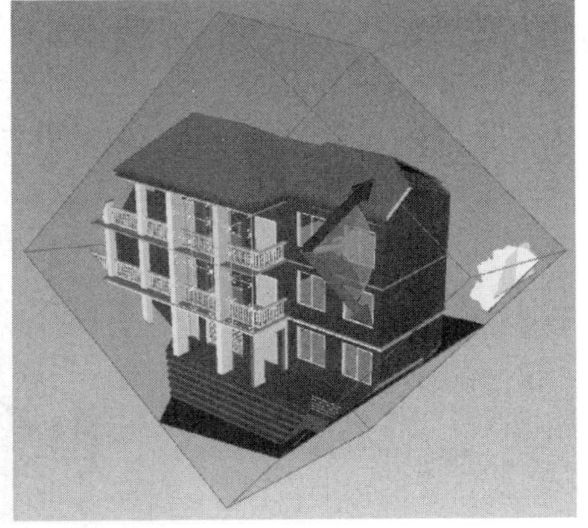

图 6-32　通过数值旋转长方体

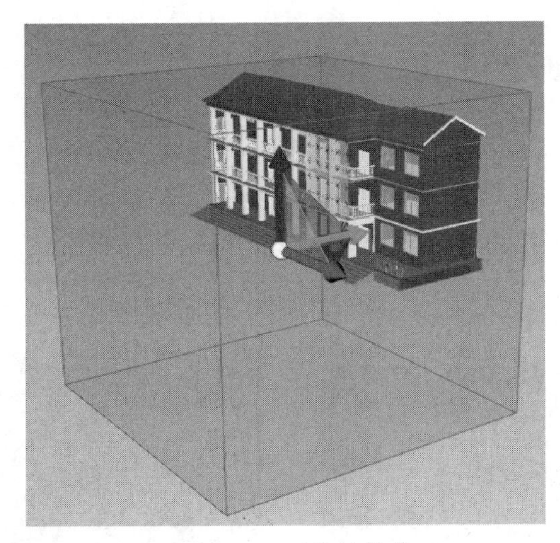

图 6-33　显示缩放控件

（2）根据需要拖动小控件以缩放长方体，如图 6-34 所示。

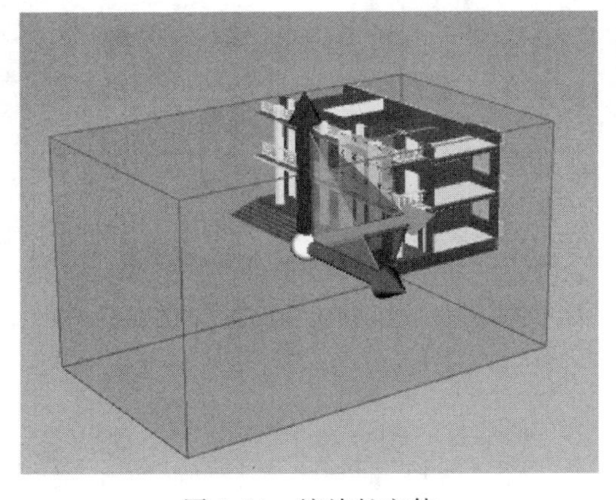

图 6-34　缩放长方体

（3）单击“变换”面板上的 ▼ 按钮，展开“变换”面板，在“大小”栏中输入数值，根据输入的数值缩放长方体，如图 6-35 所示。

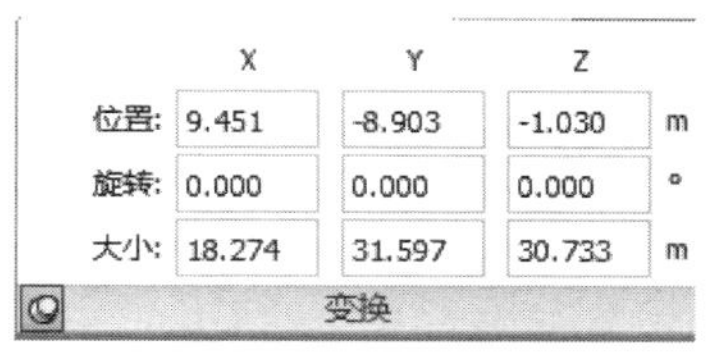

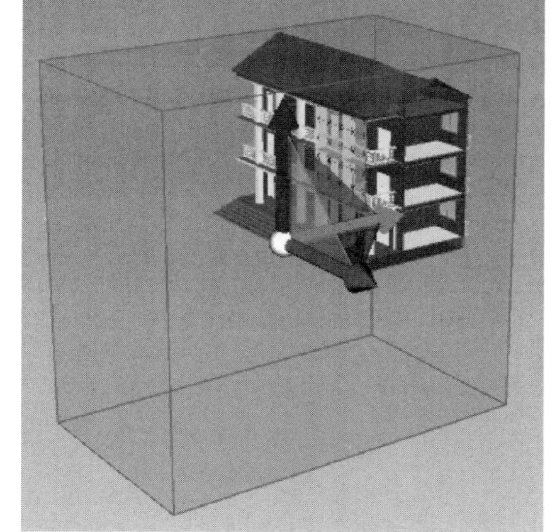

图 6-35　通过数值缩放长方体

动　画

在 Navisworks 中可以通过视点来创建视点动画；也可以通过 Animator 功能来创建场景动画；还可以用 Scripter 功能通过添加脚本来创建交互动画。

7.1　视点动画

7-1

7.1.1　创建视点动画

视点动画是通过“动画”选项卡和“保存的视点”窗口控制的。

(1) 在“视点”选项卡“保存、载入和回放”面板的“当前视点”下拉菜单中选择“管理保存的视点”选项，打开“保存的视点”窗口。

(2) 在“保存的视点”窗口的空白处右击，弹出如图 7-1 所示的快捷菜单 1，选择“添加动画”选项，创建新的视点动画，称为“动画 X”，其中 X 是最新的可用数字，直接输入新的动画名称，按 Enter 键确认。新的视点动画是空的，所以它旁边不会有加号，如图 7-2 所示。

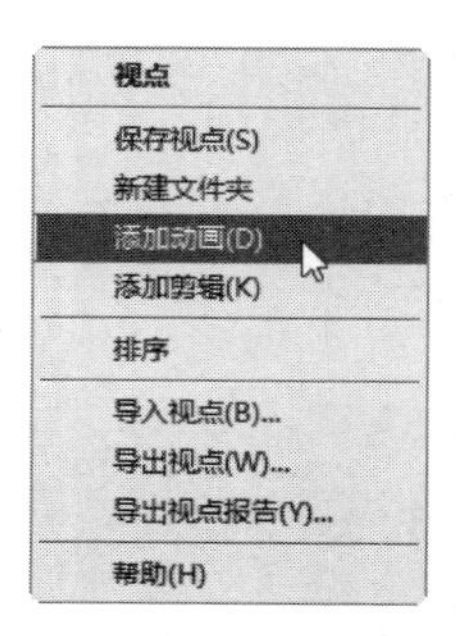

图 7-1　快捷菜单 1

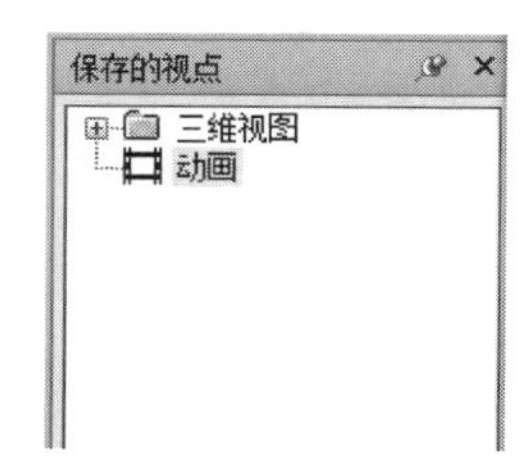

图 7-2　新建视点动画

(3) 在“场景视图”中，导航到某个位置，单击“视点”选项卡“保存、载入和回放”面板中的“保存视点”按钮，在该位置创建视点。

(4) 重复步骤(3)，在其他位置创建视点，如图 7-3 所示。

(5) 将刚刚创建的视点拖动到空视点动画中，如图 7-4 所示。可以逐个拖动它们，也可以使用 Ctrl 键和 Shift 键选择多个视点，然后一次拖动多个视点。每个视点将变成动画的一个帧。帧越多，视点动画将越平滑，并且可预测性越高。

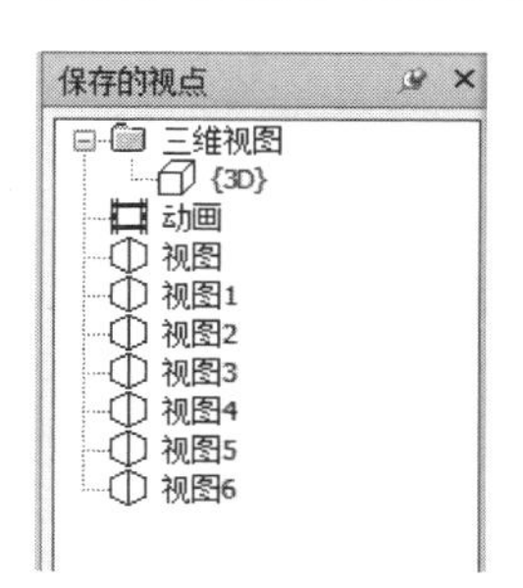

图 7-3 创建视点

图 7-4 将视点拖动到动画中

(6) 在“视点”选项卡“保存、载入和回放”面板中单击“播放”按钮，查看动画。动画的效果与视点的排列顺序是有关系的。

7.1.2 编辑视点动画

7-2

录制视点动画后，可以对其进行编辑以设置持续时间、平滑类型以及是否循环播放。

在“保存的视点”窗口中需要修改的动画上右击，弹出如图 7-5 所示的快捷菜单 2，选择“编辑”选项，打开“编辑动画”对话框，如图 7-6 所示，设置持续时间和平滑类型，然后单击“确定”按钮。

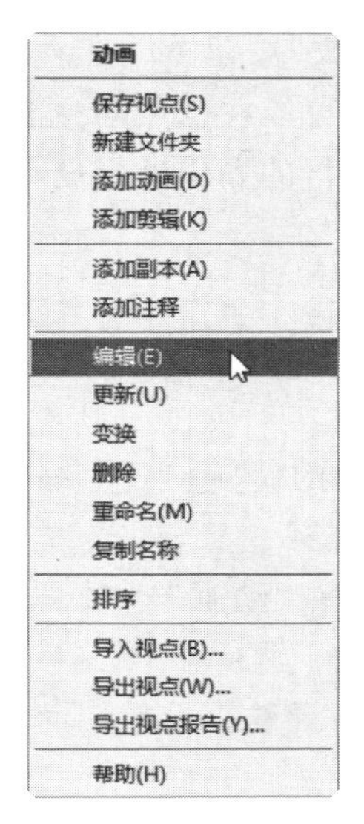

图 7-5 快捷菜单 2

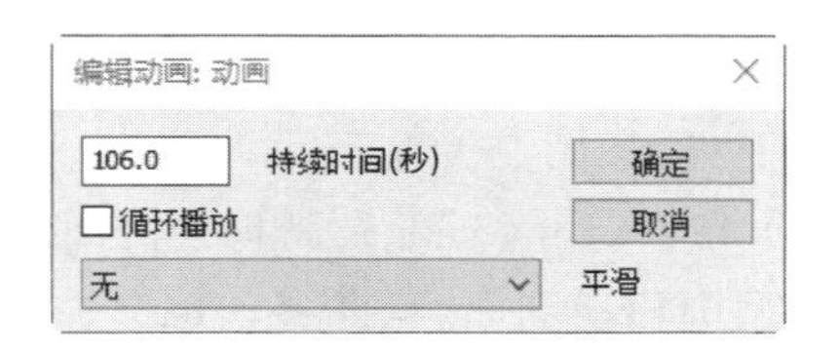

图 7-6 “编辑动画”对话框

Note

“编辑动画”对话框中的选项说明如下。

- 持续时间：输入动画所需时长，以秒为单位。
- 循环播放：勾选此复选框，视点动画将连续重复播放。
- 平滑：设置视点动画使用的平滑类型，包括“无”和“同步角速度/线速度”。
  - 无：表示相机从一帧移动到下一帧时，不尝试在拐角外进行任何平滑操作。
  - 同步角速度/线速度：将平滑动画中每个帧的速度之间的差异，从而产生比较平稳的动画。

7-3

7.1.3 在视点动画插入剪辑

（1）在“保存的视点”窗口中，在要插入剪辑的下方视点上右击（例如，需要在视图2的下方插入剪辑，则在视图3上右击），弹出如图7-5所示的快捷菜单2，选择“添加剪辑”选项，在视点上方添加剪辑，输入剪辑的名称或按Enter键确认，如图7-7所示。

（2）在需要修改的剪辑上右击，弹出如图7-5所示的快捷菜单，选择“编辑”选项，打开如图7-8所示“编辑动画剪辑”对话框，剪辑的默认持续时间为1.0秒，更改延迟时间，单击“确定”按钮。

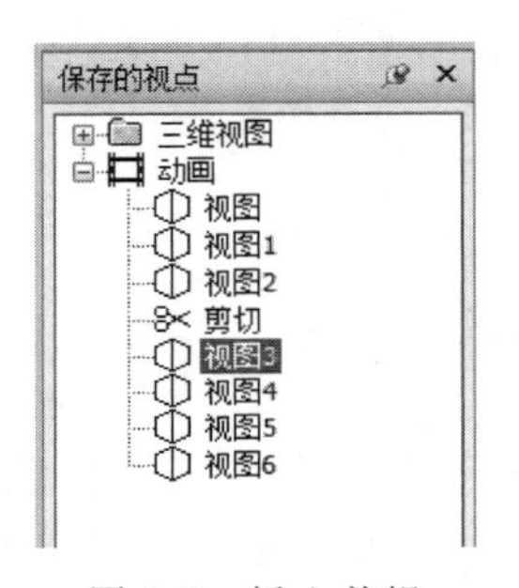

图7-7 插入剪辑

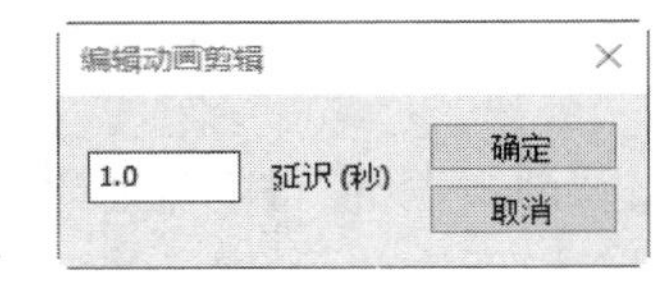

图7-8 “编辑动画剪辑”对话框

（3）在“视点”选项卡“保存、载入和回放”面板中单击“播放”按钮▷，查看动画在播放过程中的暂停效果。如果播放过程中没有发现暂停效果，可以在视点动画上右击，然后在弹出的快捷菜单中选择“更新”选项，即可对该动画所进行的操作进行更新。

7-4

7.2 录制动画

录制动画可以将模型中的漫游过程录制下来，或者对模型的旋转、平移、缩放的过程进行记录。

（1）单击“动画”选项卡“创建”面板中的“录制”按钮●，在“动画”选项卡中增加“录制”面板，如图7-9所示。

（2）在Navisworks录制移动的同时，在“场景视图”中进行导航。导航期间甚至可以在模型中移动剖面，且此移动也会被录制到视点动画中。

（3）在录制期间，可以随时单击“动画”选项卡“录制”面板中的“暂停”按钮‖，系统将暂停录制，再次单击“暂停”按钮‖，继续录制动画。

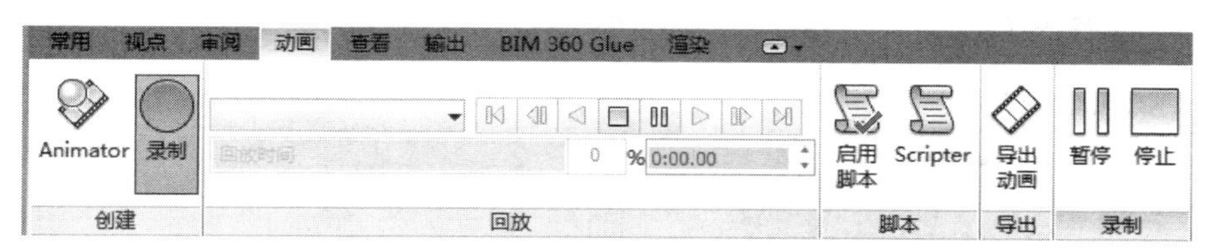

图 7-9　增加"录制"面板

(4) 录制完成后，单击"动画"选项卡"录制"面板中的"停止"按钮，动画自动保存在"保存的视点"窗口中，如图 7-10 所示。

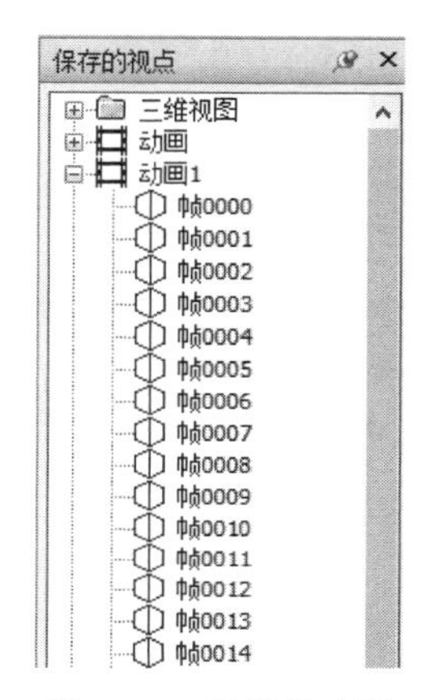

图 7-10　录制的动画

录制动画的编辑和视点动画的编辑一样，这里不再进行介绍。

7.3　对象动画

动画是一个经过准备的模型更改序列。可以在 Navisworks 中进行的更改包括：

(1) 通过修改几何图形对象的位置、旋转、大小和外观(颜色和透明度)来操作几何图形对象。此类更改称作动画集。

(2) 通过使用不同的导航工具(如动态观察或飞行)或使用现有的视点动画来操作视点。此类更改称作相机。

(3) 通过移动剖面或剖面框来操作模型的横断面切割。此类更改称作剖面集。

7.3.1　Animator 窗口

单击"动画"选项卡"创建"面板中的 Animator 按钮，打开如图 7-11 所示的 Animator 窗口，通过该窗口可以将动画添加到模型中。

Animator 窗口中的选项说明如下。

- 平移动画集：单击此按钮，"平移"小控件会显示在"场景视图"中，使用小控件可修改几何图形对象的位置。
- 旋转动画集：单击此按钮，"旋转"小控件会显示在"场景视图"中，使用此小

Note

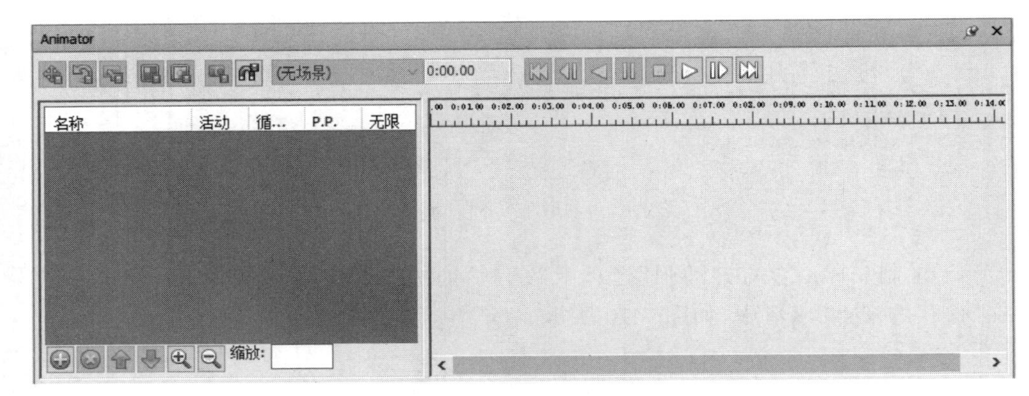

图 7-11　Animator 窗口

控件可修改几何图形对象的旋转。

➢ 缩放动画集：单击此按钮，“缩放”小控件会显示在“场景视图”中，使用此小控件可修改几何图形对象的大小。

➢ 更改动画集的颜色：单击此按钮，显示如图 7-12 所示的“颜色”手动输入栏，通过它可以修改几何图形对象的颜色。

➢ 更改动画集的透明度：单击此按钮，显示如图 7-13 所示的“透明度”手动输入栏，通过它可以修改几何图形对象的透明度。

图 7-12　“颜色”手动输入栏　　图 7-13　“透明度”手动输入栏

➢ 捕捉关键帧：单击此按钮，为当前对模型所做的更改创建快照，并将其作为时间轴视图中的新关键帧。

➢ 打开/关闭捕捉：仅当通过拖动“场景视图”中的小控件来移动对象时，捕捉才会产生效果，并且不会对数字输入或键盘控制产生任何效果。

➢ 场景 1：选择活动场景。

➢ 0:00.00：显示和控制时间轴视图中滑块的当前位置。

➢ 回放：将动画倒回到开头。

➢ 上一帧：倒回一秒。

➢ 反向播放：从尾到头反向播放动画，然后停止。这不会改变动画元素面对的方向。

➢ 暂停：暂停动画。

➢ 停止：停止动画，并将动画倒回到开头。

➢ 播放：从头到尾正向播放动画。

➢ 下一帧：正向播放动画一秒。

➢ 至结尾：使动画快进到结尾。

➢ 添加场景：单击此按钮，打开如图 7-14 所示的

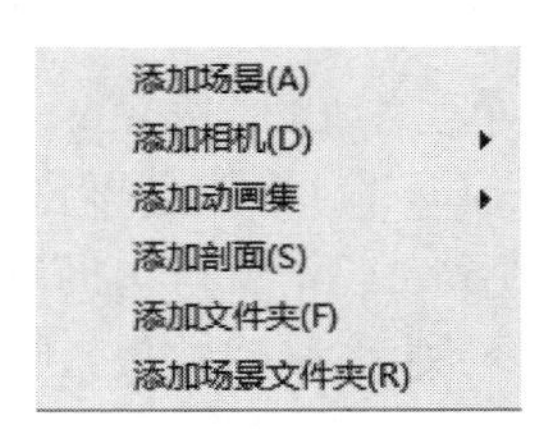

图 7-14　“添加场景”菜单

Note

7-5

菜单，使用该菜单可以向树视图中添加新项目，如添加场景、相机等。

- 删除：删除在树视图中当前选定的项目。
- 上移：在树视图中上移当前选定的场景。
- 下移：在树视图中下移当前选定的场景。
- 放大：放大时间刻度条，实际值显示在右侧的缩放框中。
- 缩小：缩小时间刻度条，实际值显示在右侧的缩放框中。

7.3.2 创建图元动画

Navisworks 中以关键帧的形式记录图元在每个时间点的位置变换、缩放以及旋转，并生成图元动画。

(1) 打开教学楼模型，如图 7-15 所示。

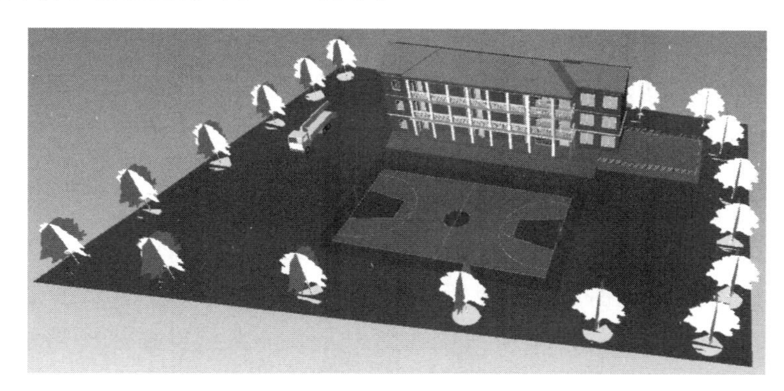

图 7-15 教学楼 1

(2) 单击"动画"选项卡"创建"面板中的 Animator 按钮，打开 Animator 窗口，在"场景视图"中或在"选择树"选取建筑卡车，在 Animator 窗口中单击"添加场景"按钮，在打开的菜单中选择"添加场景"选项，在树视图上添加"场景 1"，如图 7-16 所示。

(3) 在树视图的"场景 1"上右击，弹出如图 7-17 所示的快捷菜单 3，选择"添加动画集"→"从当前选择"选项，将当前的建筑卡车添加到"场景 1"中，如图 7-18 所示。

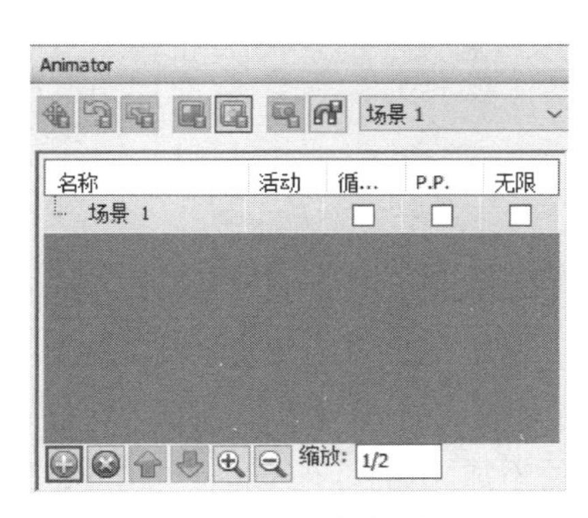

图 7-16 添加场景

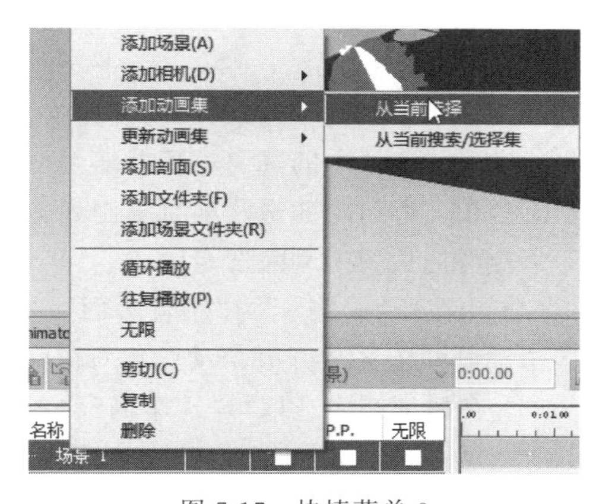

图 7-17 快捷菜单 3

Note

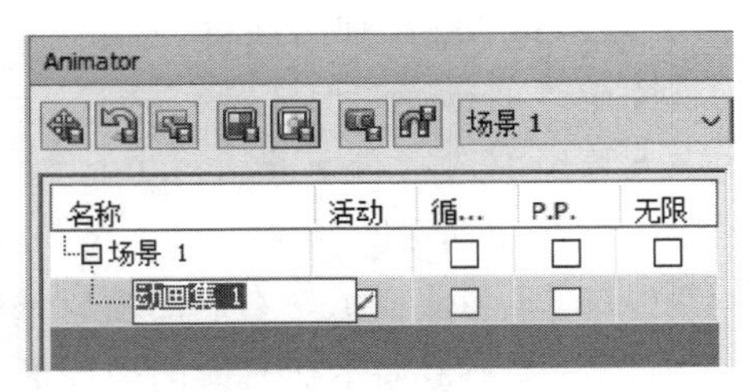

图 7-18　添加动画集

- 添加场景：将新场景添加到树视图中。场景充当对象动画的容器。每个场景可以包含一个或多个动画集、一个相机动画、一个剖面集动画。可以将这些场景和场景组件分组到文件夹中。
- 添加相机：将新相机添加到树视图中。
- 添加动画集：将动画集添加到树视图中。动画集包含要为其创建动画的几何图形对象的列表，以及描述如何为其创建动画的关键帧的列表。场景可以包含所需数量的动画集，还可以在同一场景的不同动画集中包含相同的几何图形对象。场景中的动画集的顺序很重要，当在多个动画集中使用同一对象时，可以使用该顺序控制最终对象的位置。
- 更新动画集：更新选定的动画集。
- 添加剖面：将新剖面添加到树视图中。
- 添加文件夹：将文件夹添加到树视图中。文件夹可以存放场景组件和其他文件夹。
- 添加场景文件夹：将场景文件夹添加到树视图中。场景文件夹可以存放场景和其他场景文件夹。添加场景文件夹时，如果在选中某个空场景文件夹时执行此操作，系统会在树视图的最顶端创建新的场景文件夹，否则会在用户当前选择下创建该文件夹。
- 循环播放：为场景和场景动画选择循环播放模式。动画正向播放到结尾，然后再次从开头重新启动，无限期循环播放。
- 往复播放：为场景和场景动画选择往复播放模式。动画正向播放到结尾，然后反向播放到开头。除非还选择了循环播放模式，否则往复播放将只发生一次。
- 无限：仅适用于场景，并将使场景无限期播放。
- 剪切：将树中的选定项目剪切到剪贴板。
- 复制：将树中的选定项目复制到剪贴板。
- 删除：从树中删除选定项目。

（4）更改"动画集 1"为"建筑车辆"，如图 7-19 所示。更改名称是为了让用户在制作多个动画时能区分开哪个动画集对应哪个构件。

（5）在树视图中选取"建筑车辆"动画集，可以看到时间轴上出现在当前时间位置，默认在 0 秒处，单击"捕捉关键帧"按钮，在 0 秒处添加关键帧，即在 0 秒的时候建筑车辆在原始位置不变，如图 7-20 所示。

（6）将时间线拖动到 2 秒处或直接输入时间为 2 秒，如图 7-21 所示。

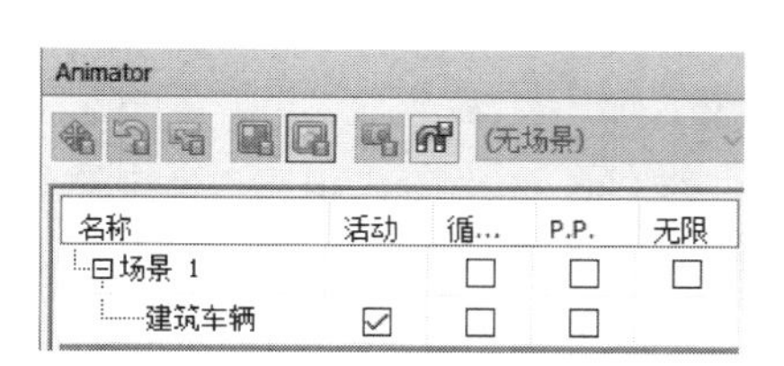

图 7-19 更改名称

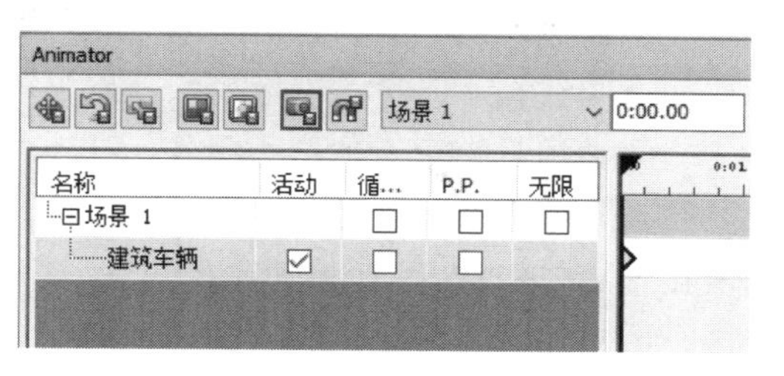

图 7-20 在 0 秒处添加关键帧

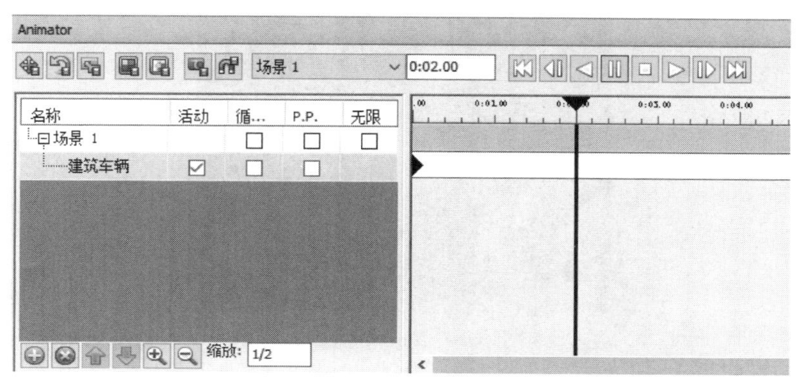

图 7-21 设置时间

（7）单击“平移动画集”按钮 ，在“场景视图”的建筑车辆上显示移动控件，手动拖动绿轴，将建筑车辆移动到如图 7-22 所示的位置，也可以直接手动在输入栏中输入数值进行精确控制，单击 “捕捉关键帧”按钮 ，在 2 秒处添加关键帧，如图 7-23 所示。

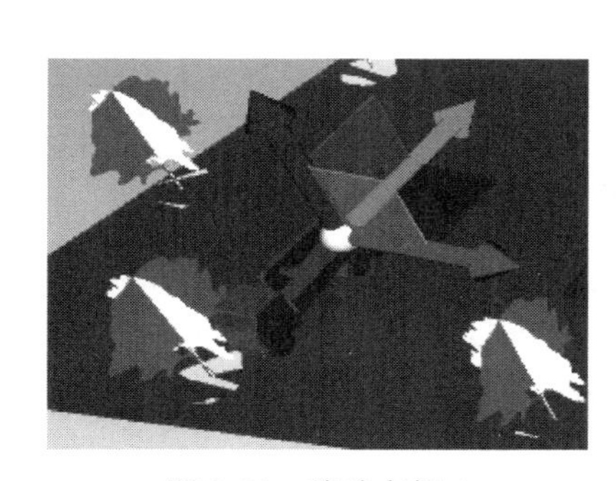

图 7-22 移动车辆 1

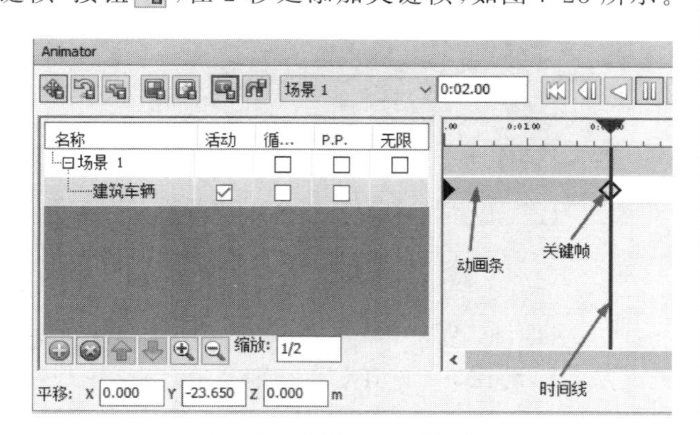

图 7-23 添加移动关键帧 1

- 关键帧：关键帧在时间轴中显示为黑色菱形。可以通过在时间轴视图中向左或向右拖动黑色菱形来更改关键帧出现的时间。随着关键帧的拖动，其颜色会从黑色变为浅灰色。
- 动画条：彩色动画条用于在时间轴中显示关键帧，并且无法编辑。每个动画类型都用不同颜色显示，场景动画条为灰色。在通常情况下，动画条以最后一个关键帧结尾。如果动画条在最后一个关键帧之后逐渐褪色，则表示动画将无限

期播放(或循环播放动画)。

➢ 时间线:黑色时间线是表示当前播放位置的时间滑块。红色时间线是表示当前活动场景结束点的结束滑块。

Note

(8) 将时间线拖动到 3 秒处,单击“旋转动画集”按钮,在“场景视图”的建筑车辆上显示旋转控件,手动拖动蓝色半弧,将建筑车辆旋转 90 度,如图 7-24 所示,也可以直接在手动输入栏中输入数值进行精确控制(在 Z 文本框中输入 90),单击 “捕捉关键帧”按钮,在 3 秒处添加关键帧,如图 7-25 所示。

图 7-24　旋转车辆 1

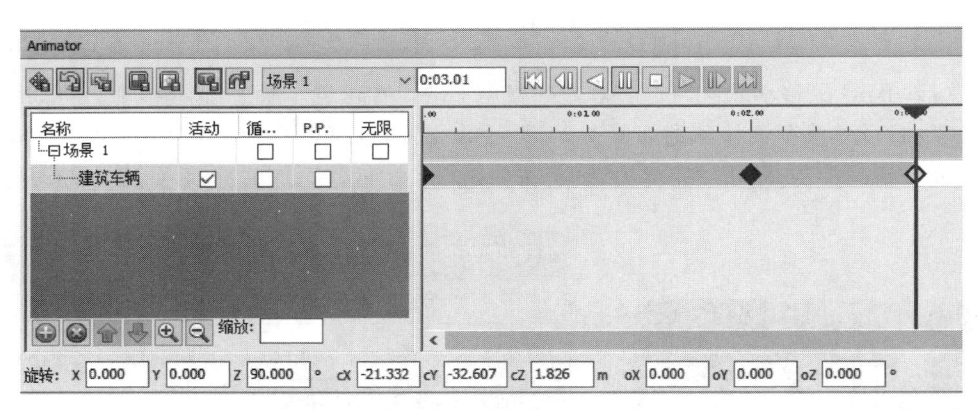

图 7-25　添加旋转关键帧 1

(9) 将时间线拖动到 5 秒处,单击“平移动画集”按钮,在“场景视图”的建筑车辆上显示移动控件,手动拖动绿轴,将建筑车辆移动到如图 7-26 所示的位置,也可以直接在手动输入栏中输入数值进行精确控制,单击 “捕捉关键帧”按钮,在 5 秒处添加关键帧,如图 7-27 所示。

(10) 将时间线拖动到 0 秒处,单击“播放”按钮,观察制作的动画是否符合要求。如果在时间上需要改动,可以直接拖拽相应的关键帧到相应的时间刻度,例如,将第二个关键帧调整到 2.2 秒处,如图 7-28 所示。

(11) 如果动画集的位置需要调整,则先选中对应的关键帧,然后单击对应的“平移动画集”或“旋转动画集”按钮,调整好位置后,再次单击“捕捉关键帧”按钮,即可将当前关键帧进行更新。

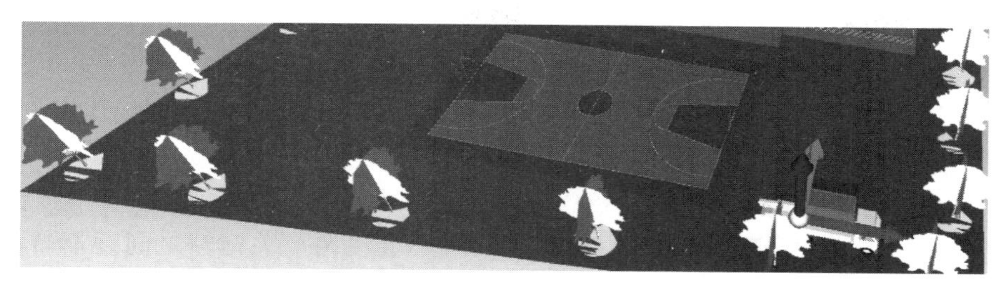

图 7-26 移动车辆 2

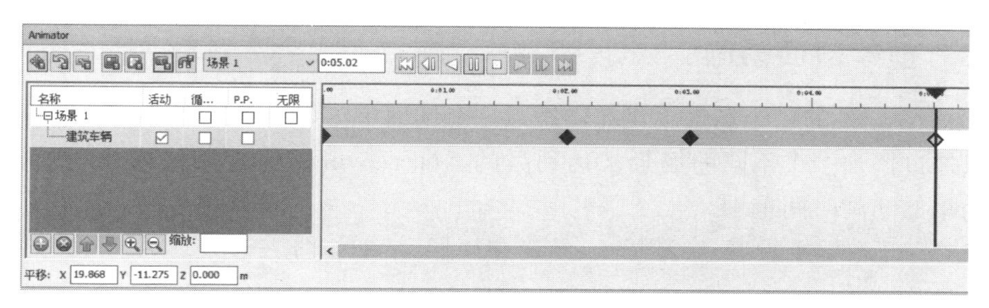

图 7-27 添加移动关键帧 2

（12）还可以在需要更改的关键帧上右击，打开如图 7-29 所示的快捷菜单 4，选择“编辑”选项，打开如图 7-30 所示的“编辑关键帧”对话框 1，在该对话框中调整关键帧的时间点、平移位置、旋转角度以及缩放大小等参数，设置完成后，单击“确定”按钮，调整关键帧。

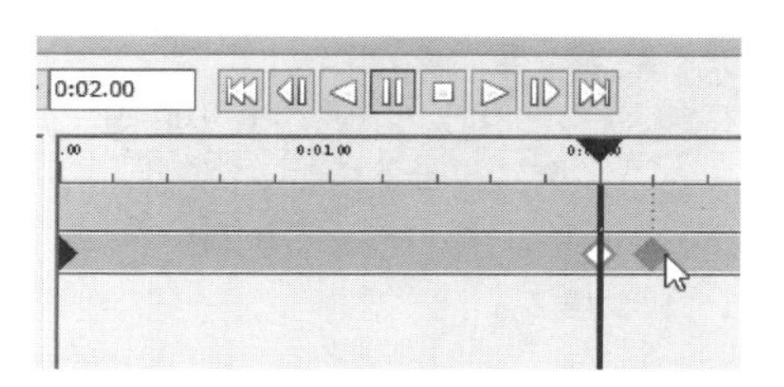

图 7-28 调整关键帧位置

图 7-29 快捷菜单 4

图 7-30 “编辑关键帧”对话框 1

➢ 编辑：用于编辑选定的关键帧。

➢ 转至关键帧：将黑色时间线移动到此关键帧。

➢ 剪切/复制：是标准的剪切、复制命令，只能在选定时间轴的内部起作用。

➢ 删除：删除选定关键帧。

➢ 插值：确定 Navisworks 是否在当前关键帧和上一个关键帧之间自动插值。系统默认选中此选项。如果禁用该选项，将不会在两个关键帧之间逐渐转场；相反，当到达第二个关键帧的位置/视图时，动画将立即跳转到该位置/视图。此外，关键帧之间将没有彩色动画条。

7-6

7.3.3 创建剖面动画

Navisworks 的每个场景中仅允许添加一个剖面集。如果需要多个剖面动画时，用户可以通过添加多个不同的场景来达到目的。Navisworks 将使用红色动画条标记剖面动画集的动画时间范围。

（1）打开教学楼模型，隐藏场地、植物和地形，结果如图 7-31 所示。

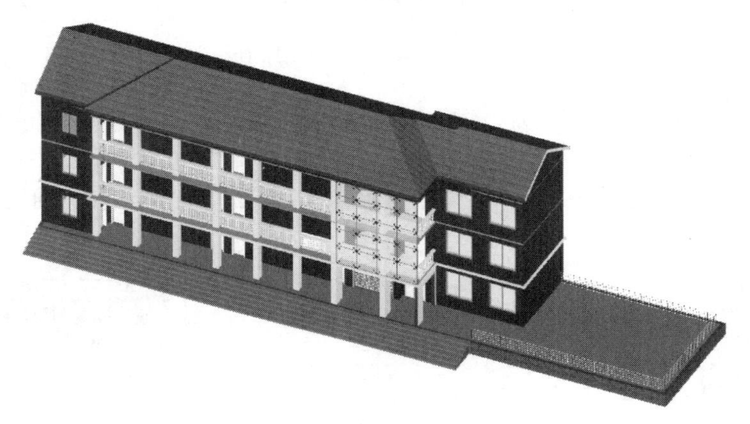

图 7-31　教学楼 2

（2）单击“动画”选项卡“创建”面板中的 Animator 按钮，打开 Animator 窗口，单击“添加场景”按钮，在打开的菜单中选择“添加场景”选项，在树视图上添加“场景 1”。

（3）在树视图的“场景 1”上右击，弹出如图 7-32 所示的快捷菜单 5，选择“添加剖面”，添加剖面到“场景 1”中，如图 7-33 所示。

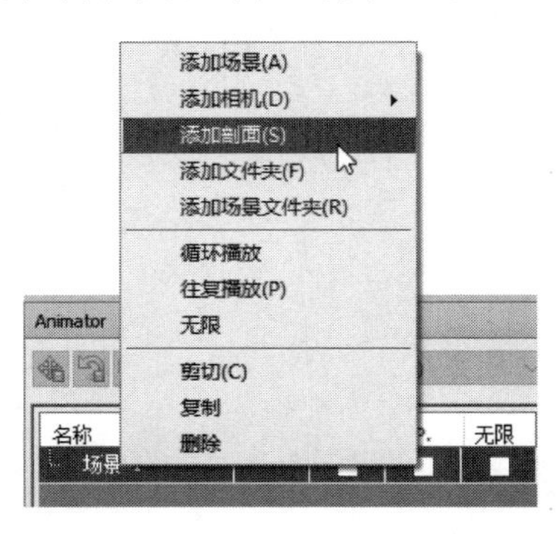

图 7-32　快捷菜单 5

（4）单击“视点”选项卡“剖分”面板中的“启用剖分”按钮，打开“剖分工具”选项卡。在“平面设置”面板中的“当前平面”下拉菜单中选择“平面 1”，在“对齐”下拉菜单中选择“顶部”，结果如图 7-34 所示。

（5）在 Animator 窗口中，在 0 秒处，单击“捕捉关键帧”按钮，在 0 秒处添加关键帧。

图 7-33 添加剖面

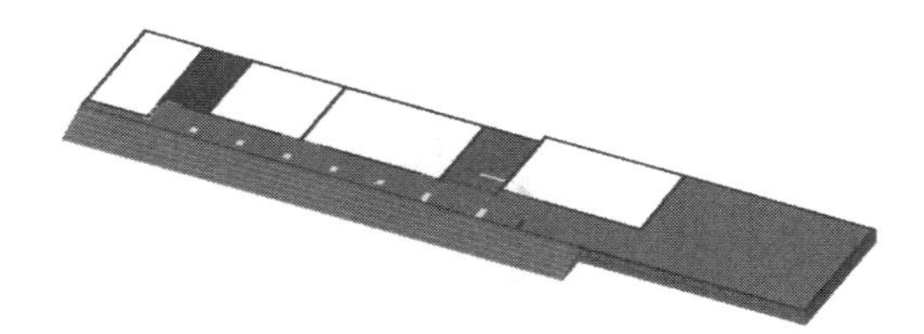

图 7-34 剖分模型

(6) 将时间线拖动到 2 秒处，单击“变换”面板中的“移动”按钮，在当前平面上显示移动控件，拖动蓝色轴移动当前平面到第一层建筑楼板处，单击“捕捉关键帧”按钮，添加关键帧，如图 7-35 所示。

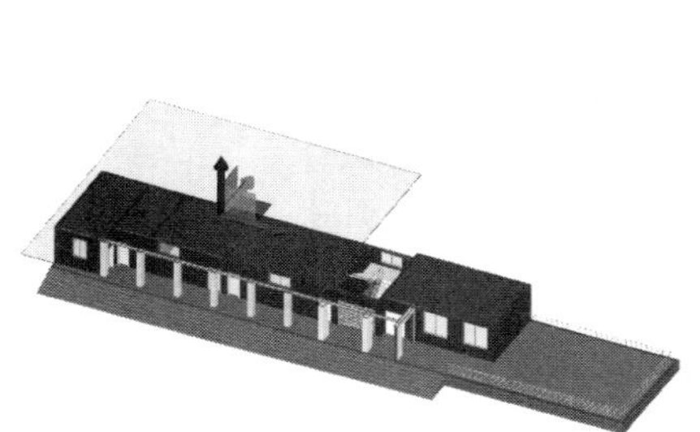

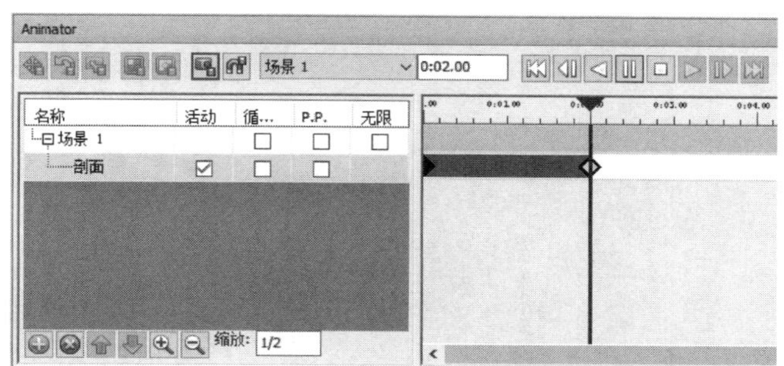

图 7-35 添加第二个关键帧 1

(7) 将时间线拖动到 4 秒处，在“场景视图”中拖动移动控件上的蓝色轴，移动当前平面到第二层建筑楼板处，单击“捕捉关键帧”按钮，添加关键帧，如图 7-36 所示。

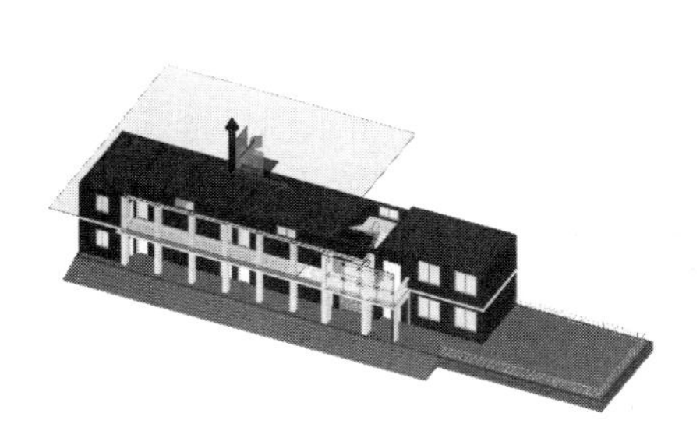

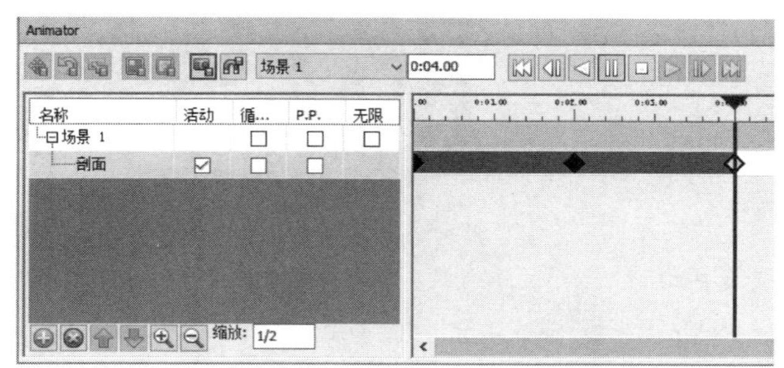

图 7-36 添加第三个关键帧 1

(8) 将时间线拖动到 6 秒处，在“场景视图”中拖动移动控件上的蓝色轴，移动当前平面到第三层建筑楼板处，单击“捕捉关键帧”按钮，添加关键帧，如图 7-37 所示。

(9) 将时间线拖动到 7 秒处，在“场景视图”中拖动移动控件上的蓝色轴，移动当前平面超出屋顶，单击“捕捉关键帧”按钮，添加关键帧，如图 7-38 所示。

(10) 单击“剖分工具”选项卡“变换”面板中的“移动”按钮，关闭移动控件。将时间线拖动到 0 秒处，单击“播放”按钮，观察模型的剖分动画是否符合要求。

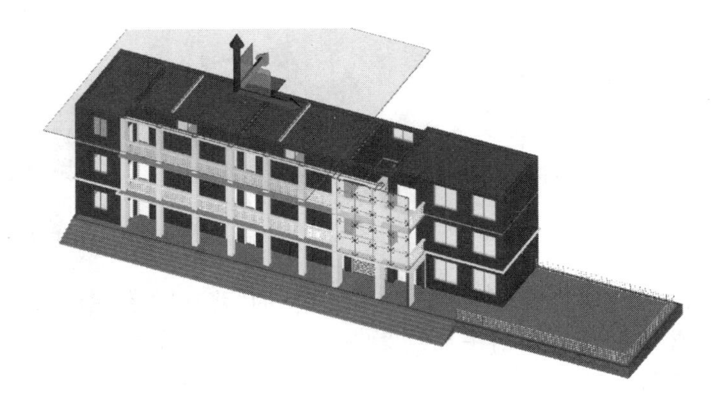

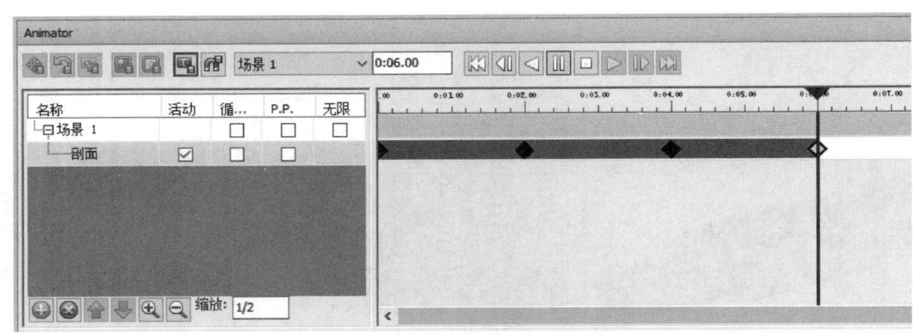

图 7-37　添加第四个关键帧 1

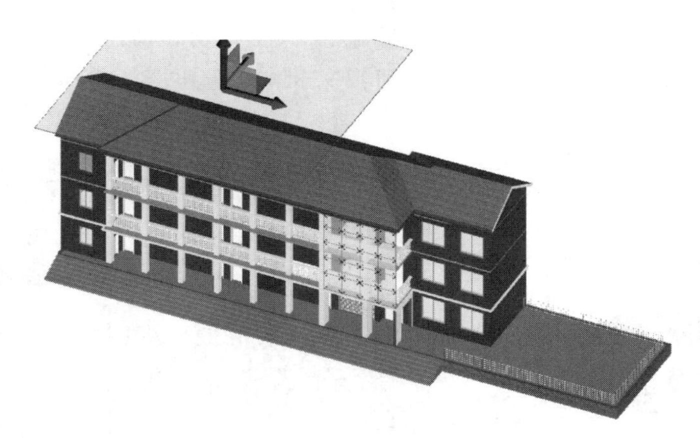

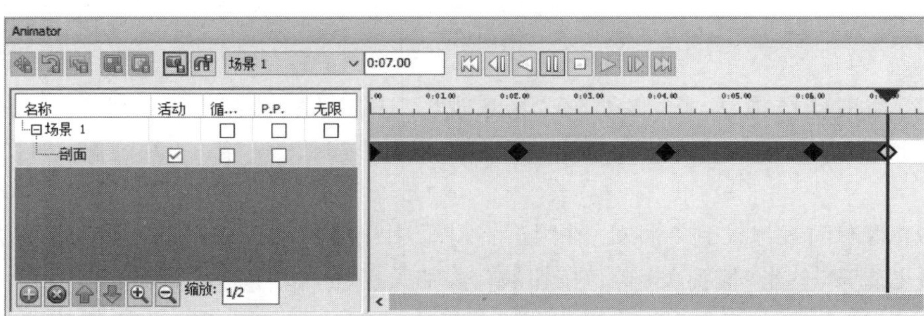

图 7-38　添加第五个关键帧

(11) 如果不符合要求,根据需要调整剖分位置和关键帧位置。还可以在需要更改的关键帧上右击,打开如图 7-29 所示的快捷菜单 4,选择"编辑"选项,打开如图 7-39 所示的"编辑关键帧"对话框 2,在该对话框中调整关键帧的时间点、剖面的位置等参数,设置完成后,单击"确定"按钮,调整关键帧。

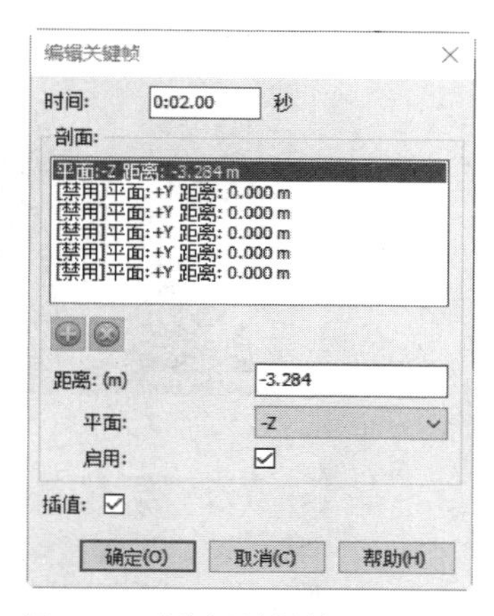

图 7-39　"编辑关键帧"对话框 2

7.3.4　创建相机动画

在 Navisworks 中可以通过相机动画实现场景的转换和视点的移动变换。相机动画比较简单,Navisworks 将使用绿色动画条标记相机动画集的动画时间范围。

相机包含视点列表,以及描述视点移动方式的关键帧可选列表。如果未定义相机关键帧,则该场景会使用"场景视图"中的当前视图。如果定义了单个关键帧,相机会移动到该视点,然后在场景中始终保持静态。最后,如果定义了多个关键帧,则将相应地创建相机动画。可以添加空白相机,然后操作视点,也可以将现有的视点动画直接复制到相机中。

(1) 打开教学楼模型。

(2) 单击"动画"选项卡"创建"面板中的 Animator 按钮,打开 Animator 窗口,单击"添加场景"按钮,在打开的菜单中选择"添加场景"选项,在树视图上添加"场景 1"。

(3) 在树视图的"场景 1"上右击,弹出如图 7-40 所示的快捷菜单 6,选择"添加相机"→"空白相机"选项,添加相机到"场景 1"中,如图 7-41 所示。

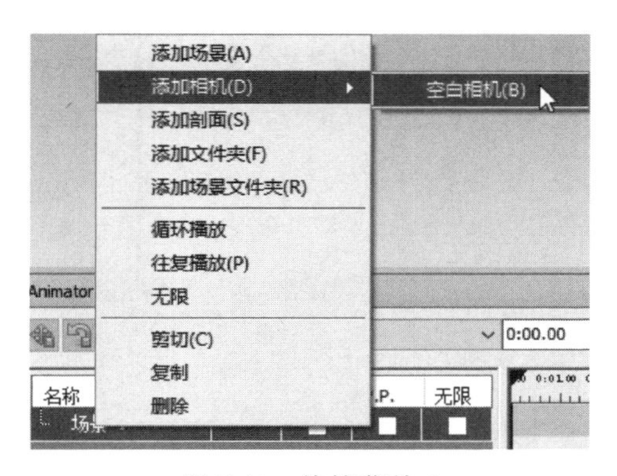

图 7-40　快捷菜单 6

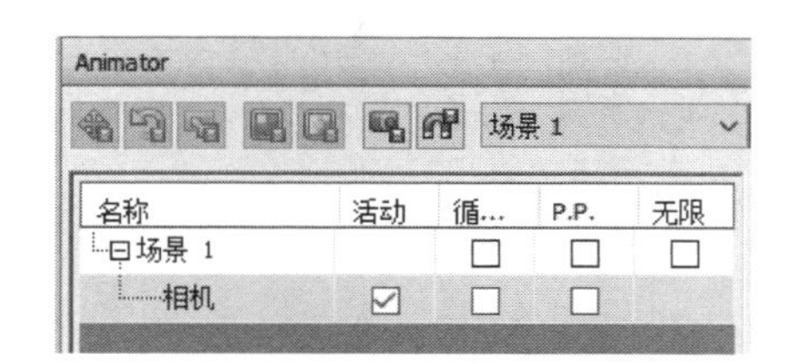

图 7-41　添加相机

(4) 在 Animator 窗口中,在 0 秒处,单击"捕捉关键帧"按钮,在 0 秒处添加关键帧。

(5) 将时间线拖动到 4 秒处,单击"视点"选项卡"导航"面板中的"环视"按钮,拖动鼠标按逆时针方向旋转模型到新视点位置,单击"捕捉关键帧"按钮,添加关键帧,如图 7-42 所示。

Note

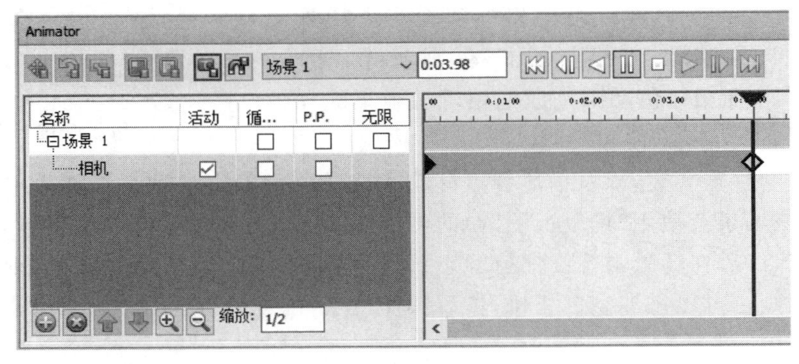

图 7-42　添加第二个关键帧 2

（6）将时间线拖动到 6 秒处，单击“视点”选项卡“导航”面板中的“移动”按钮，移动模型到屏幕的中间位置，单击“捕捉关键帧”按钮，添加关键帧，如图 7-43 所示。

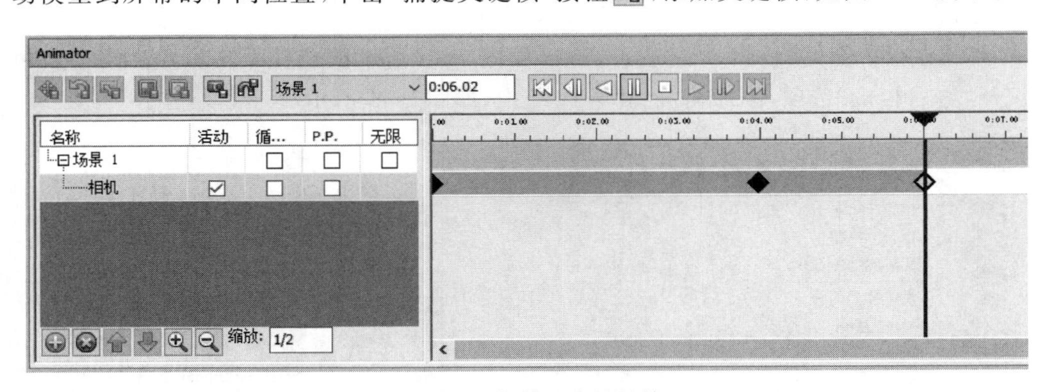

图 7-43　添加第三个关键帧 2

（7）将时间线拖动到 8 秒处，单击“视点”选项卡“导航”面板中的“缩放”按钮，放大模型，单击“捕捉关键帧”按钮，添加关键帧，如图 7-44 所示。

（8）将时间线拖动到 0 秒处，单击“播放”按钮，观察模型的相机动画是否符合要求。

（9）如果不符合要求，根据需要调整剖分位置和关键帧位置。还可以在需要更改的关键帧上右击，打开如图 7-40 所示的快捷菜单，选择“编辑”选项，打开如图 7-45 所示的“编辑关键帧”对话框 3，在该对话框中调整关键帧的视点坐标、观察点位置、垂直视野、水平视野等视点属性，设置完成后，单击“确定”按钮，调整关键帧。

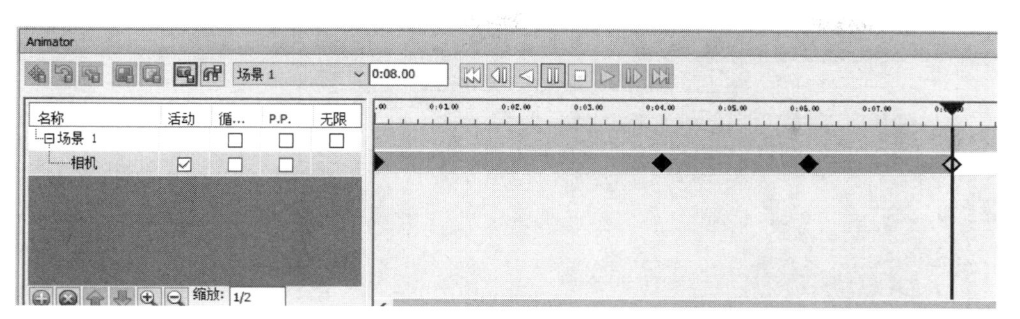

图 7-44 添加第四个关键帧 2

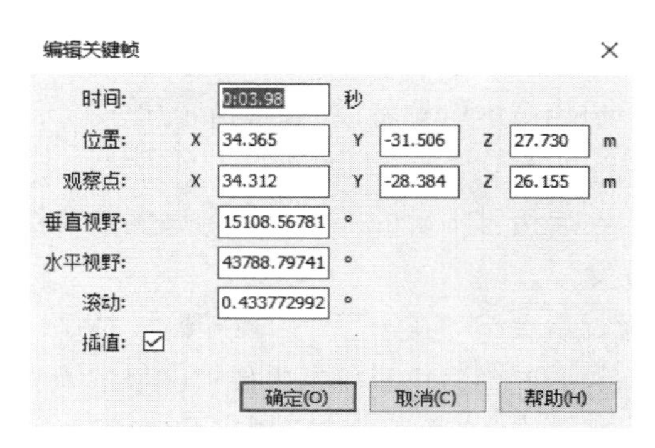

图 7-45 “编辑关键帧”对话框 3

7.4 交互动画

Navisworks 提供了 Scripter 模块，用于在场景中添加脚本。脚本是 Navisworks 中用于控制场景及动画的方法，使用脚本可以使场景展示更加生动。脚本是要在满足特定事件条件时发生的动作的集合。要给模型添加交互性，至少需要创建一个动画脚本。每个脚本可以包含下列组件：一个或多个事件，一个或多个动作。模型可以包含所需数量的脚本，但仅会执行活动脚本。

7.4.1 Scripter 窗口

单击“动画”选项卡“脚本”面板中的 Scripter 按钮，打开如图 7-46 所示的 Scripter 窗口 1，通过该窗口可以向模型中的动画对象添加交互性。

Scripter 窗口中选项说明如下。

➢ 脚本：定义了当前场景中所有可用的脚本名称。

- 添加新脚本：将新脚本添加到树视图中。
- 添加新文件夹：将新文件夹添加到树视图中。
- 删除项目：删除在树视图中当前选定的项目。

➢ 事件：用于定义触发事件的方式。触发事件是执行脚本的前提。脚本可包含多

Note

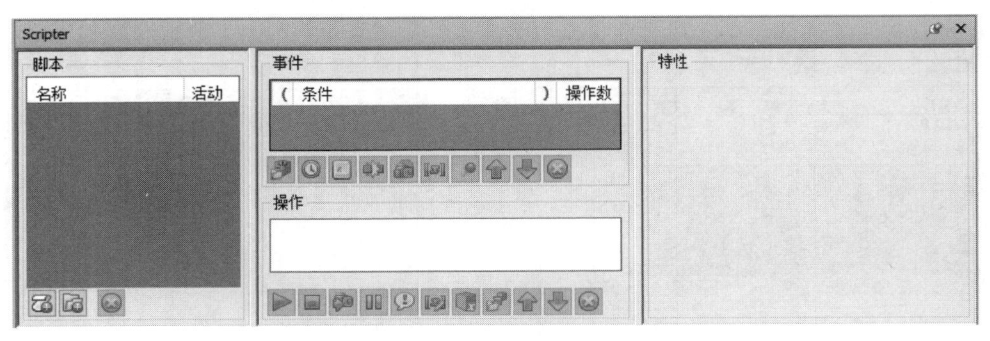

图 7-46　Scripter 窗口 1

个事件。

- 启动时触发：启用脚本时触发该事件，通常用于显示指定视点位置、载入指定模型等显示准备工作。
- 计时器触发：在启用脚本后的指定时间内触发该事件，或在启用脚本后的指定周期内重复触发。
- 按键触发：通过指定按键在按下、按住或释放时触发事件。
- 碰撞触发：在漫游时与指定对象发生碰撞时触发该事件。
- 热点触发：当视点进入、离开或位于固定位置或对象指定半径的球体范围内时，触发该事件。
- 变量触发：当变量值满足指定条件时触发该事件。变量名为用户定义的任意变量名称，并指定变量与数值之间的大于、等于、小于等逻辑关系。
- 动画触发：播放指定动画时触发该事件。
- 上移：在“事件”视图中上移当前选定的事件。
- 下移：在“事件”视图中下移当前选定的事件。
- 删除事件：在“事件”视图中删除当前选定的事件。

➢ 操作：用于控制 Navisworks 中的场景。操作是一个活动（如播放或停止动画，显示视点等），当脚本由一个事件或一组事件触发时会执行它。脚本可包含多个操作。操作逐个执行，因此确保动作顺序正确很重要。

- 播放动画：按从开始到结束或从结束到开始的顺序播放指定的场景动画和动画片段。
- 停止动画：停止播放当前动画，通常用于停止无限循环播放的场景动画。
- 显示视点：显示指定的视点，通常用于场景准备时切换至指定视点位置。
- 暂停：指定当前脚本中执行下一个动作时需要暂停的时间。
- 发送消息：向指定文本文件写入消息。如果在每个脚本中均加入该功能，并指定发送当前脚本名称，可以实时跟踪当前场景的脚本执行情况。
- 设置变量：在执行脚本时，将指定的自定义变量设置为指定值或按指定条件修改变量值。
- 存储特性：在自定义变量中存储指定图元的参数值。

- 载入模型：在当前场景中载入指定的外部模型。
- 上移：在操作视图中上移当前选定的操作。
- 下移：在操作视图中下移当前选定的操作。
- 删除操作：删除当前选定的操作。

➢ 特性：包括"事件特性"和"操作特性"。

- 事件特性：当前在 Navisworks 中存在 7 种事件类型。每种事件对应不同的特性。
- 操作特性：当前在 Navisworks 中存在 8 种操作类型。每种操作对应不同的特性。

Note

7.4.2 启动时触发脚本

7-8

（1）打开前面创建的"建筑车辆"动画。

（2）单击"动画"选项卡"脚本"面板中的 Scripter 按钮，打开 Scripter 窗口，在"脚本"选项组单击"添加新脚本"按钮，新建脚本，输入脚本名称为"启动时触发脚本"，如图 7-47 所示。

提示： 如果在脚本名称中不能输入中文，可以新建一个文本文档，在文档中输入名称，将其复制粘贴到脚本名称中。

（3）在"事件"选项组单击"启动时触发"按钮，添加"启动时触发"事件，如图 7-48 所示。

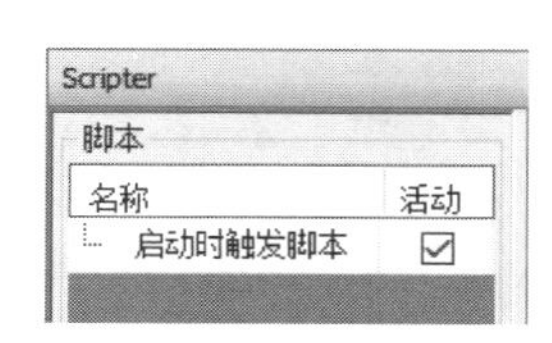

图 7-47 新建脚本

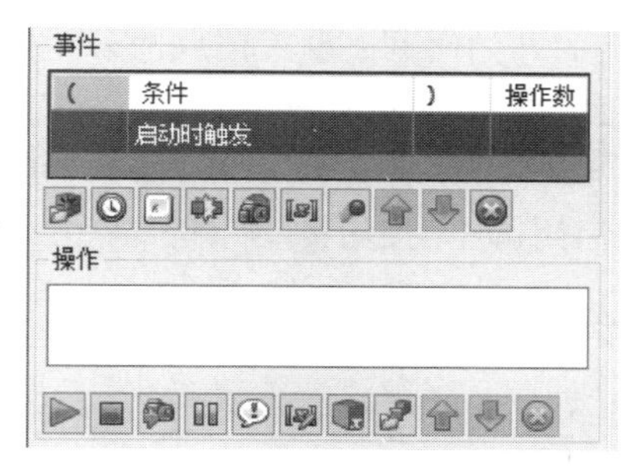

图 7-48 添加"启动时触发"事件

（4）在"操作"选项组中单击"播放动画"按钮，在"特性"选项组的"动画"下拉列表中选择之前制作好的"建筑车辆"动画，勾选"结束时暂停"复选框，开始时间为"开始"，结束时间为"结束"，如图 7-49 所示。

"特性"选项组中的选项说明如下。

➢ 动画：选择要播放的动画。如果 Navisworks 文件中没有任何对象动画，则该特性将不可用。

➢ 结束时暂停：勾选此复选框，动画在结束时停止。如果取消此复选框的勾选，动画将在结束时返回起点。

➢ 开始时间：定义播放动画的开始位置。包括"开始""结束""当前位置"和"指定的时间"。

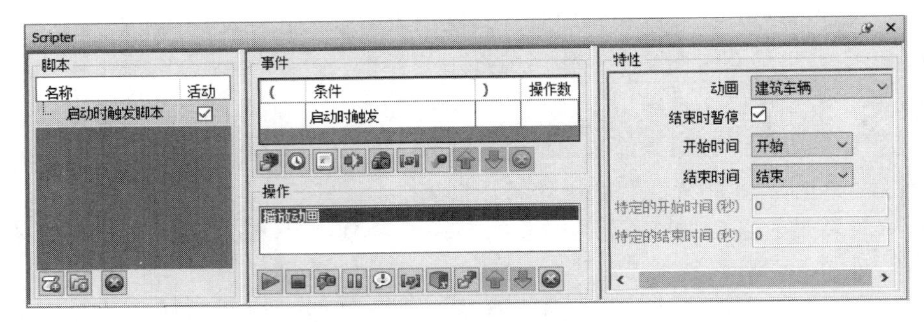

图 7-49 添加“播放动画”操作

- 开始：动画从开头正向播放。
- 结束：动画从结尾反向播放。
- 当前位置：如果播放已经开始，则动画将从其当前位置播放；否则，动画将从开头正向播放。
- 指定的时间：动画从“特定的开始时间(秒)”特性中定义的时间处播放。

➢ 结束时间：定义播放动画的结束位置。包括“开始”“结束”和“指定的时间”。

- 开始：在动画开头结束播放。
- 结束：在动画结尾结束播放。
- 当前位置：如果播放已经开始，则动画将从其当前位置播放；否则，动画将从开头正向播放。
- 指定的时间：动画从“特定的开始时间(秒)”特性中定义的时间处播放。

➢ 特定的开始时间：设置播放的开始位置。

➢ 特定的结束时间：设置播放的结束位置。

(5) 单击“动画”选项卡“脚本”面板中的“启用脚本”按钮，可以看到动画被触发，再次单击“启用脚本”按钮，启用脚本关掉。

7-9

7.4.3 计时器触发脚本

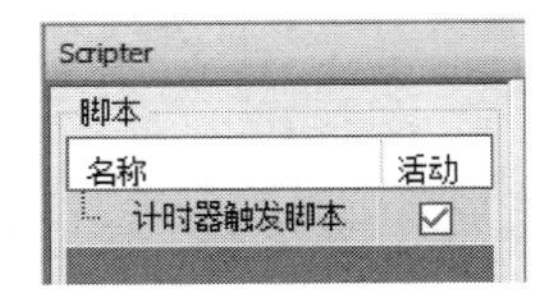

图 7-50 Scripter 窗口 2

(1) 打开前面创建的“建筑车辆”动画。单击“动画”选项卡“脚本”面板中的 Scripter 按钮，打开如图 7-50 所示的 Scripter 窗口 2。

(2) 在“脚本”选项组单击“添加新脚本”按钮，新建脚本，输入脚本名称为“计时器触发脚本”，如图 7-50 所示。

(3) 在“事件”选项组单击“计时器触发”按钮，添加“计时器触发”事件，在“特性”选项组中设置间隔时间为 3 秒，规则性为“以下时间后一次”，如图 7-51 所示，即在启动脚本 3 秒后只触发一次。

“特性”选项组中的选项说明如下。

➢ 间隔时间(秒)：定义计时器触发之间的时间长度(以秒为单位)。

➢ 规则性：指定事件频率。包括“以下时间后一次”和“连续”两个选项。

- 以下时间后一次：可创建一个在特定时间长度之后开始的事件。事件仅发生一次。

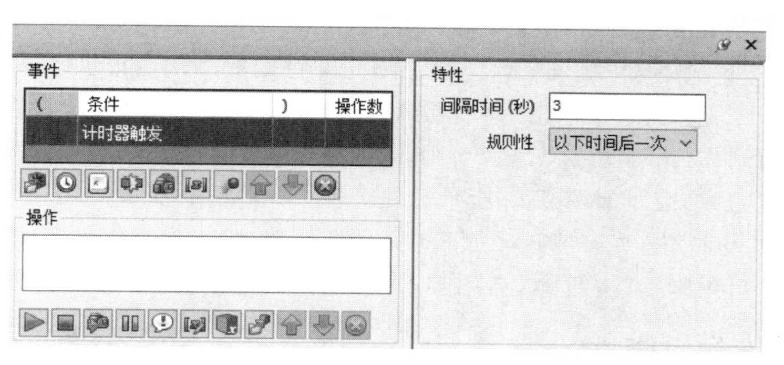

图 7-51 添加“计时器触发”事件

- 连续：以指定的时间间隔连续重复事件。

(4) 在“操作”选项组中单击“播放动画”按钮▶，在“特性”选项组的“动画”下拉列表中选择之前制作好的“建筑车辆”动画，勾选“结束时暂停”复选框，开始时间为“开始”，结束时间为“结束”，如图 7-49 所示。

(5) 单击“动画”选项卡“脚本”面板中的“启用脚本”按钮，可以看到启用脚本后需要等待 3 秒，然后动画被触发，再次单击“启用脚本”按钮，启用脚本关掉。

7.4.4 按键触发脚本

7-10

(1) 打开前面创建的“建筑车辆”动画。单击“动画”选项卡“脚本”面板中的 Scripter 按钮，打开如图 7-52 所示的 Scripter 窗口 3。

(2) 在“脚本”选项组单击“添加新脚本”按钮，新建脚本，输入脚本名称为“按键触发脚本”，如图 7-52 所示。

(3) 在“事件”选项组单击“按键触发”按钮，添加“按键触发”事件，在“特性”选项组中设置按键为 Q，触发事件为“按下键”，如图 7-53 所示。

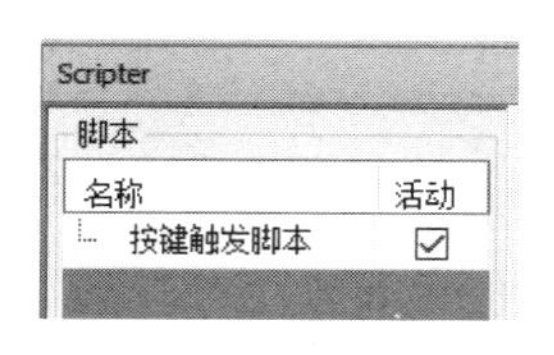

图 7-52 Scripter 窗口 3

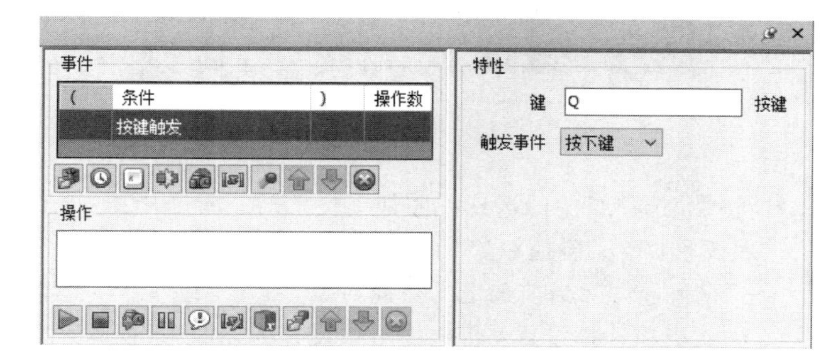

图 7-53 添加“按键触发”事件

“特性”选项组中的选项说明如下。

➢ 键：在此框中单击，然后按键可将其链接到事件。

➢ 触发事件：定义触发事件的方式。包括“释放键”“按下键”和“键已按下”三个选项。

- 释放键：按下按键后释放，会触发事件。

Note

- 按下键：只要按下按键就会触发事件。
- 键已按下：按键时触发事件。该选项允许将按键事件与布尔运算符一起使用。

(4) 在“操作”选项组中单击“播放动画”按钮，在“特性”选项组的“动画”下拉列表中选择之前制作好的“建筑车辆”动画，勾选“结束时暂停”复选框，开始时间为“开始”，结束时间为“结束”，如图 7-49 所示。

(5) 单击“动画”选项卡“脚本”面板中的“启用脚本”按钮，按下 Q 键动画被触发，再次单击“启用脚本”按钮，启用脚本关掉。

7-11

7.4.5 碰撞触发脚本

(1) 打开前面创建的“建筑车辆”动画。单击“动画”选项卡“脚本”面板中的 Scripter 按钮，打开如图 7-54 所示的 Scripter 窗口 4。

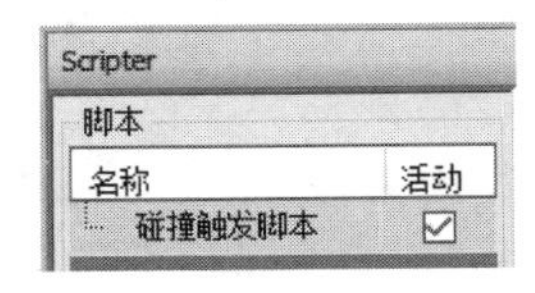

图 7-54 Scripter 窗口 4

(2) 在“脚本”选项组单击“添加新脚本”按钮，新建脚本，输入脚本名称为“碰撞触发脚本”，如图 7-54 所示。

(3) 放大建筑车辆此处的视图，选取建筑车辆，单击“视点”选项卡“保存、载入和回放”面板中的“保存视点”按钮，保存视点。

(4) 在“事件”选项组单击“碰撞触发”按钮，添加“按键触发”事件，在“特性”选项组的“发生冲突的选择”栏中单击“设置”按钮，在弹出的关联菜单中选择“从当前选择设置”选项，即将建筑车辆设置为冲突对象，如图 7-55 所示。

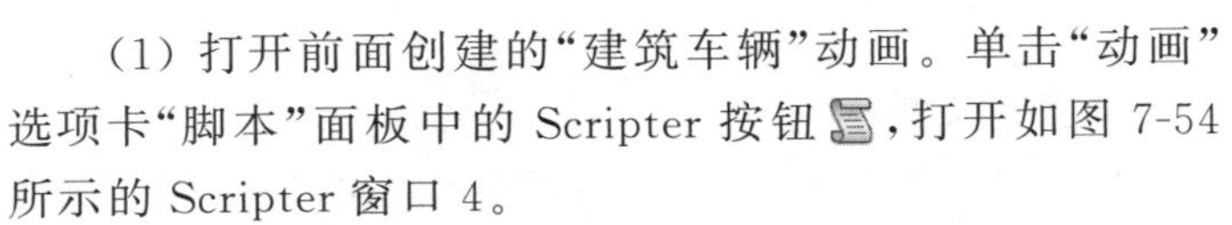

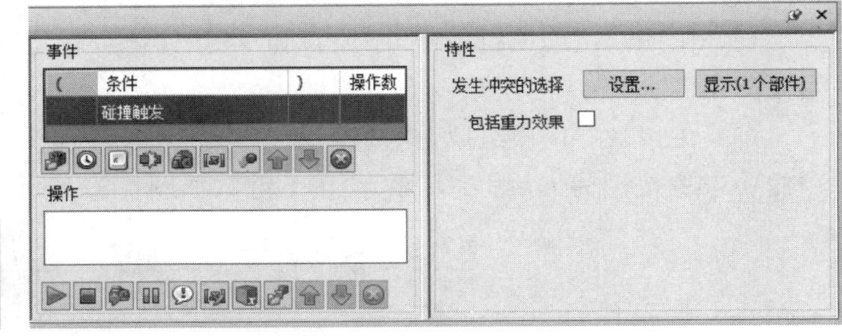

图 7-55 添加“碰撞触发”事件

“特性”选项组中的选项说明如下。

➢ 设置：定义碰撞对象。
- 清除：清除当前选定的碰撞对象。
- 从当前选择设置：将碰撞对象设置为在“场景视图”中当前选择的对象。
- 从当前选择集设置：将碰撞对象设置为当前搜索集或选择集。

➢ 包括重力效果：勾选此复选框，在碰撞中包括重力，如从楼板上走过时点击楼板会触发事件。

(5) 在“操作”选项组中单击“播放动画”按钮，在“特性”选项组的“动画”下拉列表中选择之前制作好的“建筑车辆”动画，勾选“结束时暂停”复选框，开始时间为“开始”，结束时间为“结束”，如图 7-49 所示。

(6) 利用“导航”面板中的“平移”按钮和“环视”按钮，调整建筑车辆和建筑工人的位置，如图7-56所示，单击“视点”选项卡“保存、载入和回放”面板中的“保存视点”按钮，保存视点。

图7-56 调整位置

(7) 单击“动画”选项卡“脚本”面板中的“启用脚本”按钮，启用脚本。

(8) 单击“视点”选项卡“导航”面板中的“漫游”按钮，在“真实效果”下拉列表中勾选“第三人”“碰撞”和“重力”复选框。

(9) 在漫游状态下，向前移动建筑工人，直到建筑工人与建筑车辆发生碰撞，此时启动建筑车辆的运动动画。

7.4.6 热点触发脚本

7-12

(1) 打开前面创建的“建筑车辆”动画。单击“动画”选项卡“脚本”面板中的Scripter按钮，打开Scripter窗口。

(2) 在“脚本”选项组单击“添加新脚本”按钮，新建脚本，输入脚本名称为“热点触发脚本”。

(3) 在“事件”选项组单击“热点触发”按钮，添加“热点触发”事件，在“特性”选项组的“热点”下拉列表中选择“选择的球体”，在“触发事件”下拉列表中选择“进入”，在视图中选取建筑车辆，单击“设置”按钮，在弹出的关联菜单中选择“从当前选择设置”选项，输入半径为2.000m，如图7-57所示。

“特性”选项组中的选项说明如下。

➢ 热点：定义热点类型，包括“球体”和“选择的球体”。

- 球体：基于空间中给定点的简单球体。
- 选择的球体：围绕选择的球体。该热点将随选定对象在模型中的移动而移动。

➢ 触发时间：定义触发事件的方式，包括“进入”“离开”和“范围”三种。

- 进入：进入热点时触发事件。

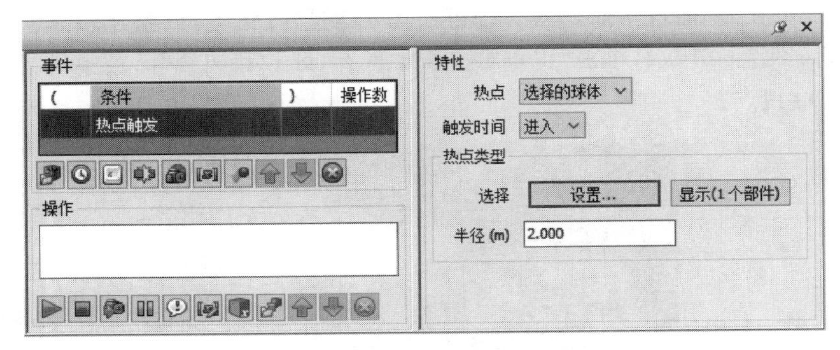

图 7-57　添加"热点触发"事件

- 离开：离开热点时触发事件。
- 范围：位于热点内部时触发事件。

➢ 设置：定义热点对象。

➢ 半径(m)：热点的半径。

(4) 在"操作"选项组中单击"播放动画"按钮，在"特性"选项组的"动画"下拉列表中选择之前制作好的"建筑车辆"动画，勾选"结束时暂停"复选框，开始时间为"开始"，结束时间为"结束"，如图 7-49 所示。

(5) 单击"动画"选项卡"脚本"面板中的"启用脚本"按钮，启用脚本。

(6) 单击"视点"选项卡"导航"面板中的"漫游"按钮，在"真实效果"下拉列表中勾选"第三人""碰撞"和"重力"复选框。

(7) 在漫游状态下，向前移动建筑工人，直到建筑工人走到建筑车辆 2 米范围内，此时启动建筑车辆的运动动画。

7-13

7.4.7　变量触发脚本

(1) 打开前面创建的"建筑车辆"动画。单击"动画"选项卡"脚本"面板中的 Scripter 按钮，打开 Scripter 窗口。

(2) 在"脚本"选项组单击"添加新脚本"按钮，新建脚本，输入脚本名称为"启动时触发脚本"。

(3) 在"事件"选项组单击"启动时触发"按钮，添加"启动时触发"事件。

(4) 在"操作"选项组中单击"存储特性"按钮，在视图中选取建筑车辆，在"特性"选项组中单击"设置"按钮，在弹出的关联菜单中选择"从当前选择设置"选项，设置类别为"变换"，特性为"Y 平移"，如图 7-58 所示。

"特性"选项组中的选项说明如下。

➢ 要设置的变量：要接收特性的变量的名称。

➢ 类别：从下拉列表中选择特性类别。

➢ 特性：根据选择的类别，从下拉列表中选择特性类型。

(5) 在"脚本"选项组单击"添加新脚本"按钮，新建脚本，输入脚本名称为"计时器触发脚本"。

Note

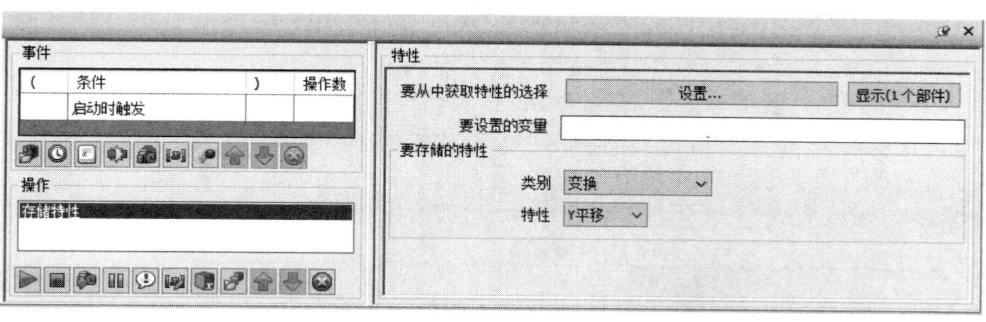

图 7-58　添加“存储特性”操作

（6）在“事件”选项组单击“计时器触发”按钮 ，添加“计时器触发”事件，在“特性”选项组中设置间隔时间为 2 秒，规则性为“连续”，如图 7-59 所示。

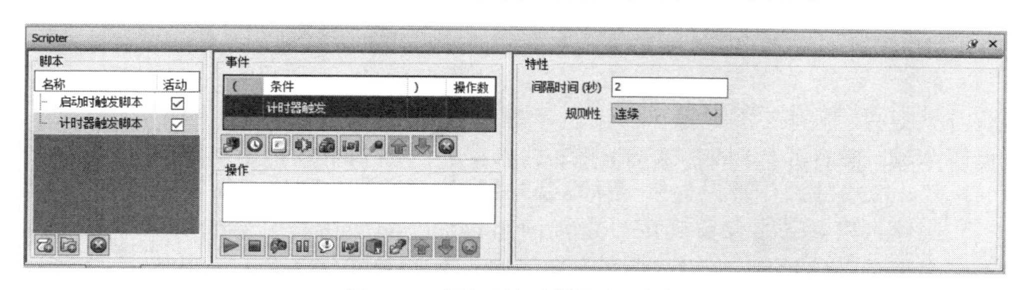

图 7-59　添加“计时器触发”事件

（7）在“操作”选项组中单击“设置变量”按钮 ，在“特性”选项组中输入变量名称为“变换”，设置值为 2，修饰符为“增量”，如图 7-60 所示。

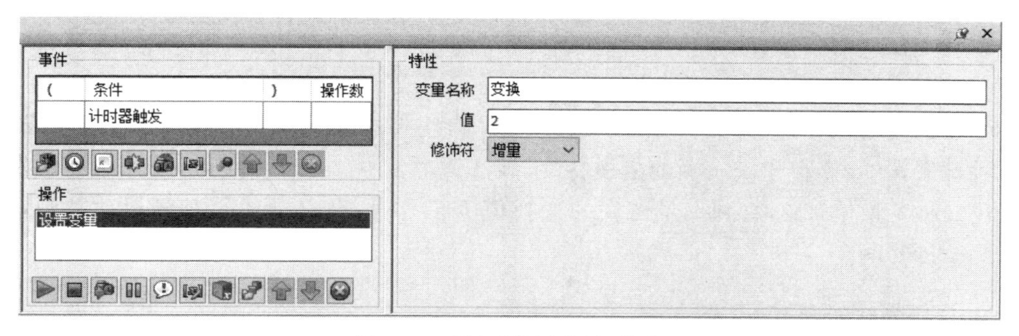

图 7-60　添加“设置变量”操作

“特性”选项组中的选项说明如下。

- 变量名称：输入变量的字母数字名称。
- 值：指定的操作数。如果输入数字，则将该值视为数字值。如果该值有小数位，则浮点格式最多保留到用户定义的小数位。如果在单引号或双引号之间输入字母数字字符串，则将该值视为字符串。如果输入了不带任何引号的单词 true 或 false，则将该值视为布尔值（true＝1，false＝0）。
- 修饰符：变量的赋值运算符，包括设置“等于”“增量”和“减量”三种。

Note

(8) 在“脚本”选项组单击“添加新脚本”按钮，新建脚本，输入脚本名称为“变量触发脚本”。

(9) 在“事件”选项组单击“变量触发”按钮，添加“变量触发”事件，在“特性”选项组设置变量为“变换”，值为 6，计算为“等于”，如图 7-61 所示。

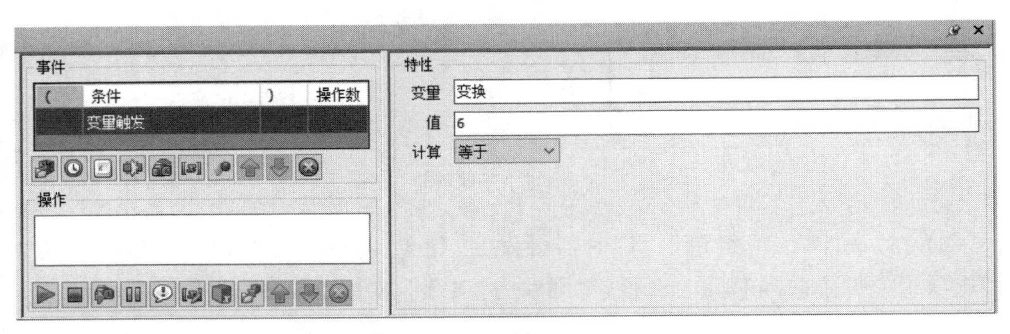

图 7-61 添加“变量触发”事件

“特性”选项组中的选项说明如下。

- 变量：输入变量的字母数字名称。
- 值：使用的操作数。如果输入数字，则将该值视为数字值。如果该值有小数位，则浮点格式最多保留到用户定义的小数位。如果在单引号或双引号之间输入字母数字字符串，则将该值视为字符串。如果输入了不带任何引号的单词 true 或 false，则将该值视为布尔值(true=1，false=0)。
- 计算：用于变量比较的运算符，包括“等于”“不等于”“大于”“小于”“大于或等于”和“小于或等于”。但比较字符串只限于“等于”和“不等于”运算符。

(10) 在“操作”选项组中单击“播放动画”按钮，在“特性”选项组的“动画”下拉列表中选择之前制作好的“建筑车辆”动画，勾选“结束时暂停”复选框，开始时间为“开始”，结束时间为“结束”，如图 7-49 所示。

(11) 单击“动画”选项卡“脚本”面板中的“启用脚本”按钮，启用脚本。当触发启动时触发，开始储存建筑车辆的变换特性，默认该值为 0，与此同时会启动计时器触发，每过 2 秒变换增加 2，直到变量触发的变换值等于 6 时，会启动建筑车辆运动动画，即需要 6 秒时间。

7-14

7.4.8 动画触发脚本

(1) 打开前面创建的“建筑车辆”动画。在 Animator 窗口的场景 1 中添加相机动画，分别在 0 秒处添加放大车辆视图的关键帧，在 3 秒处添加缩小视图的关键帧。

(2) 单击“动画”选项卡“脚本”面板中的 Scripter 按钮，打开 Scripter 窗口。在“脚本”选项组单击“添加新脚本”按钮，新建脚本，输入脚本名称为“启动触发脚本”。

(3) 在“事件”选项组单击“启动时触发”按钮，添加“启动时触发”事件。

(4) 在“操作”选项组中单击“播放动画”按钮，在“特性”选项组的“动画”下拉列表中选择之前制作好的“相机”动画，勾选“结束时暂停”复选框，开始时间为“开始”，结束时间为“结束”，如图 7-62 所示。

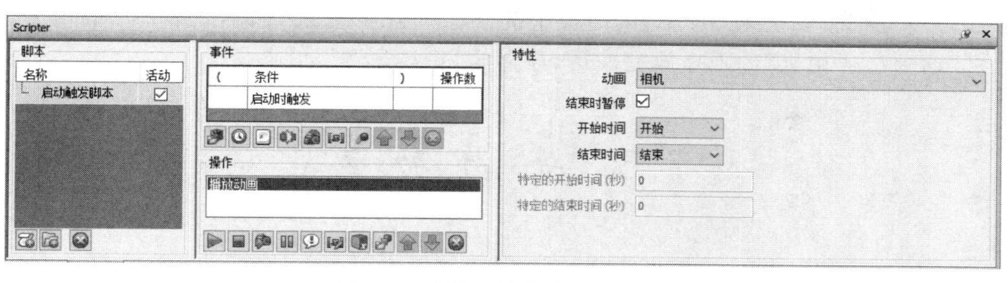

图 7-62　添加"播放动画"操作 1

(5) 在"脚本"选项组单击"添加新脚本"按钮，新建脚本，输入脚本名称为"动画触发脚本"。

(6) 在"脚本"选项组单击"动画触发"按钮，添加"动画触发"事件，在"特性"选项组的"动画"下拉列表中选择"相机"，在"触发事件"下拉列表中选择"结束"，如图 7-63 所示。即当"相机"动画结束之后启动下一个操作。

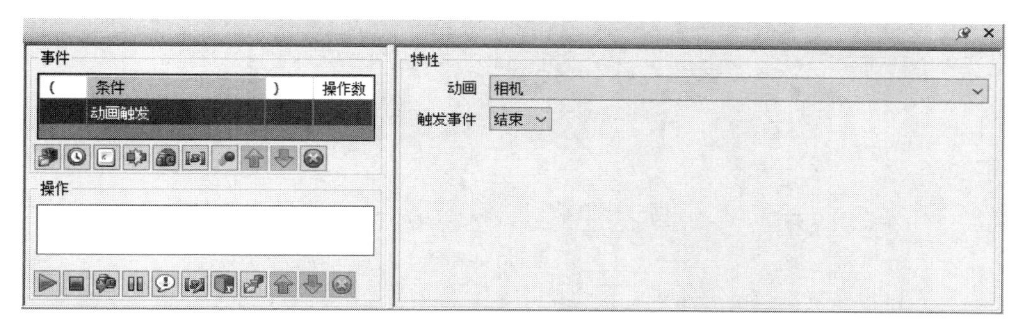

图 7-63　添加"动画触发"事件

"特性"选项组中的选项说明如下。

➢ 动画：选择触发事件的动画。

➢ 触发事件：定义触发事件的方式，包括"开始"和"结束"两种方式。

- 开始：当动画开始时触发事件。
- 结束：当动画结束时触发事件。

(7) 在"操作"选项组中单击"播放动画"按钮，在"特性"选项组的"动画"下拉列表中选择之前制作好的"建筑车辆"动画，勾选"结束时暂停"复选框，开始时间为"开始"，结束时间为"结束"，如图 7-64 所示。

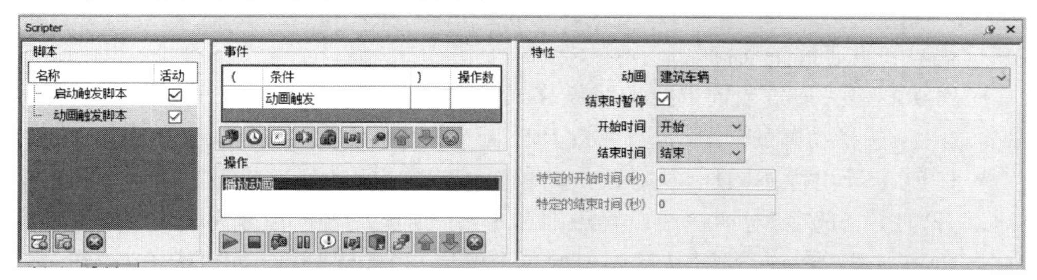

图 7-64　添加"播放动画"操作 2

(8) 单击“动画”选项卡“脚本”面板中的“启用脚本”按钮，启用脚本。显示播放“相机”动画，当“相机”动画播放完成后，再播放“建筑车辆”动画。

Note

7.5 导出动画

7-15

在 Navisworks 中可以将动画导出为 AVI 文件或图像文件序列。

(1) 单击“动画”选项卡“导出”面板中的“导出动画”按钮，打开如图 7-65 所示的“导出动画”对话框。

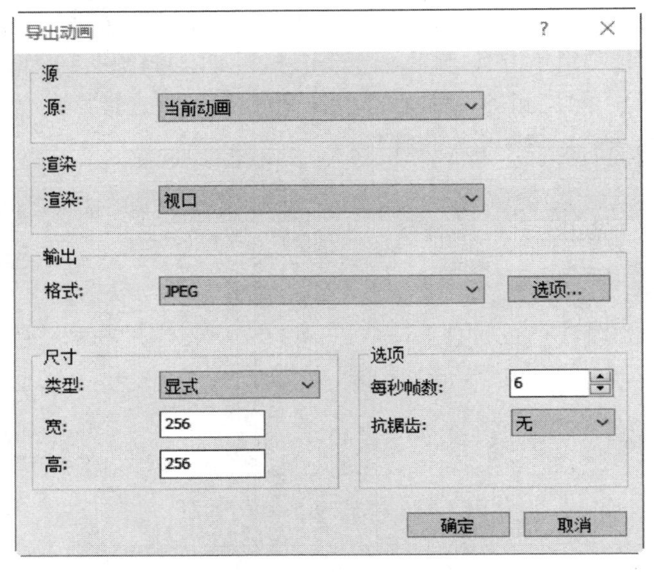

图 7-65 “导出动画”对话框

“导出动画”对话框中的选项说明如下。

- 源：选择从中导出动画的源。包括“当前 Animator 场景”“TimeLiner 模拟”和“当前动画”。
  - 当前 Animator 场景：指当前选定的对象动画。
  - TimeLiner 模拟：指当前选定的 TimeLiner 序列。
  - 当前动画：指当前选定的视点动画。
- 渲染：选择动画渲染器，包括“视口”和 Autodesk。
  - 视口：快速渲染动画。
  - Autodesk：通过当前选定的渲染样式导出动画。
- 输出：选择动画的输出格式，包括 JPEG、PNG、Windows AVI 和 Windows 位图。
  - JPEG：导出静态图像(从动画中的单个帧提取)的序列。单击“选项”按钮，在打开“JPEG 选项”对话框中设置压缩和平滑级别，如图 7-66 所示。
  - PNG：导出静态图像(从动画中的单个帧提取)的序列。单击“选项”按钮，在打开“PNG 选项”对话框中设置压缩和平滑级别，如图 7-67 所示。

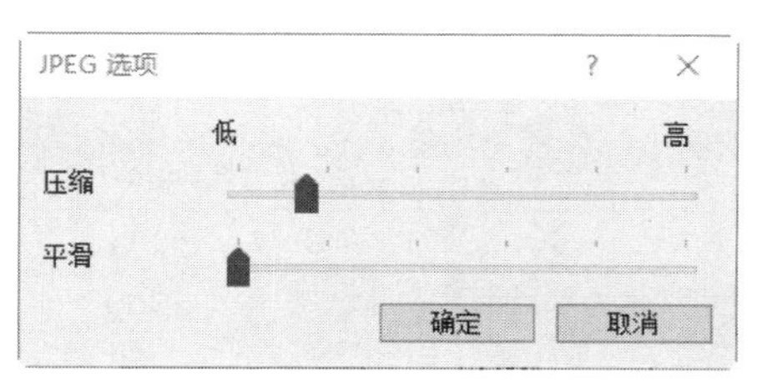

图 7-66　“JPEG 选项”对话框

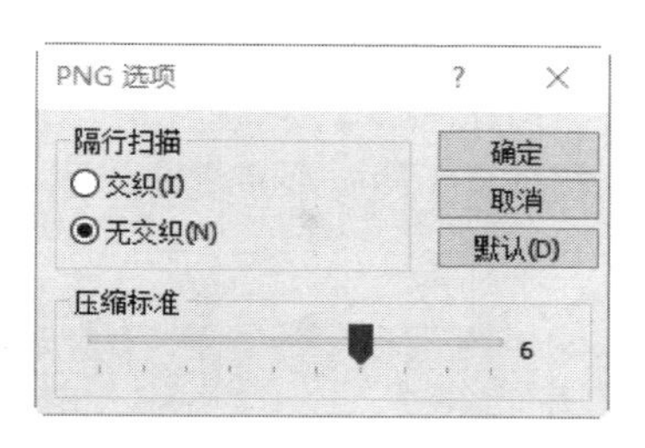

图 7-67　“PNG 选项”对话框

- Windows AVI：将动画导出为通常可读的 AVI 文件，在打开“AVI 选项”对话框中选择视频压缩程序和输出设置。
- Windows 位图：导出静态图像（从动画中的单个帧提取）的序列。此格式没有对应的“选项”按钮。

➢ 类型：指定如何设置已导出动画的尺寸，包括“显式”“使用纵横比”和“使用视图”。
- 显式：用于完全控制宽度和高度（尺寸以像素为单位）。
- 使用纵横比：用于指定高度。宽度是根据当前视图的纵横比自动计算的。
- 使用视图：使用当前视图的宽度和高度。

➢ 每秒帧数：指定每秒的帧数。数值越大，动画越平滑，但是增加渲染时间。

➢ 抗锯齿：仅适用于视口渲染器。抗锯齿用于使导出图像的边缘变平滑。数值越大，图像越平滑，但是导出所用的时间也越长。

（2）在对话框中设置动画导出的参数，单击“确定”按钮，打开如图 7-68 所示的“另存为”对话框，设置保存路径和文件名称，单击“保存”按钮，导出动画。

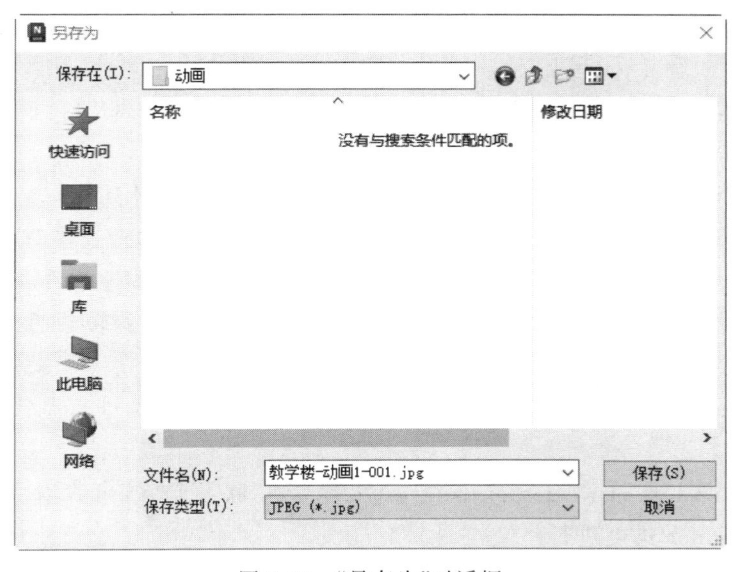

图 7-68　“另存为”对话框

碰撞检测

在 Navisworks 中，可以通过碰撞检测来快速审阅和反复检查由多种三维设计软件创建的几何图元，检查时间与空间是否协调，在规划阶段消除工作流程中的问题。

8.1 Clash Detective 工具概述

使用 Clash Detective 工具可以有效地识别、检验和报告三维项目模型中的碰撞。使用该工具有助于降低模型检验过程中出现人为错误的风险。

可以将 Clash Detective 功能与其他 Navisworks 工具结合使用：

- 通过将 Clash Detective 与对象动画联系起来，能够自动检查移动对象之间的碰撞。例如，将 Clash Detective 测试与现有动画场景联系起来，可以在动画过程中自动高亮显示静态对象与移动对象的碰撞，如起重机旋转着通过建筑物的顶部、运货汽车与工作组碰撞等。
- 将 Clash Detective 与 TimeLiner 联系起来，可以对项目进行基于时间的碰撞检查。
- 将 Clash Detective、TimeLiner 与“对象动画”联系起来，可以对完全动画化的 TimeLiner 进度进行碰撞检测。

单击“常用”选项卡“工具”面板中的 Clash Detective 按钮，打开如图 8-1 所示的 Clash Detective 窗口，可以设置碰撞检测的规则和选项、查看结果、对结果进行排序以及生成碰撞报告。

图 8-1　Clash Detective 窗口

8.1.1　“测试”面板

“测试”面板用于管理碰撞检测和结果。

在 Clash Detective 窗口中单击“展开”按钮 ，显示如图 8-2 所示的“测试”面板，以表格格式列出所有碰撞检测以及有关碰撞检测状态的摘要。

图 8-2　“测试”面板

Note

➢ 添加检测：添加新碰撞检测。
➢ 全部重置：将所有测试的状态重置为“新”。
➢ 全部精简：删除所有测试中所有已解决的碰撞。
➢ 全部删除：删除所有碰撞检测。
➢ 全部更新：更新所有碰撞检测。
➢ 导入碰撞检测/导出碰撞检测：导入或导出碰撞检测。

- 导入碰撞检测：单击按钮，在下拉菜单中选择“导入碰撞检测”选项，打开“导入”对话框，选取文件，单击“打开”按钮，导入碰撞检测文件。
- 导出碰撞检测：单击按钮，在下拉菜单中选择“导出碰撞检测”选项，打开“导出”对话框，设置保存路径，输入文件名，单击“保存”按钮，导出碰撞检测文件。

8.1.2 “规则”选项卡

“规则”选项卡用于定义和自定义要应用于碰撞检测的忽略规则，如图 8-3 所示。该选项卡列出了当前可用的所有规则。这些规则可用于使 Clash Detective 在碰撞检测期间忽略某个模型几何图形。可以编辑每个默认规则，并可以根据需要添加新规则。

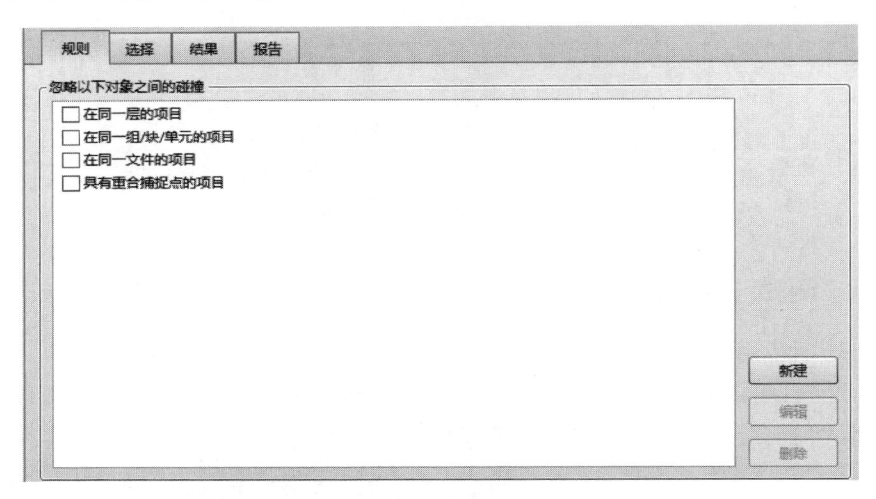

图 8-3 “规则”选项卡

➢ 新建：单击此按钮，打开如图 8-4 所示的“规则编辑器”对话框，在“规则模板”中选择规则，例如，选择“与选择集相同”规则，则会在“规则描述”中显示所选规则的描述，如图 8-5 所示。单击规则描述中带下划线的“设置”文字，打开“规则编辑器”对话框，输入值，如图 8-6 所示，单击“确定”按钮，在“规则”面板中添加新的规则，如图 8-7 所示。

在“规则描述”框中，单击每个带下划线的值以定义自定义规则。可用于内置模板的可自定义值如下所示。

- 名称：使用界面中显示的类别或特性名称（推荐做法）。还可以选择通过 API 访问的“内部名称”（仅适用于高级使用场合）。

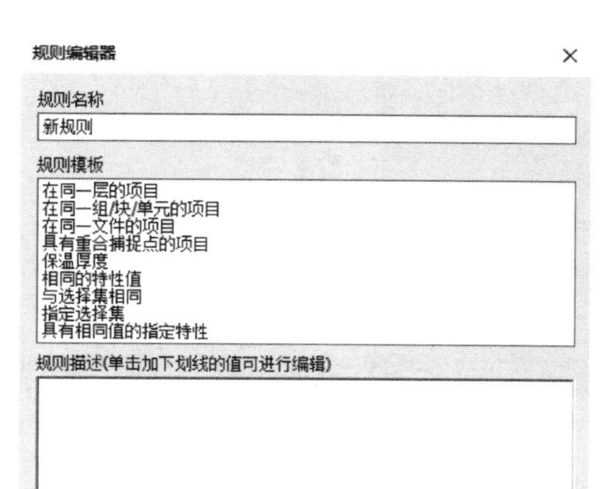

图 8-4　“规则编辑器”对话框

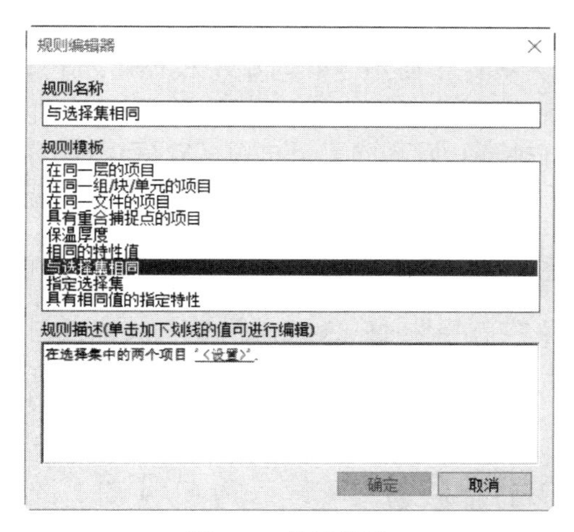

图 8-5　规则描述

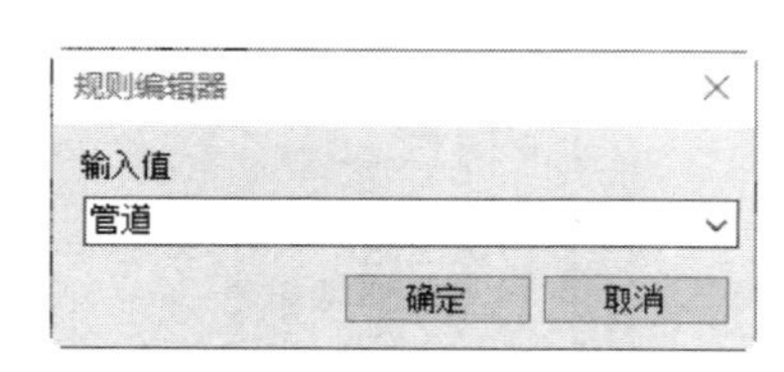

图 8-6　“规则编辑器”对话框

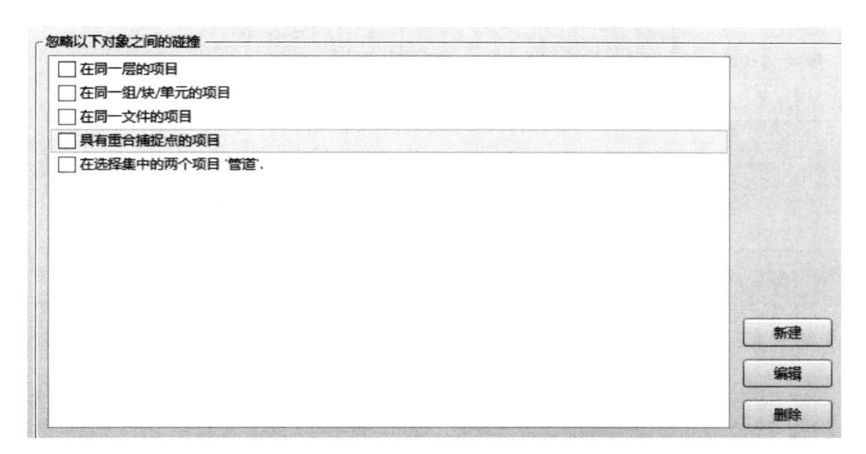

图 8-7　添加新规则

Note

- 类别：从要定义的类别或特性所在的可用列表中进行选择。下拉列表中只显示场景中包含的类别。
- 特性：从可用列表中选择要定义的特性。同样，只有所选类别中的场景中的特性可用。
- 所有根源：在指定的选择上搜索已定义的特性。“所有根源”是默认选项，尽管也可以选择“模型”“层”“最低层级的对象”或“几何图形”。
- 最低层级的对象：在指定的选择上搜索已定义的特性。“最低层级的对象”是默认选项，尽管也可以选择“所有根源”“模型”“层”或“几何图形”。
- 集：从可用列表中选择用户需要定义该规则的那个集合。下拉列表中只显示预定义的选择集和搜索集。

➢ 编辑：选取规则，单击此按钮，打开“规则编辑器”对话框，对规则进行编辑。

➢ 删除：选取规则，单击此按钮，将其删除。

8.1.3 “选择”选项卡

通过“选择”选项卡，可以通过一次仅检测项目集而不是针对整个模型本身进行检测来定义碰撞检测，如图 8-8 所示。左窗格和右窗格这两个窗格包含将在碰撞检测过程中以相互参照的方式进行测试的两个项目集的树视图，用户需要在每个窗格中选择项目。

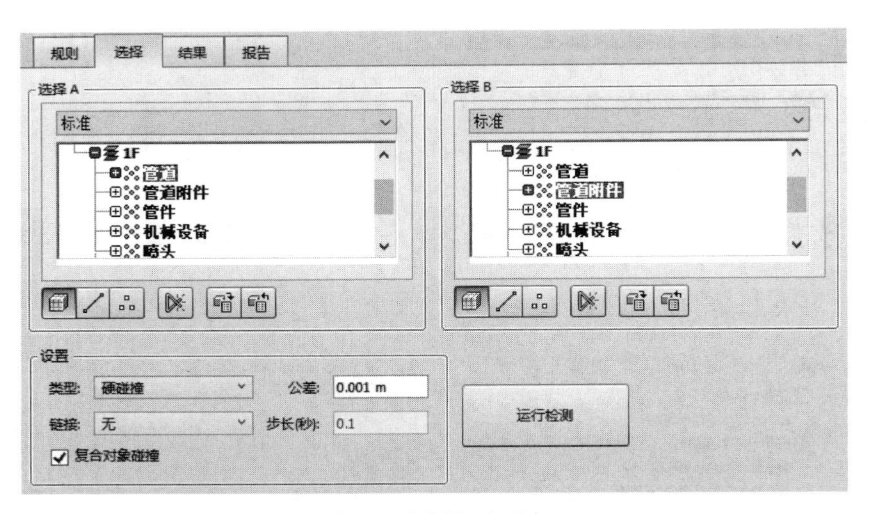

图 8-8 “选择”选项卡

> **提示**：碰撞检测中不包含隐藏项目。

1. “选择 A”和“选择 B”窗格

这两个窗格包含将在碰撞检测中以相互参照的方式进行测试的两个项目集的树视图。需要在每个窗格中选择项目。

每个窗格的顶部都有一个下拉列表，该列表复制了“选择树”窗口的当前状态。

➢ 标准：显示默认的树层次结构(包含所有实例)。

➢ 紧凑：树层次结构的简化版本，如图 8-9 所示。

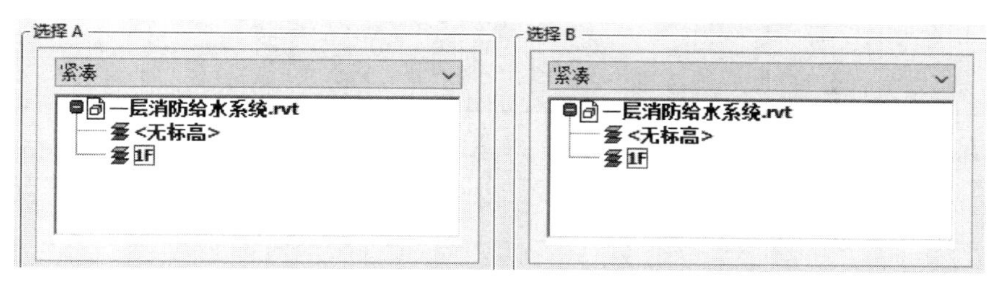

图 8-9　紧凑型树层次

➢ 特性：基于项目特性的层次结构，如图 8-10 所示。

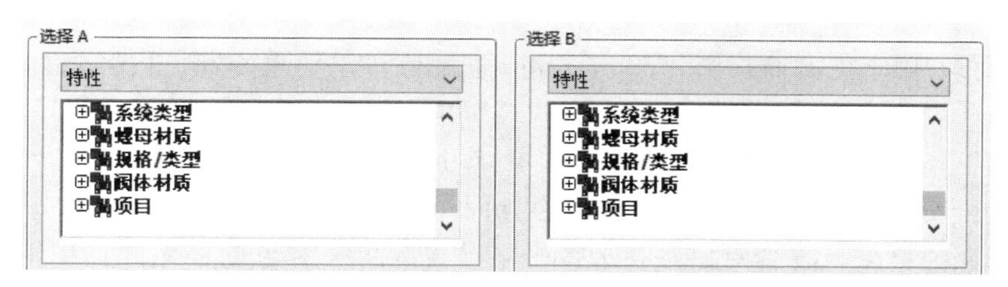

图 8-10　特性型树层次

➢ 集合：显示与“集合”窗口上相同的项目。

➢ 曲面：选择文件中仅曲面（实体）类图元参与冲突检测，这是默认选项。

➢ 线：选择文件中包含中心线的项目（如管道）参与冲突检测。

➢ 点：选择文件中包含点的几何图形参与冲突检测。

➢ 自相交：单击此按钮，除了针对另一个窗格中的几何图形选择测试该窗格中的几何图形选择，还可以针对该窗格中的几何图形选择自身来进行测试。

➢ 使用当前选择：可以直接在“场景视图”和“选择树”固定窗口中为碰撞检测选择几何图形。选择所需项目后，单击所需窗格下的“使用当前选择”按钮创建相应的碰撞集。

➢ 在场景中选择：单击此按钮，可将“场景视图”和“选择树”可固定窗口中的焦点设置为与“选择”选项卡上“选择”窗格中的当前选择相同。

2. 设置

➢ 类型：选择碰撞类型，包括“硬碰撞”“硬碰撞（保守）”“间隙碰撞”和“副本碰撞”。

- 硬碰撞：两个对象实际相交。
- 硬碰撞（保守）：即使几何图形的三角形并未相交，仍将两个对象视为相交。例如，两个完全平行且在末端彼此轻微重叠的，视为管道相交，而定义其几何图形的三角形都不相交。
- 间隙碰撞：当两个对象相互间的距离不超过指定距离时，将它们视为相交。例如，当管道周围需要有隔热层空间时，可以使用此类碰撞。

Note

注意：间隙碰撞与“软”碰撞并不相同。间隙碰撞检测位于其他几何图形距离内的静态几何图形，而“软”碰撞检测移动组件之间的潜在碰撞。Clash Detective 在链接到对象动画时支持软碰撞检查。

- 副本碰撞：如果希望碰撞检测检测重复的几何图形，需选择该选项。例如，可以使用该类型的碰撞检测针对模型自身对其进行检查，以确保同一部分未绘制或参考两次。

➢ 公差：控制所报告碰撞的严重性以及过滤掉可忽略碰撞的能力。输入的公差大小会自动转换为“显示单位”，例如，如果显示单位为米，而键入 6 英寸，则会自动将其转换为 0.15 米。（注意：此处单位显示与“选项”中设置的显示单位有关）

➢ 链接：用于将碰撞检测与 TimeLiner 进度或对象动画场景联系起来。

➢ 步长：用于控制在模拟序列中查找碰撞时使用的“时间间隔大小”。只有在“链接”下拉列表中选择 TimeLiner 选项，该选项才可用。

➢ 复合对象碰撞：选中该复选框可包含同一复合对象或一对复合对象中可以找到的碰撞结果。复合对象是在选择树中被视为单一对象的一组几何图形。例如，一个窗口对象可以由一个框架和一个窗格组成，一个空心墙对象可以由多个图层组成。

3. 运行检测

单击此按钮，运行选定的碰撞检测。

8.1.4 “结果”选项卡

通过“结果”选项卡，以交互方式查看找到的碰撞，如图 8-11 所示。它包含碰撞列表和一些用于管理碰撞的控件。可以将碰撞组合到文件夹和子文件夹中，从而简化管理大量碰撞或相关碰撞的工作。

图 8-11 “结果”选项卡

1. “结果”区域按钮

➢ 新建组：创建一个新的空碰撞组。在默认情况下，它名为“新碰撞组(X)”，其

Note

中 X 是最新的可用编号。

➢ 组：将所有选定碰撞组合在一起。

➢ 从组中删除：从碰撞组中删除选定碰撞。

➢ 分解组：对选定的碰撞结果组进行解组。

➢ 分配：单击此按钮，打开如图 8-12 所示的“分配碰撞”对话框。

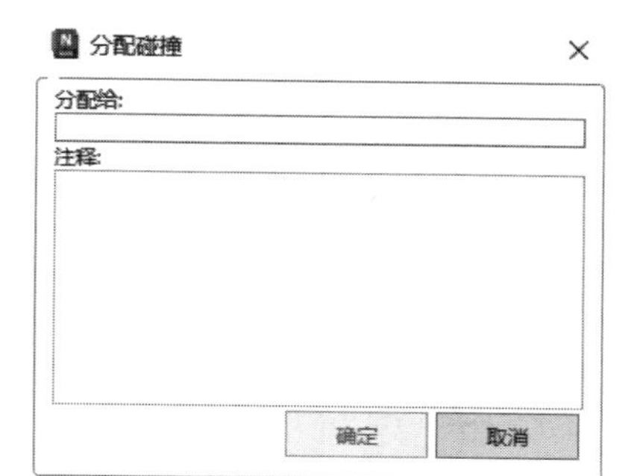

图 8-12　“分配碰撞”对话框

➢ 取消分配：取消分配选定的碰撞组。

➢ 添加注释：向选定组添加注释。

➢ 按选择过滤：仅涉及“场景视图”或“选择树”中当前选定项目的碰撞显示在“结果”选项卡中。

- 无：禁用“按选择过滤”。
- 排除：仅涉及所有当前选定项目的碰撞会显示在“结果”选项卡中。
- 包含：至少涉及当前选定项目之一的碰撞会显示在“结果”选项卡中。

➢ 重置：清除测试结果，而保持所有其他设置不变。

➢ 精简：从当前测试中删除所有已解决的碰撞。组中已解决的碰撞将被删除，但只有组中包含的所有碰撞都已解决时才会删除组本身。

➢ 重新运行检测：重新运行测试并更新结果。

2. 碰撞状态

每个碰撞都有一个关联的状态。每次运行同一个测试时，Clash Detective 都会自动更新此状态，也可以手动更改状态。

➢ 新建：当前运行的测试中首次找到的碰撞。

➢ 活动：以前运行的测试中找到但尚未解决的碰撞。

➢ 已审阅：以前找到且已由某人标记为已审阅的碰撞。

➢ 已核准：以前找到且已由某人核准的碰撞。如果状态手动更改为“已核准”，则将当前登录的用户记录为核准者，并将当前系统时间用作批准时间。如果再次运行测试并找到相同碰撞，其状态将保留为“已核准”。

➢ 已解决：以前运行的测试而非当前运行的测试中找到的碰撞。因此，问题被认为已通过对设计文件进行更改而得到解决，并自动更新为此状态。如果将状态手动更改为“已解决”，并且新测试发现相同的碰撞，则它的状态将恢复为“新”。

3. “显示设置”面板

单击“显示设置”按钮，展开“显示设置”面板，如图 8-13 所示。

➢ 项目 1/项目 2：单击“项目 1”和(或)“项目 2”按钮，可以替代“场景视图”中项目的颜色。可以选择使用选定碰撞的状态颜色，如图 8-14 所示，也可以选择使用“选项编辑器”中设置的项目颜色，如图 8-15 所示。

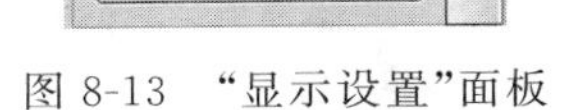

图 8-13 “显示设置”面板

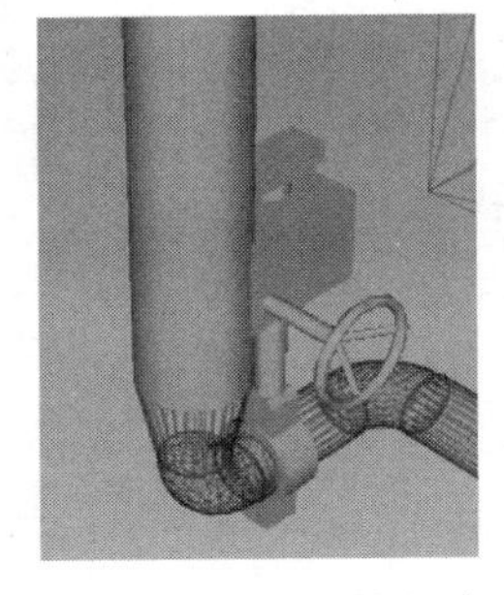

图 8-14 使用状态颜色

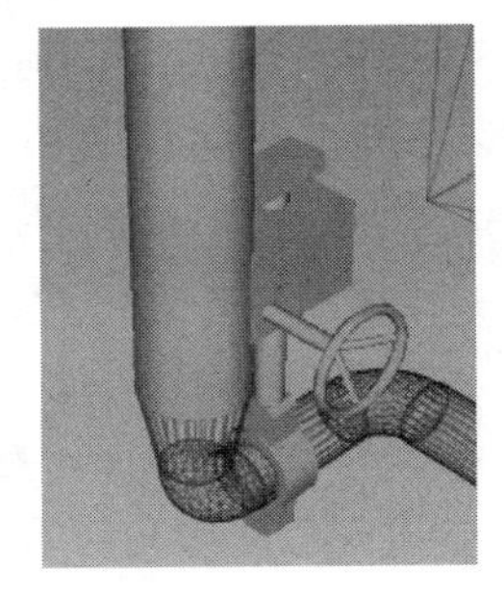

图 8-15 使用项目颜色

➢ 使用项目颜色/使用状态颜色：使用特定的项目颜色或选定碰撞的状态颜色高亮显示碰撞。

➢ 高亮显示所有碰撞：如果选中此复选框，则会在“场景视图”中高亮显示找到的所有碰撞。注意，显示的碰撞取决于选择的是“项目 1”还是“项目 2”按钮；如果仅选择了“项目 1”按钮，则将仅显示涉及“项目 1”的碰撞，如果同时选择了这两个按钮，则将显示所有碰撞。

➢ 暗显其他：单击此按钮，可使选定碰撞或选定碰撞组中未涉及的所有项目变灰。这样就可以更轻松地查看碰撞项目。

➢ 隐藏其他：单击此按钮，可隐藏除选定碰撞或选定碰撞组中涉及的所有项目之外的所有其他项目，如图 8-16 所示。这样就可以更好地关注碰撞项目。

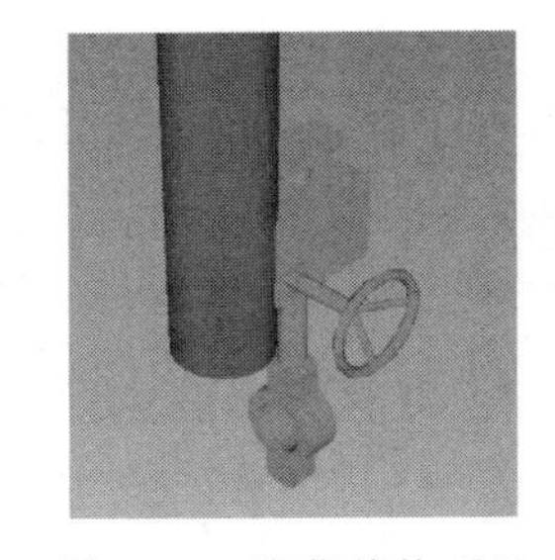

图 8-16 隐藏其他项目

➢ 降低透明度：只有选择“暗显其他”时，该复选框才可用。选中此复选框，则将碰撞中未涉及的所有项目渲染为透明以及灰色。

➢ 自动显示：对于单个碰撞，如果选中此复选框，则会暂时隐藏遮挡碰撞项目的任何内容，以便在放大选定碰撞时不必移动位置即可看到它。对于碰撞组，如果选中此复选框，则将在“场景视图”中自动显示该组中最严重的碰撞点。

➢ “视点”下拉列表：包括“自动更新”“自动加载”和“手动”三种。

- 自动更新：在“场景视图”中从碰撞的默认视点导航至其他位置，会将该碰撞的视点更新为新的位置，且会在“结果”轴网中创建新的视点缩略图。
- 自动加载：自动缩放相机，以显示选定碰撞或选定碰撞组中涉及的所有项目。
- 手动：在“结果”轴网中选择碰撞后，模型视图不会移动到碰撞视点。如果使用此选项，则在逐个浏览碰撞时，主视点将保持不变。

➢ 动画转场：如果选择此复选框，当在“结果”轴网中选择碰撞后，可以通过动画方式在“场景视图”中显示碰撞点之间的转场。如果不选择此复选框，则在逐个浏览碰撞时，主视点将保持不变。

➢ 关注碰撞：重置碰撞视点，使其关注原始碰撞点。

Note

➢ 显示模拟：如果选中此复选框，则可使用基于时间的软（动画）碰撞。它将TimeLiner序列或动画场景中的回放滑块移动到发生碰撞的确切时间点，以便用户能够调查在碰撞之前和之后发生的事件。对于碰撞组，回放滑块将移动到组中“最坏”碰撞的时间点。

➢ “在环境中查看”列表：通过此列表中的选项，可以暂时缩小到模型中的参考点，从而为碰撞位置提供环境。

- 全部：视图缩小以使整个场景在“场景视图”中可见。
- 文件：视图缩小（使用动画转场），以便包含选定碰撞中所涉及项目的文件范围在“场景视图”中可见。
- 主视图：转至以前定义的主视图。

➢ 视图：按住此按钮在“场景视图”中显示选定的环境视图。注意，只要按住此按钮，视图就会保持缩小状态。如果快速单击（而不是按住）该按钮，则视图将缩小，保持片刻，然后立即再缩放回原来的大小。

4. “项目”面板

单击按钮，展开“项目”面板，如图8-17所示。此面板包含在“结果”区域中选择的碰撞中的两个碰撞项目的相关数据。

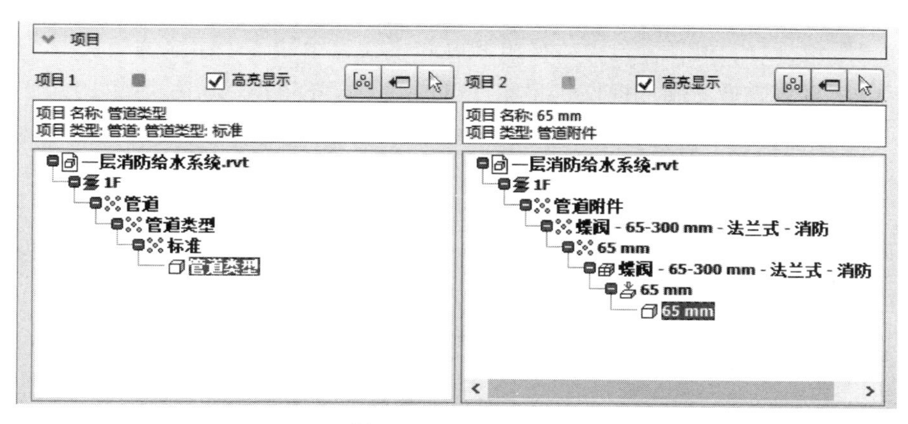

图8-17　“项目”面板

➢ 高亮显示：选中此复选框将使用选定碰撞的状态颜色替代“场景视图”中项目的颜色。

➢ 组：将所有选定碰撞分组在一起。

➢ 返回：在“项目”面板区域中选择一个项目后单击此按钮，会将当前视图和当前选定的对象发送回原始CAD软件包。

➢ 选择：在“项目”面板区域中选择一个项目后单击此按钮，将在“场景视图”和“选择树”中选择碰撞项目。

8.1.5 “报告”选项卡

Note

使用“报告”选项卡可以设置和写入包含选定测试中找到的所有碰撞结果的详细信息的报告，如图 8-18 所示。

图 8-18 “报告”选项卡

➢“内容”区域：选中所需的复选框可以指定要包含在报告中的与碰撞相关的数据。

➢“‘对于碰撞组’，包括”下拉列表：指定如何在报告中显示碰撞组。

• 仅限组标题：报告将包含碰撞组摘要和不在组中的各个碰撞的摘要。

• 仅限单个碰撞：报告将仅包含单个碰撞结果，并且不区分已分组的这些结果。对于属于一个组的每个碰撞，可以向报告中添加一个名为“碰撞组”的额外字段以标识它。

• 所有内容：报告将包含已创建的碰撞组的摘要、属于每个组的碰撞结果以及单个碰撞结果。对于属于一个组的每个碰撞，可以向报告中添加一个名为“碰撞组”的额外字段以标识它。

➢“包括以下状态”列表：选中该列表框中的复选框可以指定要包含在报告中的碰撞。

➢“报告类型”下拉列表：选择报告类型。

• 当前测试：只为当前测试创建一个报告。

• 全部测试(组合)：为所有测试创建一个报告。

• 全部测试(分开)：为每个测试创建一个单独的报告。

➢“报告格式”下拉列表：选择报告格式。

• XML：创建一个 XML 文件，其中包含所有碰撞、这些碰撞的视点的 JPEG 文件以及碰撞详细信息。

• HTML：创建 HTML 文件，其中碰撞按顺序列出，其中包含所有碰撞、这些碰撞的视点的 JPEG 文件以及碰撞详细信息。

- HTML(表格)：创建 HTML(表格)文件，其中碰撞检测显示为一个表格，其中包含所有碰撞、这些碰撞的视点的 JPEG 文件以及碰撞详细信息。
- 文本：创建一个 TXT 文件，其中包含所有碰撞详细信息和每个碰撞的 JPEG 文件的位置。
- 作为视点：在"保存的视点"窗口(当运行报告时会自动显示此窗口)中创建一个名为"测试名称"的文件夹。该文件夹包含保存为视点的每个碰撞，以及用于描述碰撞的附加注释。

Note

8.2 使用碰撞检测

Clash Detective 工具将根据用户指定的图元，按照设定的条件进行碰撞检测，然后对检测结果进行管理，最后将检测报告导出。

8.2.1 添加和选择检测项目

8-1

(1) 打开一层消防给水系统图，如图 8-19 所示。

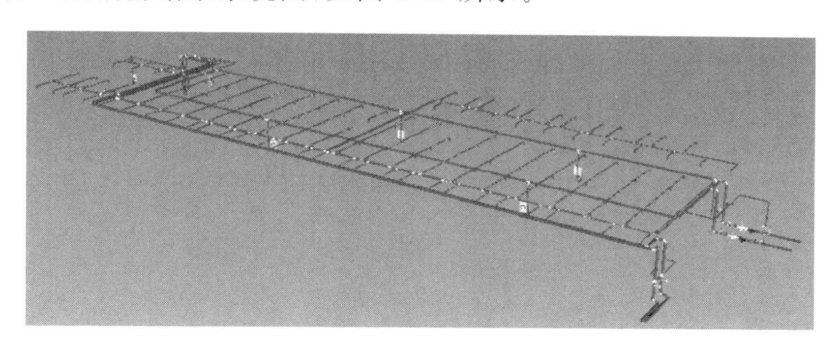

图 8-19 一层消防给水系统图

(2) 单击"常用"选项卡"工具"面板中的 Clash Detective 按钮，打开 Clash Detective 窗口。

(3) 单击"添加检测"按钮，在列表中新建碰撞检测项目，系统默认命名为"测试 1"，双击"测试 1"进入名称编辑状态，修改当前冲突检测名称为"管道 VS 附件检测"，按 Enter 键确认，如图 8-20 所示。

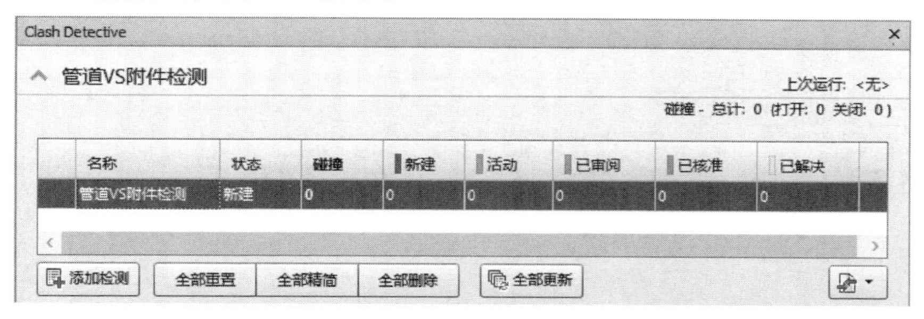

图 8-20 添加检测项目

Note

(4) 切换至“选择”选项卡，在“选择 A”窗格的“选择树”中选择“管道”，然后单击“曲面”按钮，在“选择 B”窗格的“选择树”中选择“管道附件”，单击“曲面”按钮，如图 8-21 所示。

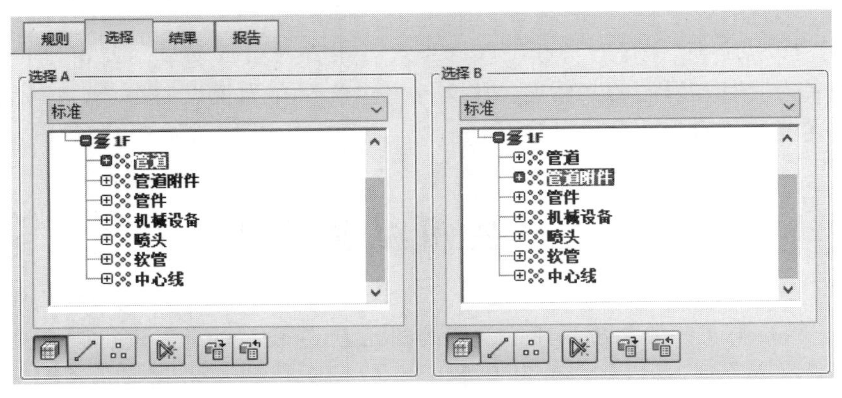

图 8-21　选择项目

(5) 在“设置”选项组中设置类型为“硬碰撞”，输入公差为 0.100m，链接为“无”，勾选“复合对象碰撞”复选框，如图 8-22 所示。单击“运行检测”按钮，系统将根据指定的添加进行冲突检测运算。

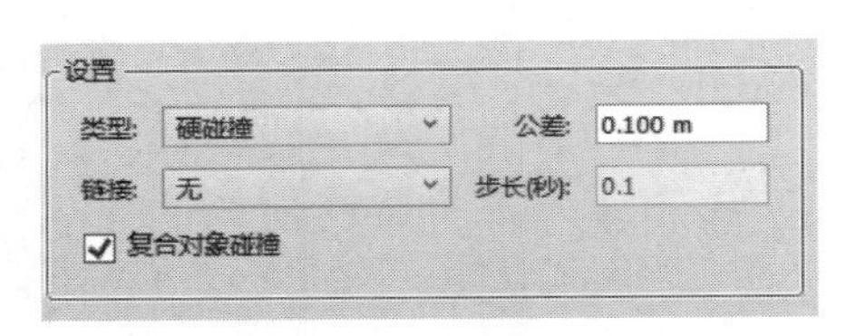

图 8-22　设置参数

8-2

8.2.2　检测结果管理

(1) 运行完成后，系统将自动切换至“结果”选项卡，并将冲突结果以列表的形式显示，如图 8-23 所示。

(2) 单击任意碰撞结果，系统将自动切换至该视图，以查看图元的碰撞情况，例如，单击“碰撞 1”，碰撞视图结果如图 8-24 所示。

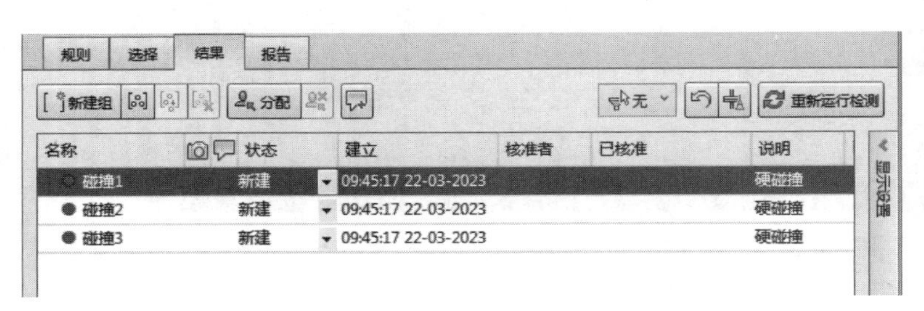

图 8-23　冲突结果

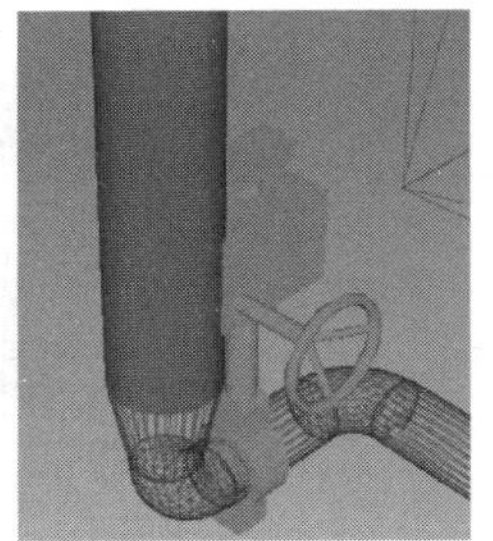

图 8-24　“碰撞 1”视图

（3）单击“碰撞 3”的“状态”下拉列表，选择“已核准”，此时，系统会自动修改该状态的颜色为绿色，并在“核准者”和“已核准”单元格中自动添加当前用户名称及核准时间以明确核准该冲突的人员，在任务列表中会更新“已核准”状态的冲突数量，如图 8-25 所示。

图 8-25　更改状态

（4）单击“碰撞 2”的“状态”下拉列表，选择“已审阅”，单击“添加注释”按钮，打开“添加注释”对话框，输入注释为“更新图纸和模型”，如图 8-26 所示，单击“确定”按钮完成添加注释操作。此时，在该任务中会显示已有注释数量，在任务列表中会更新“已审阅”状态的冲突数量，如图 8-27 所示。

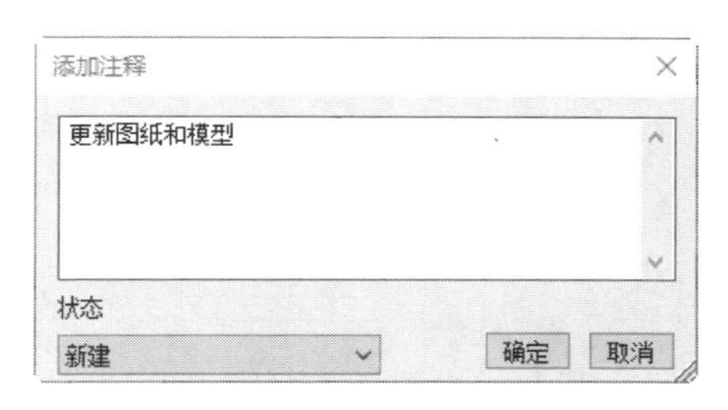

图 8-26　“添加注释”对话框

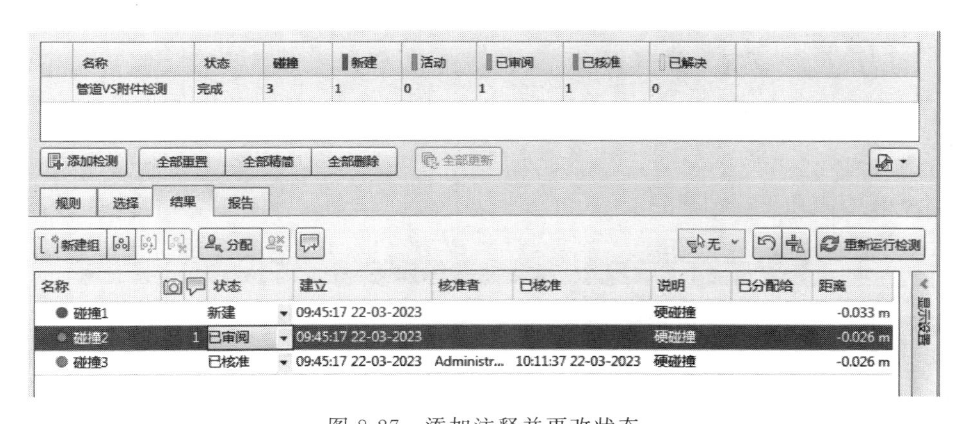

图 8-27　添加注释并更改状态

提示：确认"碰撞 2"处于选中状态，单击"审阅"选项卡"注释"面板中的"查看注释"按钮，打开"注释"窗口，可以查看该冲突检测结果包含的所有注释内容，如图 8-28 所示。

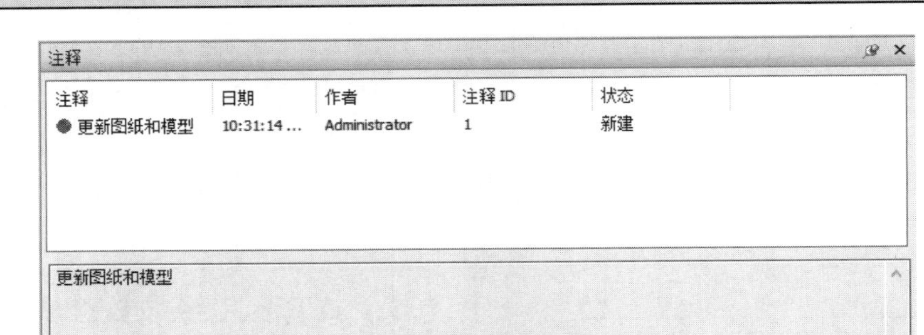

图 8-28　查看注释

(5) 单击"碰撞 1"的"状态"下拉列表，选择"已审阅"，单击"分配"按钮，打开"分配碰撞"对话框，如图 8-29 所示，输入要接收该任务的人员以及处理意见注释，如图 8-30 所示。

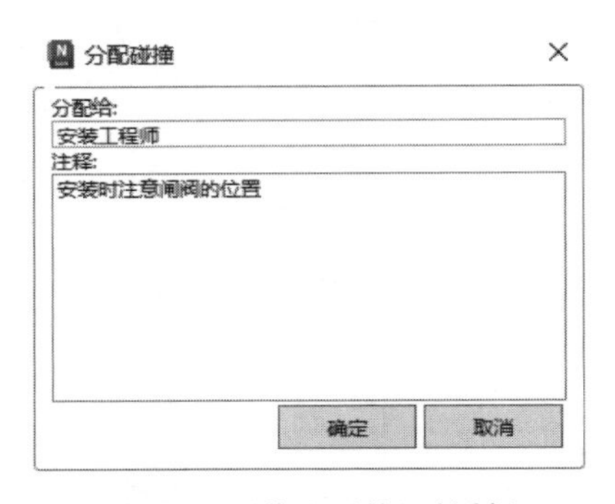

图 8-29　"分配碰撞"对话框

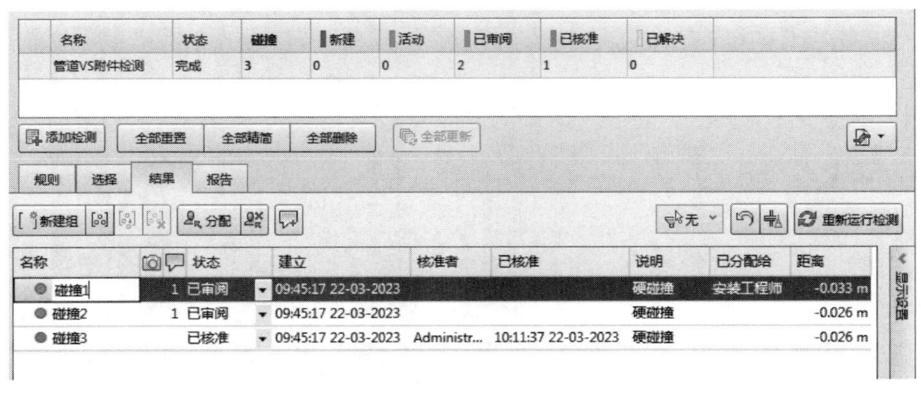

图 8-30　分配任务

（6）为了更好地观察“碰撞 1”的碰撞情况，调整视图位置。如图 8-31 所示，选取“碰撞 1”，然后在对应的“视点”位置右击，在弹出的快捷菜单中选择“保存视点”选项，如图 8-32 所示，将当前视点保存在冲突检测结果中。重新查看冲突结果时，系统将使用已保存的视点显示冲突。

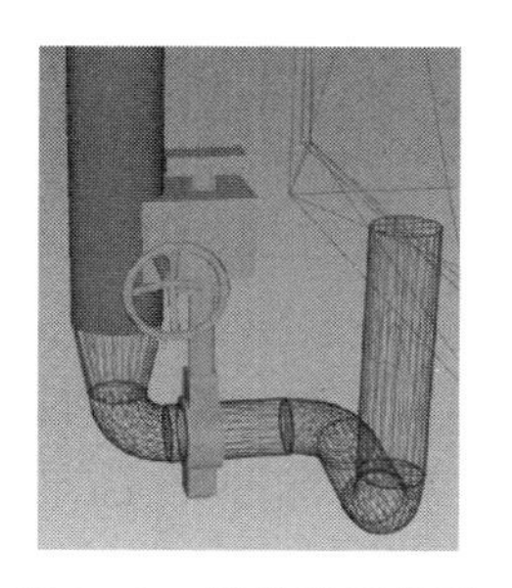

图 8-31　调整视图位置

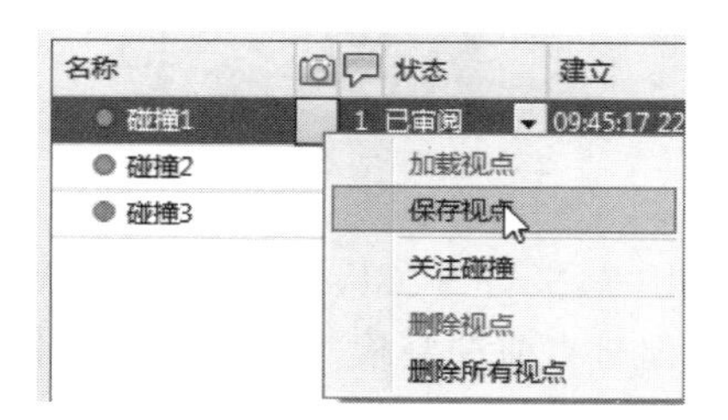

图 8-32　快捷菜单

8.2.3　导出报告

8-3

（1）切换至“报告”选项卡，在“内容”列表中勾选要显示在报告中的冲突检测内容，这里采用默认设置，如图 8-33 所示。

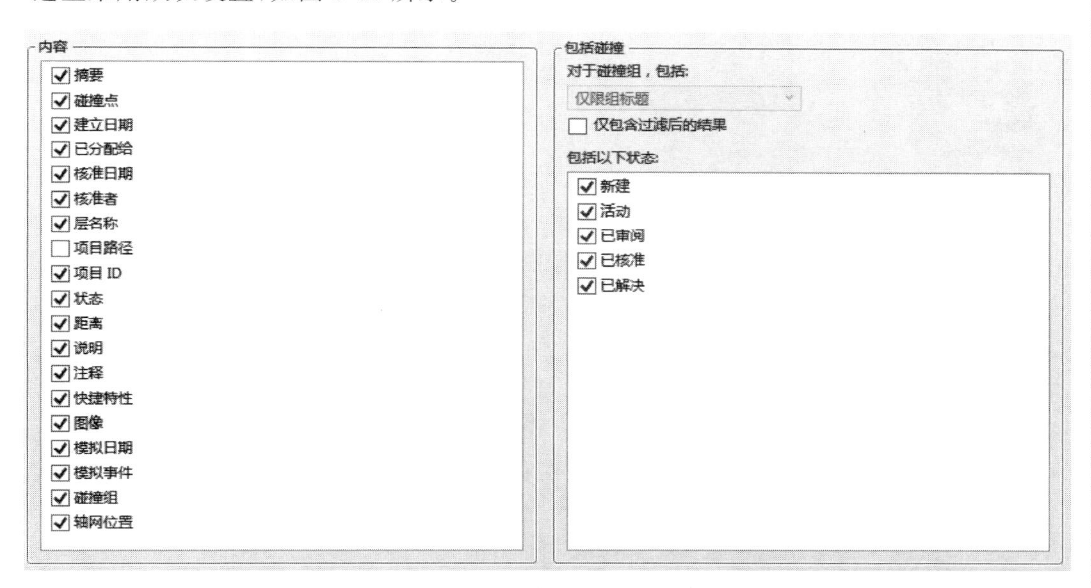

图 8-33　默认显示内容

- 仅限组标题：报告将仅包含已创建的碰撞组文件夹的摘要。
- 仅限单个碰撞：报告将仅包含单个碰撞结果。对于属于一个组的每个碰撞，可以向报告中添加一个名为“碰撞组”的额外字段以标识它。
- 所有内容：报告将同时包含已创建的碰撞组文件夹的摘要和各个碰撞结果。对于属于一个组的每个碰撞，可以向报告中添加一个名为“碰撞组”的额外字段以标识它。

（2）在“输出设置”选项组中设置报告类型为“当前测试”，报告格式为“HTML（表格）”，如图 8-34 所示。

Note

图 8-34　输出设置

（3）单击“写报告”按钮，打开“另存为”对话框，设置保存位置，输入文件名称（系统默认文件名称与当前冲突检测任务名称相同），如图 8-35 所示，单击“保存”按钮，系统将输出冲突检测报告。

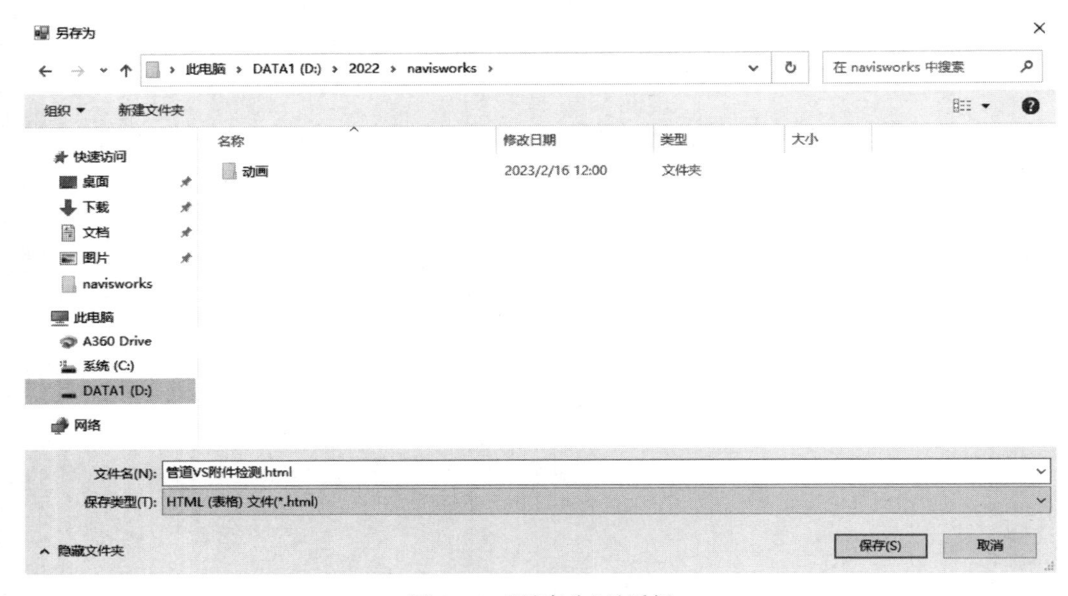

图 8-35　“另存为”对话框

（4）使用浏览器打开并查看导出的冲突报告，如图 8-36 所示。

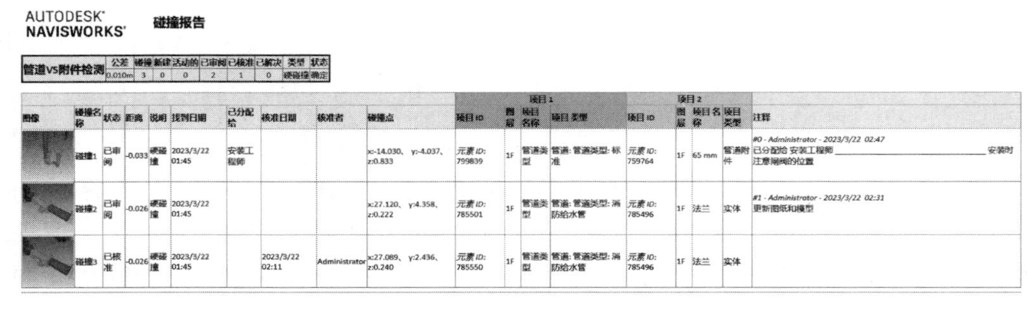

AUTODESK NAVISWORKS　碰撞报告

管道VS附件检测	公差	碰撞	新建	活动的	已审阅	已核准	已解决	类型	状态
	0.010m	3	0	0	2	1	0	硬碰撞	确定

										项目1				项目2				
图像	碰撞名称	状态	距离	说明	找到日期	已分配给	核准日期	核准者	碰撞点	项目ID	图层	项目名称	项目类型	项目ID	图层	项目名称	项目类型	注释
	碰撞1	已审阅	-0.033	硬碰撞	2023/3/22 01:45	安装工程师			x:-14.030、y:-4.037、z:0.833	元素 ID: 799839	1F	管道类型	管道: 管道类型: 标准	元素 ID: 759764	1F	65 mm	管道附件	#0 - Administrator - 2023/3/22 02:47 已分配给 安装工程师 ______ 安装时注意闸阀的位置
	碰撞2	已审阅	-0.026	硬碰撞	2023/3/22 01:45				x:27.120、y:4.358、z:0.222	元素 ID: 785501	1F	管道类型	管道: 管道类型: 消防给水管	元素 ID: 785496	1F	法兰	实体	#1 - Administrator - 2023/3/22 02:31 更新图纸和模型
	碰撞3	已核准	-0.026	硬碰撞	2023/3/22 01:45		2023/3/22 02:11	Administrator	x:27.089、y:2.436、z:0.240	元素 ID: 785550	1F	管道类型	管道: 管道类型: 消防给水管	元素 ID: 785496	1F	法兰	实体	

图 8-36　冲突报告

渲　染

渲染可以使用用户设置的光源、应用的材质及选择的环境设置对模型的几何图形进行着色。

Autodesk 渲染器是一种通用渲染器，它可以生成光源效果的物理校正模拟及全局照明。可以定义材质和光源并将它们直接应用于模型，然后将模型另存为 NWD 或 NWF 文件。也可以通过 CAD 应用程序（当前支持 Revit、3DS Max、DWG、FBX 和 Inventor 文件格式）导入材质和光源。

9.1 Autodesk 渲染器

Autodesk Rendering 渲染器是一款基于 Mental Ray 的渲染器。Mental Ray 采用光线追踪的方式对画面进行渲染，可以渲染出非常真实的效果。

9.1.1 Autodesk Rendering 窗口

单击"渲染"选项卡"系统"面板中的 Autodesk Rendering 按钮，打开如图 9-1 所示的 Autodesk Rendering 窗口。

1. 工具栏

使用工具栏可以处理材质贴图、创建和放置光源、切换太阳和曝光设置。

➢ 材质贴图：选择用于选定模型项目的材质贴图类型，并切换贴图以反映选定模型条目当前使用的贴图。

➢ 创建光源：单击此按钮，打开如图 9-2 所示的下拉菜单，用于在场景视图中创建不同的光源。

• 点：用于创建点光源，将照亮它周围的所有对象。

Note

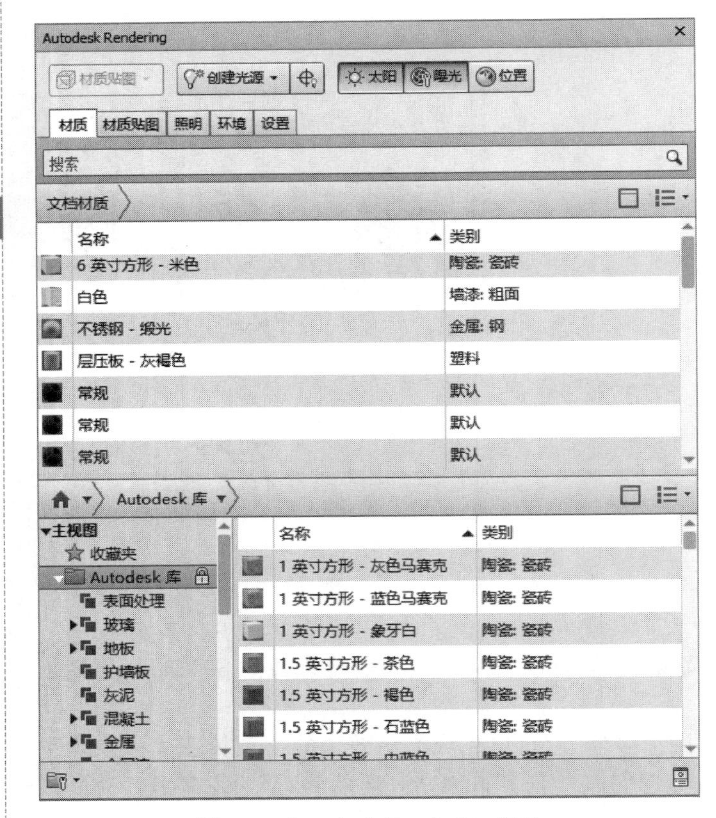

图 9-1 Autodesk Rendering 窗口

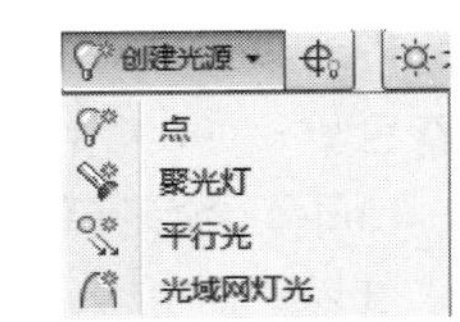

图 9-2 “创建光源”下拉菜单

- 聚光灯：聚光灯会投射一个聚焦光束，产生类似手电筒、剧场中的跟踪聚光灯的效果。
- 平行光：平行光产生基于一个平面的光线，它在任意位置照射面的亮度都与光源处的亮度相同，因此照明亮度并不精确。
- 光域网灯光：光域网灯光根据制造商提供的真实光源数据文件产生光源，用于表示更加真实的灯光照度。通过此方式的渲染光源可产生比聚光灯和点光源更加精确的表示法。

➢ 光源图示符：在场景视图中打开或关闭光源图示符时的显示。

➢ 太阳：在当前视点中打开和关闭太阳的光源效果。

➢ 曝光：在当前视点中打开和关闭曝光设置。

➢ 位置：单击此按钮，打开如图 9-3 所示的“地理位置”对话框，可以指定三维模型的位置信息。

2. 材质

使用“材质”选项卡可以浏览和管理材质。

➢“文档材质”面板：显示与打开的文件一起保存的材质。

➢ 显示/隐藏库面板 ：单击此按钮，隐藏库面板；再次单击此按钮，显示库面板。

Note

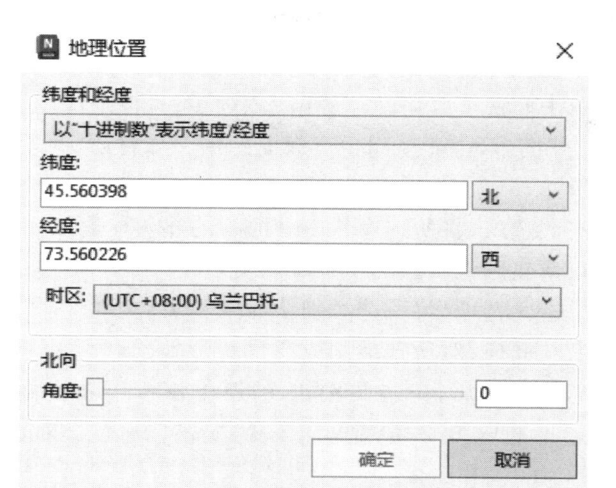

图 9-3 “地理位置”对话框

➢ 显示选项 ☰▾：单击此按钮，打开如图 9-4 所示的下拉菜单，可以更改材质的显示样式和顺序、缩略图的大小等。

➢ “库”面板：材质库是材质及相关资源的集合。部分库是由 Autodesk 提供的，其他库是由用户自定义创建的。Autodesk 库提供了 700 多种材质和 1000 多种纹理。“库”面板中的左侧列出材质库中当前可用的类别，选定类别，该类别中的材质将显示在“库”面板中的右侧。

➢ 显示/隐藏库树 ▭：显示或隐藏材质库列表(左侧窗格)。

➢ 显示选项 ☰▾：单击此按钮，打开如图 9-5 所示的下拉菜单，用于过滤和显示材质列表。

➢ 管理库 ▾：单击此按钮，打开如图 9-6 所示的下拉菜单，创建、打开并编辑用户定义的库。

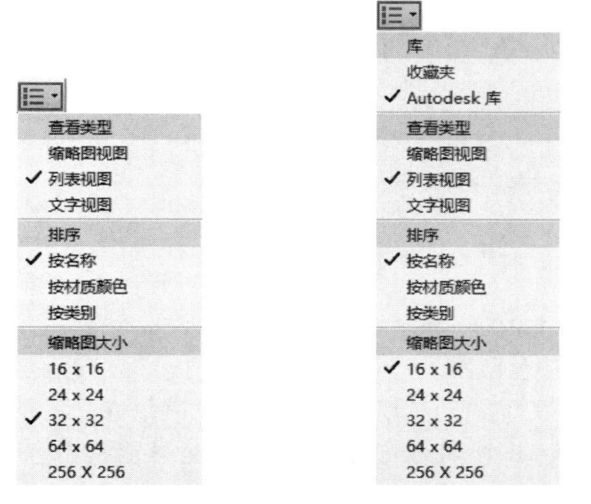

图 9-4 “显示选项”下拉菜单 1

图 9-5 “显示选项”下拉菜单 2

图 9-6 “管理库”下拉菜单

Note

- 打开现有库：单击此选项，打开"添加库"对话框，浏览到库所在的位置，然后单击"打开"，该库将被添加到"库"面板的库树中。
- 创建新库：单击此选项，打开"创建新库"对话框，指定库的存储位置，输入库名称，单击"保存"按钮，创建新库。可以向库中添加材质，并将它们整理到不同的类别中。
- 删除库：单击此选项，将所选库从"库"面板的库树中删除。
- 创建类别：在新建库或打开的库中添加类别。
- 删除类别：单击此选项，将所选类别从库中删除。
- 重命名：单击此选项，对所选类别或库重新命名。

➢ 编辑材质：选定材质，单击此按钮，打开如图 9-7 所示的"材质编辑器"对话框，该对话框会根据选定材质，显示不同的配置。通过该对话框，用户可以根据自己的需要添加颜色和图像。

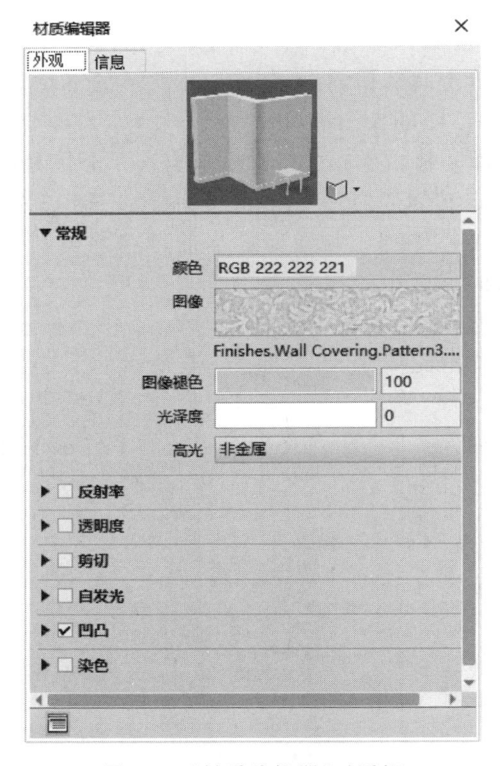

图 9-7 "材质编辑器"对话框

- 颜色：对象上的材质颜色在对象的不同区域内各不相同。
- 图像：控制材质的基础漫射颜色贴图。
- 光泽度：材质的反射质量定义了其光泽度或消光度。要模拟有光泽的曲面，材质应具有较小的高光区域，并且其高光颜色较浅，甚至可能是白色。光泽度较低的材质具有较大的高光区域，并且高光区域的颜色更接近材质的主色。

- 高光：控制材质的反射高光的获取方式。金属设置将根据光源照射在对象上的角度发散光线(各向异性)。金属高光是指材质的颜色；非金属高光是指光线接触材质时所显现出的颜色。
- 反射率：反射率会模拟有光泽对象的表面上反射的场景。为使反射率贴图获得较好的渲染效果，材质应有光泽，且反射图像本身应具有较高的分辨率(至少512×480像素)。
- 透明度：完全透明的对象允许光源穿过对象。值为1.0时，材质完全透明；值为0.0时，材质完全不透明。
- 剪切：镂空贴图可以使材质部分透明，从而提供基于纹理灰度转换的穿孔效果。
- 自发光：自发光贴图可以使部分对象呈现出发光效果。例如，要在不使用光源的情况下模拟霓虹灯，可以将自发光值设置为大于零。
- 凹凸：可以选择图像文件或程序贴图以用于贴图。凹凸贴图使对象看起来具有起伏或不规则的表面。
- 染色：设置与白色混合的颜色的色调和饱和度值。

3.“材质贴图”选项卡

使用“材质贴图”选项卡可自定义在“渲染”工具栏中选择的材质贴图类型的默认设置。

提示：在“常用”选项卡“选择和搜索”面板中设置“选取精度：几何图形”，在视图中选取几何图形，“材质贴图”选项卡才会根据材质贴图类型显示参数。

不同材质贴图类型，“材质贴图”选项卡中选项也不相同，材质贴图类型包括“平面”“长方体”“球形”“圆柱”。

- 平面：使用三维点的平面投影计算纹理坐标，如图9-8所示。
- 长方体：使用三维点六个平面投影中的一个来计算纹理坐标，如图9-9所示。长方体贴图会根据法线方向进行不同的平面投影。假设用户放置一个长方体来包围某对象，法线的方向将决定长方体的哪个面(顶部、底部、左侧……)贴图用于点。

UV方向将定义用于每个面的实际平面贴图。尤其会定义三维空间中分别映射到U和V的轴。对于每个三维点，采用与进行平面贴图相似的方法来应用域调整，然后将点投影到U、V各自对应的指定轴，并确定与原点之间的距离。

- 球形：通过原点处的球形投影计算纹理坐标，如图9-10所示。假设用户放置一个球形来包围某对象，每个X、Y、Z点都投影到球形上最近的点，U、V实际上是点的极坐标(角度对)。
- 圆柱：坐标映射到圆柱曲面(侧面)或每个圆柱体末端的平面，如图9-11所示。如果取消“打开”复选框的勾选，则仅使用圆柱曲面。

4.“照明”选项卡

使用“照明”选项卡可管理模型中的光源，如图9-12所示。

Note

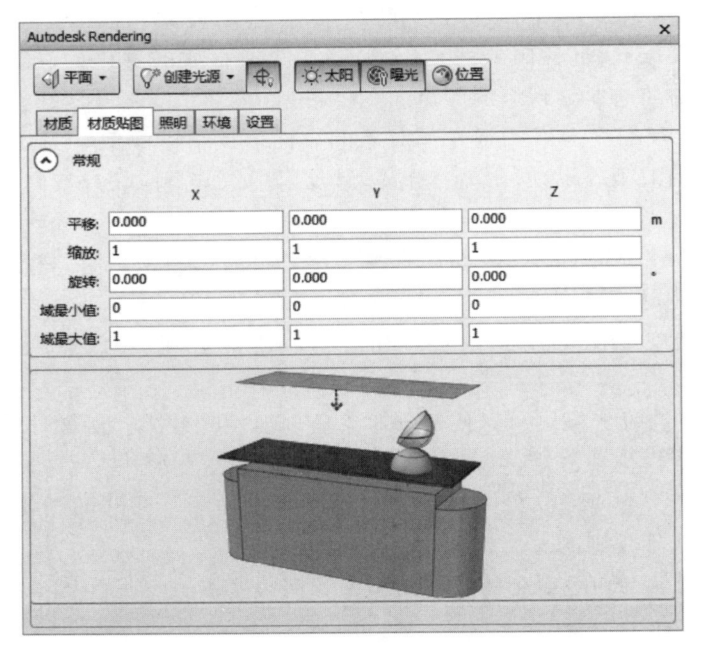

图 9-8 “平面”材质贴图类型

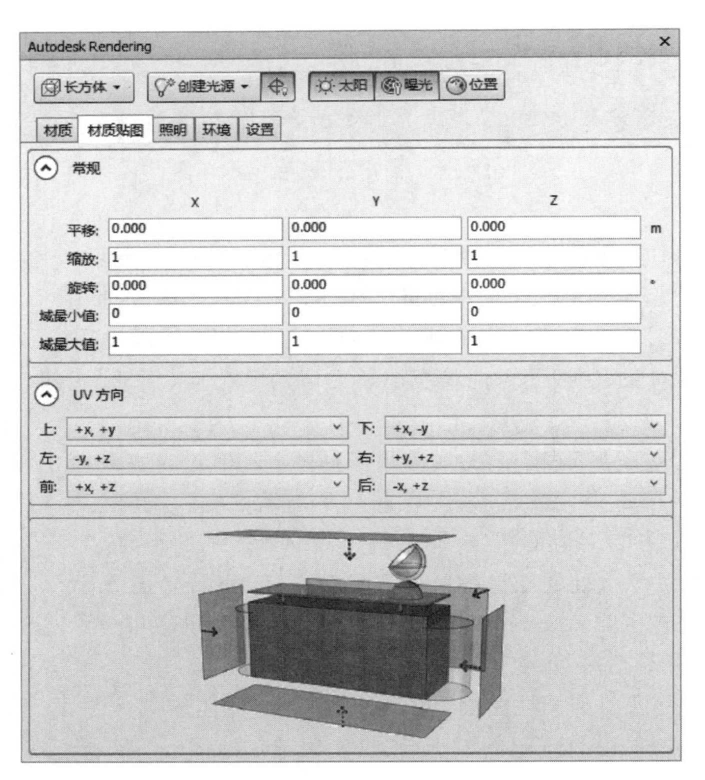

图 9-9 “长方体”材质贴图类型

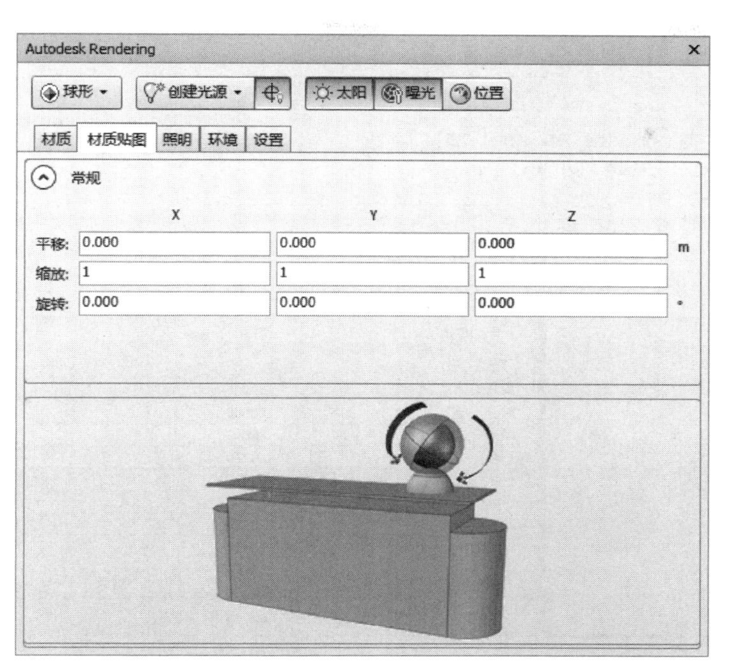

图 9-10　“球形”材质贴图类型

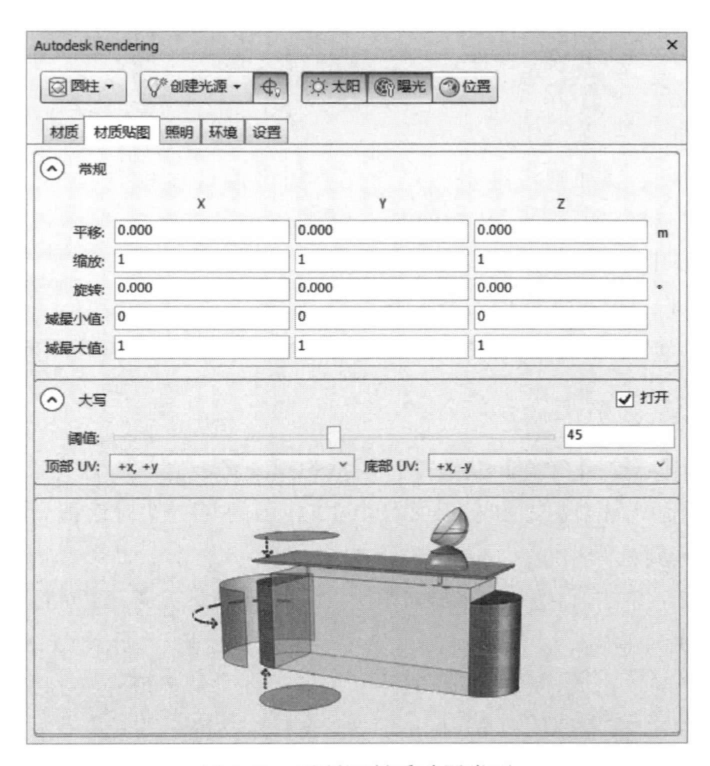

图 9-11　“圆柱”材质贴图类型

Note

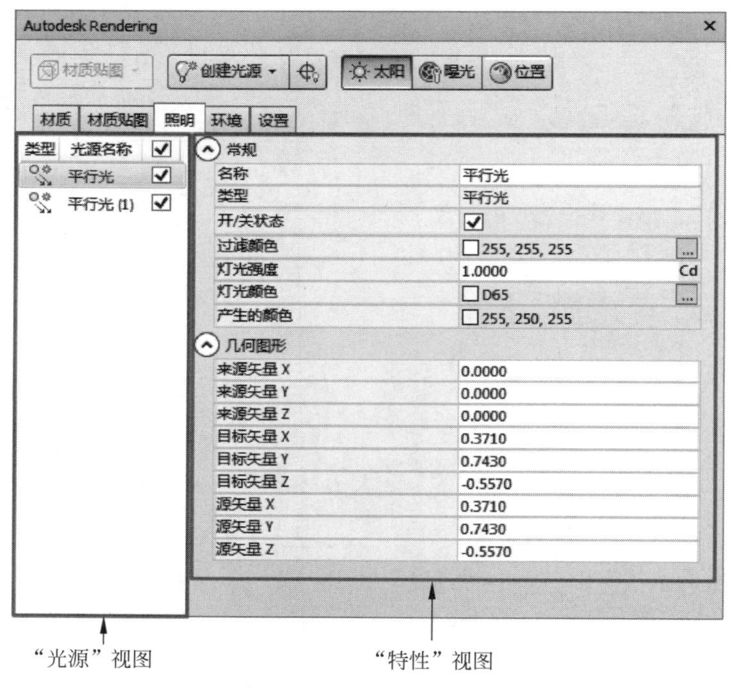

图 9-12 “照明”选项卡

注意：在默认情况下，模型中最多使用 8 个光源。如果光源数超过 8 个，即使打开它们，也不会对模型产生影响。

➢ “光源”视图：添加到模型中的每个光源都将按名称和类型在“光源”视图中列出。通过“状态”复选框可打开和关闭光源。

➢ “特性”视图：显示当前选定光源的特性。

➢ “常规”特性：设置光源的常规特性。

- 名称：指定光源名称。新光源将命名为“(X)”，其中 X 是添加到列表中的下一个可用编号。
- 类型：指示光源类型。
- 开/关状态：控制在场景中是打开还是关闭光源。
- 过滤颜色：单击 ... 按钮，打开如图 9-13 所示的“颜色”对话框，设定发射光的颜色。默认颜色为白色。
- 灯光强度：单击 ... 按钮，打开如图 9-14 所示的“灯光强度”对话框，指定光源的固有亮度和单位。
- 灯光颜色：单击 ... 按钮，打开如图 9-15 所示的“灯光颜色”对话框，将灯光颜色指定为 CIE 标准照明(D65 标准日光)或开尔文颜色。
- 产生的颜色：显示光源产生的颜色，即灯光颜色与过滤颜色的乘积，以 RGB 分量值表示。

➢ “几何图形”特性：控制光源的位置。

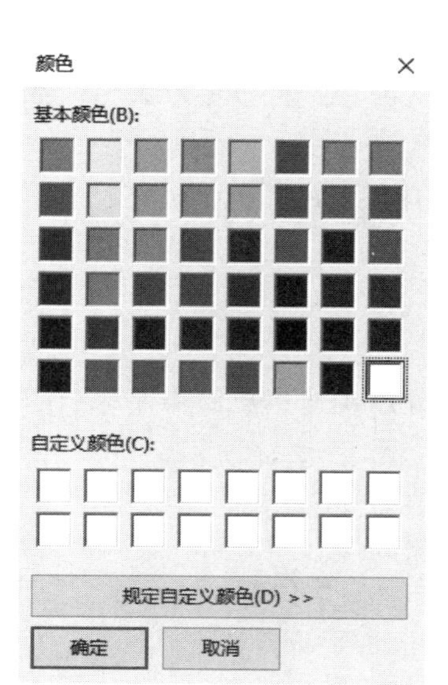

图 9-13 “颜色”对话框

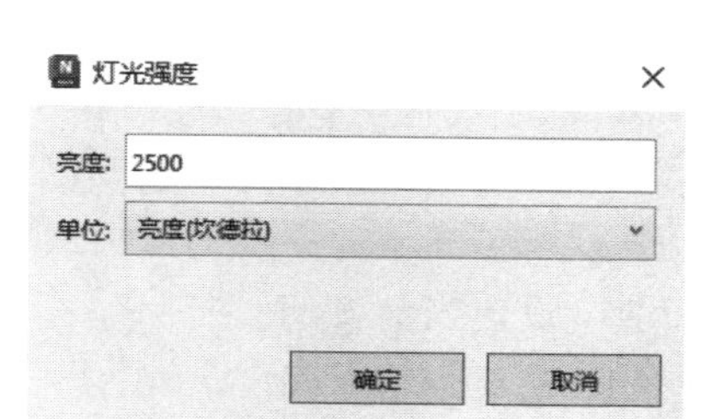

图 9-14 “灯光强度”对话框

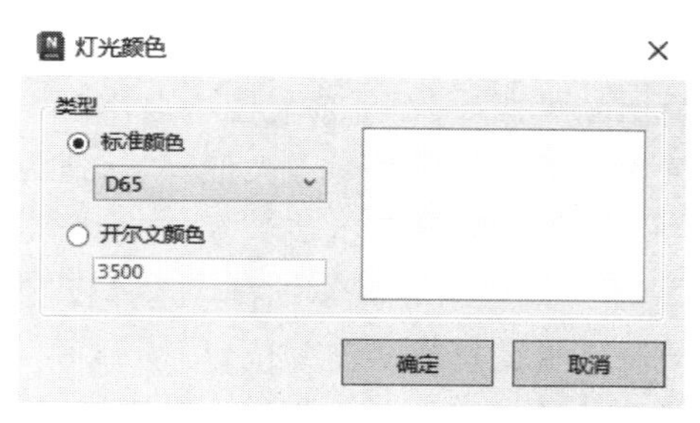

图 9-15 “灯光颜色”对话框

5.“环境”选项卡

使用“环境”选项卡可配置太阳和天空特性以及曝光设置，如图 9-16 所示。

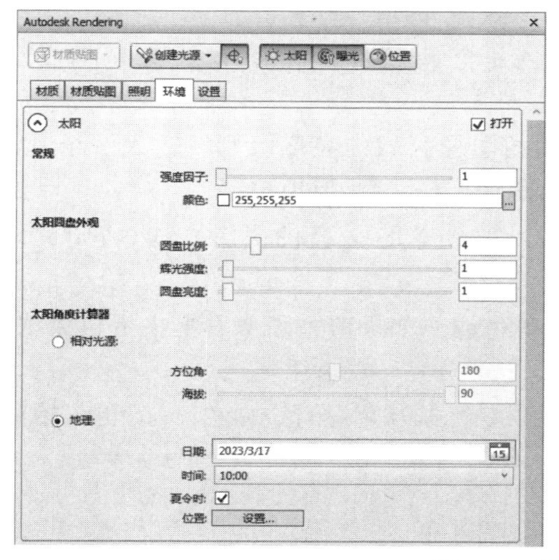

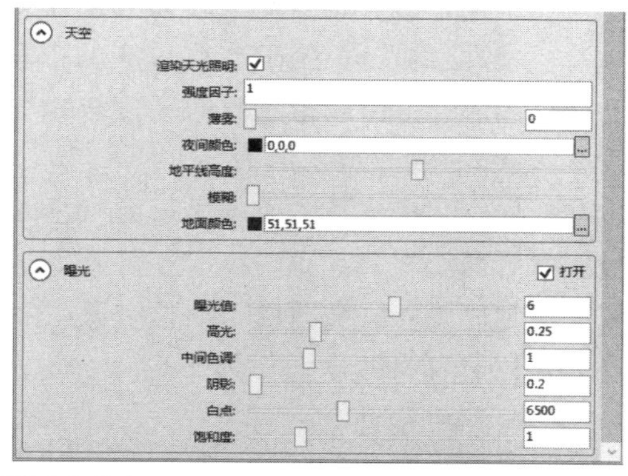

图 9-16 “环境”选项卡

Note

➢ 太阳：设置并修改阳光的属性。

- 强度因子：设置太阳的强度或亮度。范围为0(无光源)至最大值。数值越大，光源越亮。
- 颜色：单击...按钮，打开“颜色”对话框，选择太阳的颜色。
- 圆盘比例：指定太阳圆盘的比例(正确尺寸为1)。
- 辉光强度：指定太阳辉光的强度。值为0～25。
- 圆盘亮度：指定太阳圆盘的亮度。值为0～25。
- 相对光源：使用建筑或视点的相对太阳位置以快速生成渲染结果(使用外部太阳光源)。
- 方位角：指定水平坐标系的方位角坐标。值为0～360。
- 海拔：指定高于地平线的海拔或标高。值为0～90。
- 日期：设定当前日期。
- 时间：设定当前时间。
- 夏令时：勾选此复选框，设定夏令时的当前设置。
- 位置：单击“设置”按钮，打开“地理位置”对话框，设置太阳位置。

➢ 天空：设置天空属性。

- 渲染天光照明：勾选此复选框，在场景视图中启用阳光效果。
- 强度因子：增强天光效果。值为0至最大值，默认值为1。
- 薄雾：确定大气中的散射效果量级。值为0～15，默认值为0。
- 夜间颜色：单击...按钮，打开“颜色”对话框，选择夜空的颜色。
- 地平线高度：拖动滑块来调整地平面的位置。
- 模糊：拖动滑块来调整地平面和天空之间的模糊量。
- 地面颜色：单击...按钮，打开“颜色”对话框，选择地平面的颜色。

➢ 曝光：控制如何将真实世界的亮度值转换到图像中。

- 曝光值：渲染图像的总体亮度。此设置类似于具有自动曝光的摄影机中的曝光补偿设置。输入一个－6(较亮)～16(较暗)的值。默认值为6。
- 高光：图像最亮区域的亮度级别。输入一个0(较暗的高光)～1(较亮的高光)的值。默认值为0.25。
- 中间色调：亮度介于高光和阴影之间的图像区域的亮度级别。输入一个0.1(较暗的中间色调)～4(较亮的中间色调)的值。默认值为1。
- 阴影：图像最暗区域的亮度级别。输入一个0.1(较亮的阴影)～4(较暗的阴影)的值。默认值为0.2。
- 白点：在渲染图像中显示为白色的光源色温。如果渲染图像看上去橙色太浓，可减小“白点”值。
- 饱和度：渲染图像中颜色的亮度。输入一个0(灰色/黑色/白色)～5(更鲜艳的色彩)的值，默认值为1。

6. “设置”选项卡

使用“设置”选项卡可自定义渲染样式预设，如图9-17所示。

Note

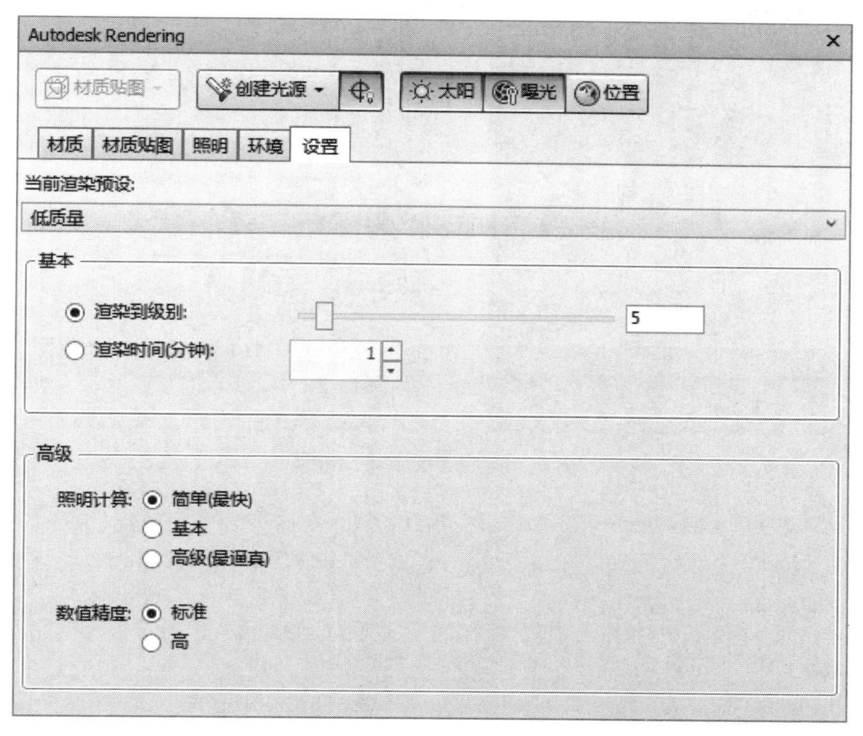

图 9-17　“设置”选项卡

- 当前渲染预设：选择渲染样式预设可自定义渲染输出的质量和速度。包括“低质量”“中等质量”“高质量”“茶歇时间渲染”“午间渲染”“夜间渲染”和“自定义设置”。
- 渲染到级别：指定 1～50 的渲染级别。级别越高，渲染质量越高。
- 渲染时间(分钟)：指定渲染时间(以分钟为单位)。渲染动画时，此设置将控制渲染整个动画(而不是单独的动画帧)所用的时间。
- 照明计算：指定照明计算的复杂程度。
- 数值精度：指定数值精度。

9.1.2　材质设置

9-1

Autodesk Rendering 窗口中的“材质”选项卡(图 9-1)，可以管理 Autodesk 提供的材质库，也可以为特定项目创建自定义库。

(1) 单击“渲染”选项卡“系统”面板中的 Autodesk Rendering 按钮，打开如图 9-1 所示的 Autodesk Rendering 窗口。

(2) 在“库”面板中选择“Autodesk 库”中的“砖石”类别，选择“板岩-红色方形”材质，将其直接拖动到“文档材质”面板中，或单击“将材质添加到文档”图标，将材质添加到“文档材质”面板中。

(3) 拖动“板岩-红色方形”材质到场景中的外墙上，即可将材质指定给外墙，如图 9-18 所示。

Note

图 9-18 将材质指定给外墙

(4) 在“文档材质”列表中选择“锯齿状岩石墙”材质，单击“编辑材质”按钮，打开如图 9-19 所示的“材质编辑器”对话框，单击“缩略图”图标，在打开的下拉菜单中选择“场景”→“墙”选项，如图 9-20 所示。

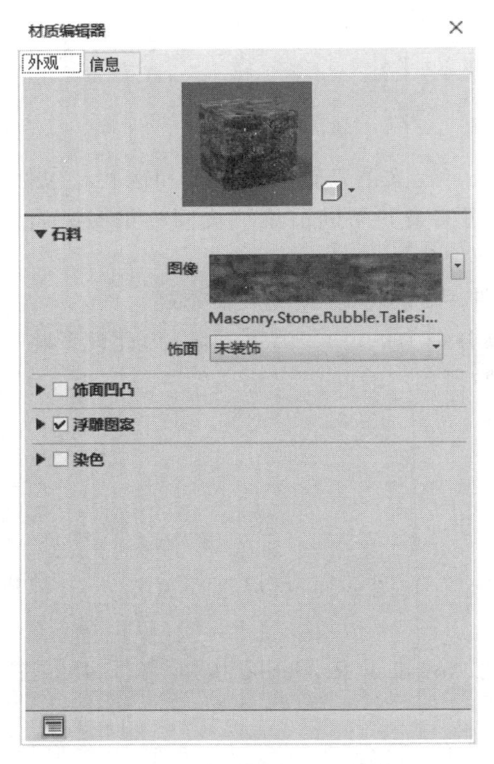

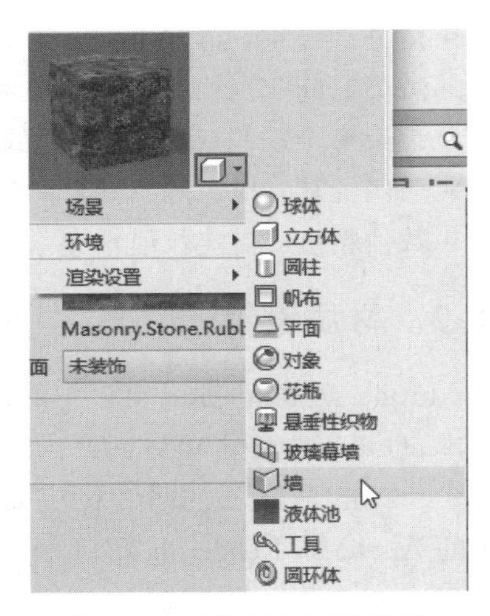

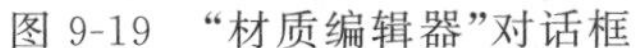

图 9-19 “材质编辑器”对话框　　　　图 9-20 “缩略图”下拉菜单

(5) 单击“石料”选项组“图像”右侧的下拉按钮，在打开的下拉菜单中选择“编辑图像”选项，如图 9-21 所示，打开如图 9-22 所示的“纹理编辑器”对话框，更改样例尺寸为 3.66m(为原来的 3 倍)，结果如图 9-23 所示。

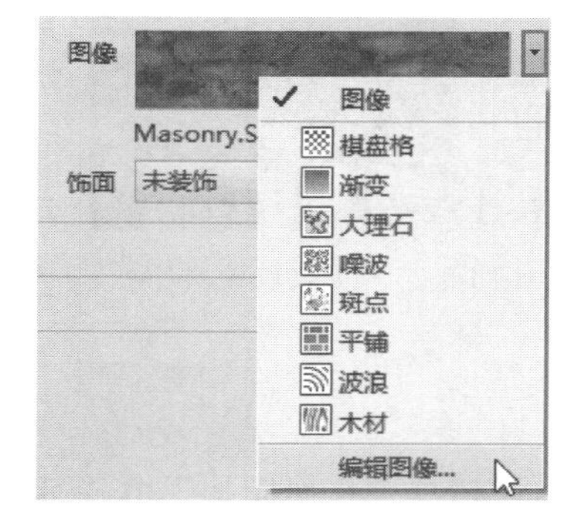

图 9-21　下拉菜单

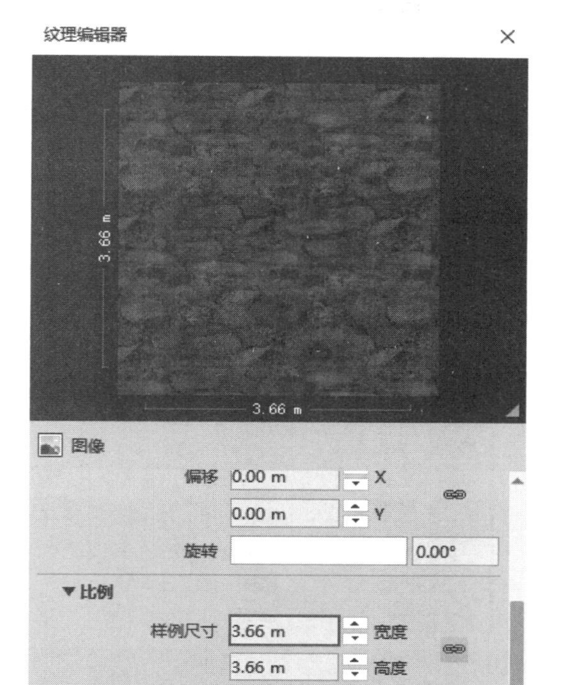

图 9-22　“纹理编辑器”对话框

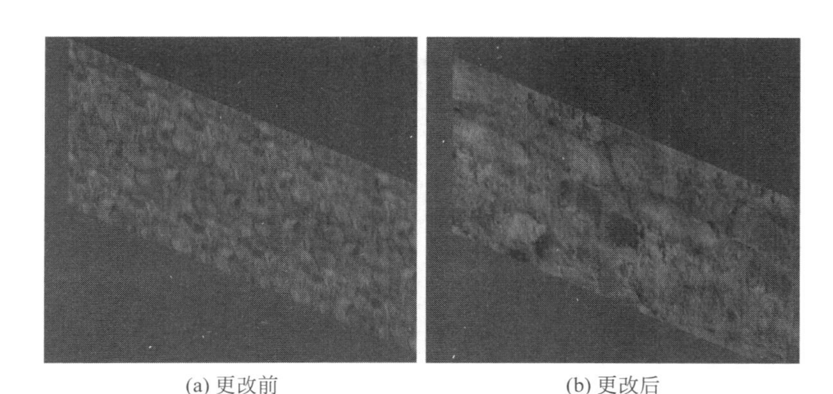

(a) 更改前　　(b) 更改后

图 9-23　更改纹理大小

（6）在“库”面板中选择“Autodesk 库”→“玻璃”→“蓝色反射”材质，右击，在弹出的快捷菜单中选择“添加到”→“文档材质”选项，如图 9-24 所示，将“蓝色反射”材质添加到“文档材质”面板中。

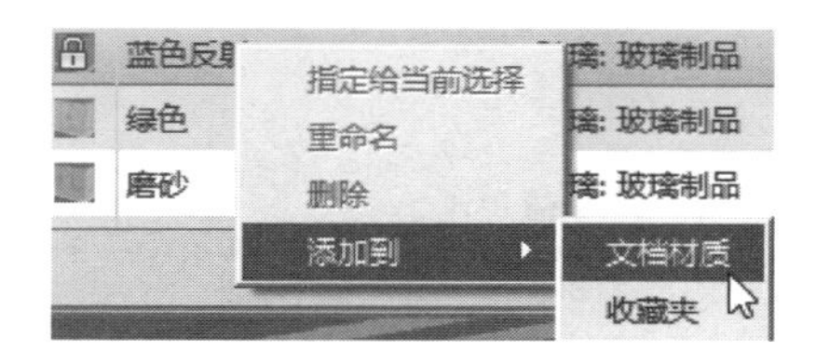

图 9-24　快捷菜单

（7）按住 Ctrl 键，在场景视图中选择幕墙上的所有玻璃，在“文档材质”面板中选择“蓝色反

射”材质，右击，在弹出的快捷菜单中选择“指定给当前选择”选项，如图 9-25 所示，更改幕墙上的玻璃材质为“蓝色反射”材质。

Note

（8）在“文档材质”面板中选择“蓝色反射”材质，右击，弹出如图 9-25 所示的快捷菜单，选择“重命名”选项，更改名称为“幕墙玻璃”，如图 9-26 所示。

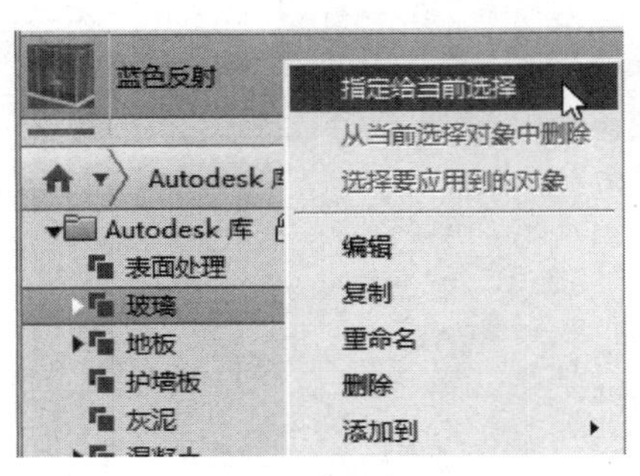

图 9-25　快捷菜单

图 9-26　更改玻璃材质

9-2

9.1.3　材质贴图

（1）在“常用”选项卡“选择和搜索”面板中设置“选取精度：几何图形”，在场景视图中选择“板岩-红色方形”材质的墙，单击“渲染”选项卡“系统”面板中的 Autodesk Rendering 按钮，打开 Autodesk Rendering 窗口。

（2）在“材质贴图”类型下拉列表中选择“长方体”类型，更改“缩放”选项中的 Y 值和 Z 值为 0.5，如图 9-27 所示。按 Enter 键确认，材质贴图随之变化，结果如图 9-28 所示。

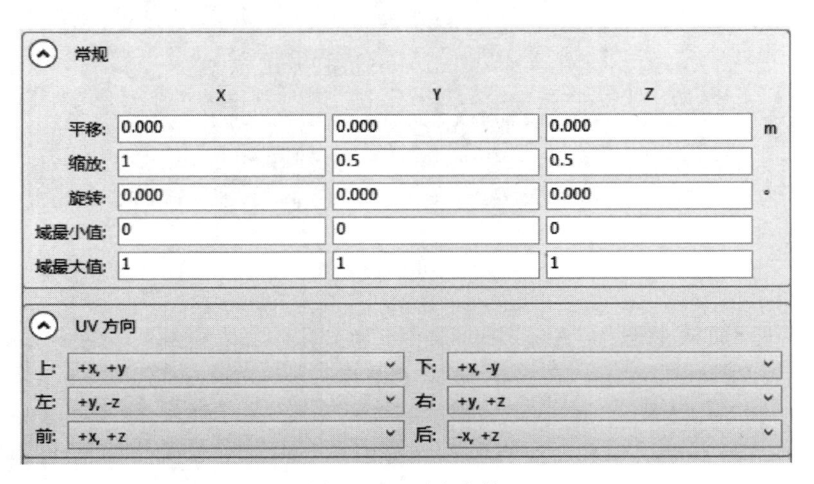

图 9-27　更改参数

(a) 更改前

(b) 更改后

图 9-28　更改材质贴图大小

提示： 由于该墙位于模型的左视图，根据窗口中长方体示意图，需要更改窗口中的 Y、Z 值来调整材质贴图的缩放大小。

（3）更改“旋转”的 X 值为 30，按 Enter 键确认，材质贴图随之变化，结果如图 9-29 所示。

图 9-29　旋转材质贴图

提示： 在计算机贴图运算中，由于需要将二维材质贴图图片分配给指定的三维曲面实体，需要计算三维曲面与材质定义中原贴图图片的对应关系，在计算机中将采用 UV 坐标的方式来定义贴图坐标。U 相当于 X，表示贴图的水平方向；V 相当于 Y，表示贴图的垂直方向。UV 坐标是三维图元对象在自己空间中的坐标，且 UV 值均为 0～1，即 1 表示对象长度的 100%。

9-3

Note

9.1.4 添加聚光灯

（1）单击“渲染”选项卡“系统”面板中的 Autodesk Rendering 按钮，打开 Autodesk Rendering 窗口，单击“太阳”按钮和“曝光”按钮，取消场景中太阳光和曝光。

（2）单击“光源控制符”按钮，确认该按钮处于激活状态，单击“创建光源”下拉列表中的“聚光灯”，在“场景视图”中适当位置单击以指定光源位置。

（3）移动鼠标到适当位置单击以指定聚光灯的目标，显示光源小控件，使用它来调整聚光灯的位置和方向，如图 9-30 所示。

图 9-30　添加聚光灯

（4）打开“照明”选项卡，更改热点角度为 50，落点角度为 70，在“过滤颜色”栏中单击按钮，打开“颜色”对话框，选择粉刷，如图 9-31 所示，单击“确定”按钮，在“灯光颜色”栏中单击按钮，打开如图 9-32 所示的“灯光颜色”对话框，选择“标准颜色”选项，在其下拉列表中选择“暖白光荧光灯”，单击“确定”按钮，结果如图 9-33 所示。

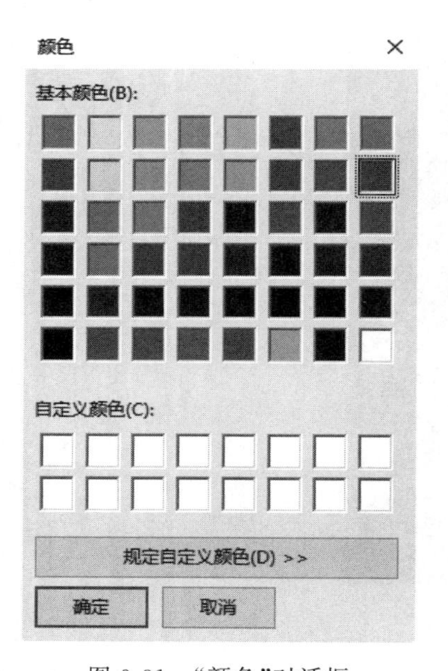

图 9-31　“颜色”对话框

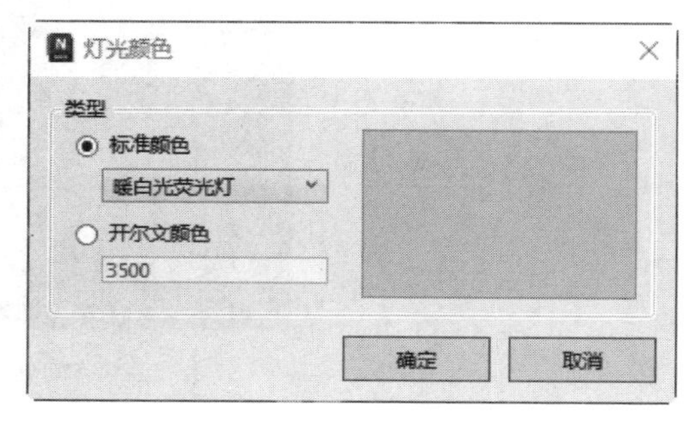

图 9-32　“灯光颜色”对话框

提示：图 9-33 中的绿色圆圈为落点角度，白色圆圈为热点角度。

（5）在场景视图中单击落点角度上的控制点，系统将显示单向坐标轴，如图 9-34 所示。选取坐标轴按住并拖动鼠标，将调整落点角度的大小，如图 9-35 所示。

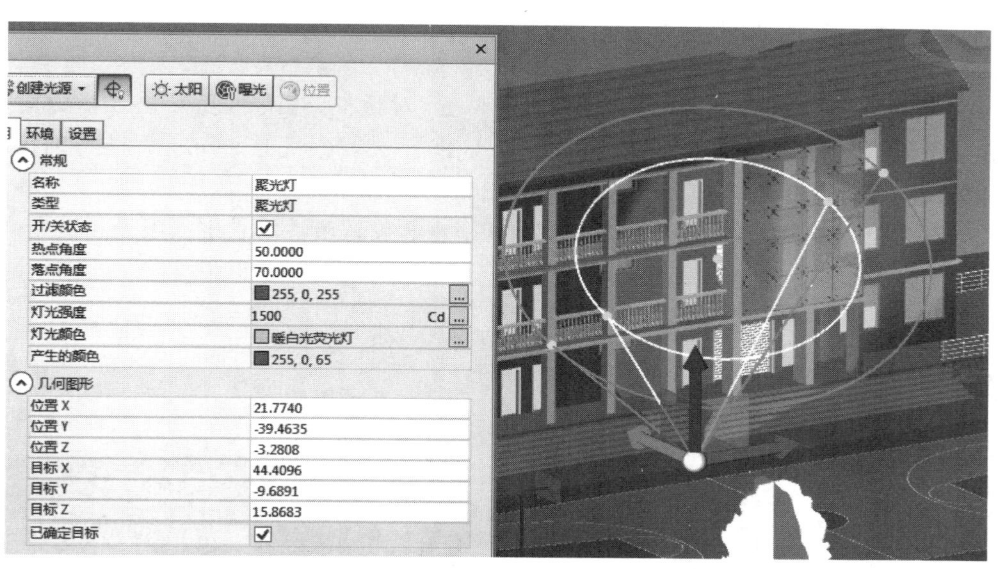

图 9-33　调整常规参数

图 9-34　显示单向坐标轴

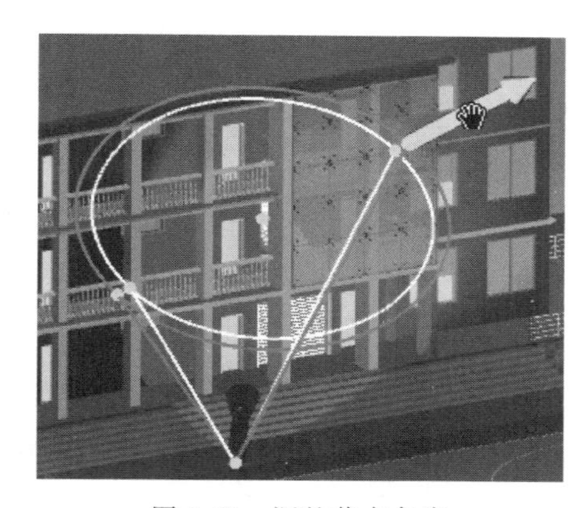

图 9-35　调整落点角度

(6) 采用相同的方法，单击热点角度上的控制点，显示单向坐标轴，然后拖动鼠标，调整热点角度大小。

(7) 保持聚光灯处于选定状态，确定“照明”选项卡中的“已确定目标”复选框处于选中状态，拖动控件上任意轴，即可调整灯光照射目标位置，也可以直接在“照明”选项卡的“几何图形”中修改位置参数来进行调整，如图 9-36 所示。

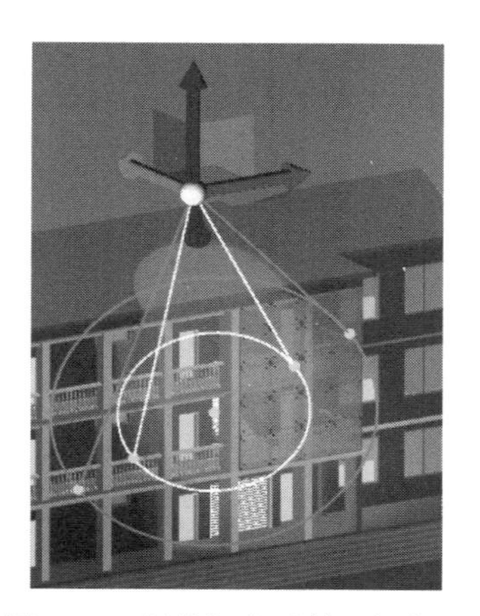

图 9-36　调整灯光照射目标位置

9.1.5　创建环境光

(1) 单击“渲染”选项卡“系统”面板中的 Autodesk Rendering 按钮，打开 Autodesk Rendering 窗口，在

"照明"选项卡中取消"平行光"和"平行光(1)"勾选,关闭场景中默认的两组平行光源。

(2) 单击"位置"按钮,打开"地理位置"对话框,修改纬度为 38.04,方向为"北",经度为 114.52,方向为"东",时区为"(UTC+08:00)北京,重庆,香港特别行政区,乌鲁木齐",角度为 0,如图 9-37 所示,单击"确定"按钮。

(3) 单击"太阳"按钮和"曝光"按钮,确认激活场景中太阳光和曝光,如图 9-38 所示。

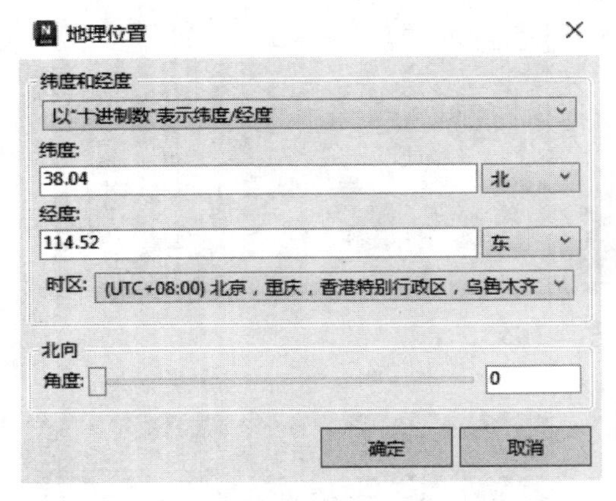

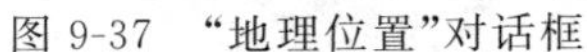

图 9-37 "地理位置"对话框

图 9-38 默认的环境光

(4) 在"环境"选项卡"太阳"选项组中设置强度因子为 0,辉光强度为 2,时间为 12:00,在"天空"选项组中设置强度因子为 1.5,薄雾为 1.5,在"曝光"选项组中设置曝光值为 5,阴影值为 2,白点值为 8000,饱和度值为 3,其他采用默认设置,如图 9-39 所示,调整环境光后的结果如图 9-40 所示。

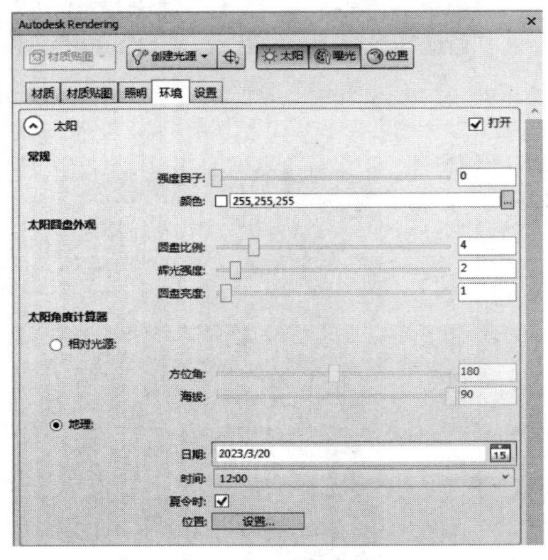

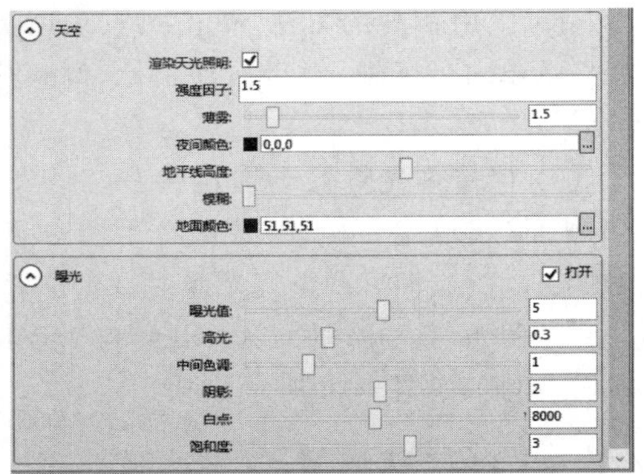

图 9-39 调整环境参数

图 9-40　调整环境光

9.2　灯　　光

Navisworks 提供了 4 种场景灯光的显示方式，用于控制场显示中的光线。

单击“视点”选项卡“渲染样式”面板中的“光源”，打开如图 9-41 所示的下拉列表，用户可以对当前场景中的光源照明进行控制。

- 全光源：使用该模式时，场景中的模型将使用 Autodesk Rendering 渲染器中自定义的光源进行照明显示。如果没有添加自定义光源，则采用场景中默认的光源进行显示。
- 场景光源：该光源来自导入的 Revit 或 AutoCAD 模型源文件中的默认光源。单击“常用”选项卡“项目”面板中的“文件选项”按钮，打开“文件选项”对话框，切换至“场景光源”选项卡，如图 9-42 所示，拖动“环境”滑块调整场景的亮度，单击“确定”按钮。

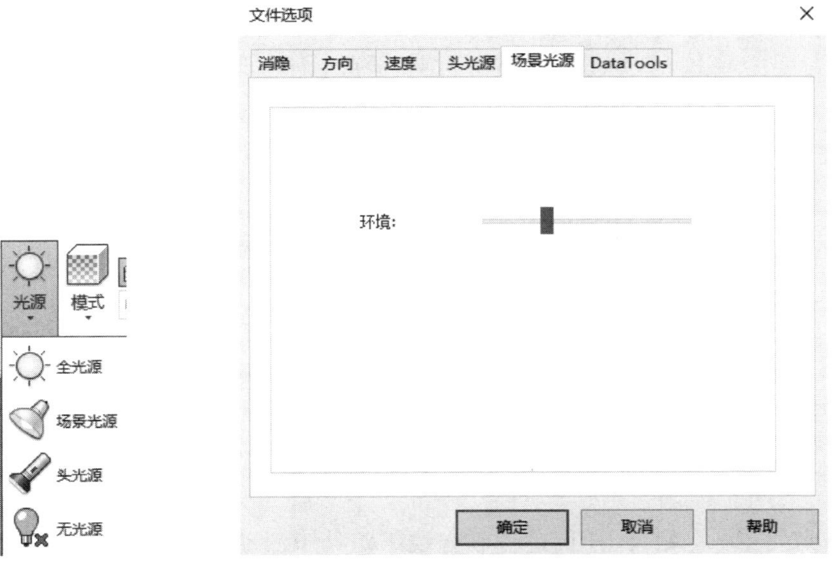

图 9-41　“光源”下拉列表

图 9-42　“场景光源”选项卡

Note

➢ 头光源：选择此模式，系统会沿当前相机的视点方向生成一束平行光，用于照亮当前相机视点周围的模型。在场景视图中右击，在弹出的快捷菜单中选择“文件选项”选项，打开“文件选项”对话框，切换至“头光源”选项卡，如图 9-43 所示，拖动“环境”滑块调整场景的亮度，拖动“头光源”滑块调整平行光的亮度，单击“确定”按钮。

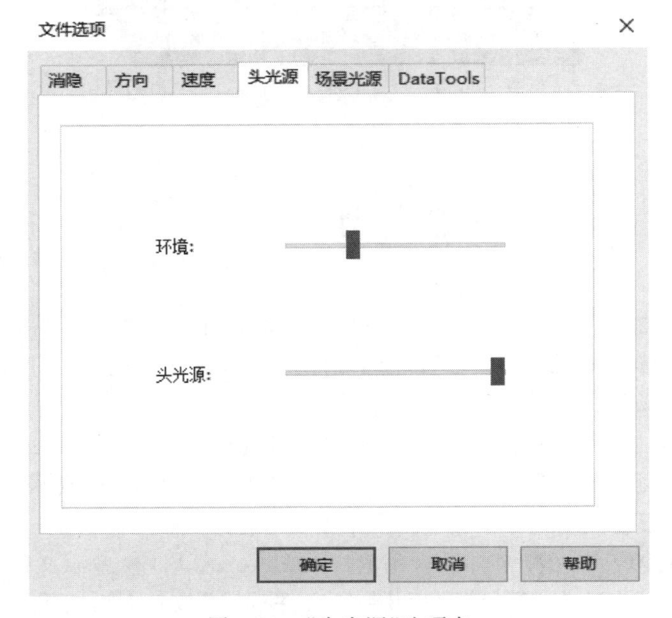

图 9-43 “头光源”选项卡

➢ 无光源：此模式将关闭所有光源，采用平面渲染显示当前场景视图。

9.3 渲染输出

9-5

9.3.1 渲染

(1) 在 Autodesk Rendering 窗口“设置”选项卡的“当前渲染预设”下拉列表中选择渲染样式，或者在“渲染”选项卡“交互式光线跟踪”面板“光线跟踪”下拉列表中选择渲染样式，如“茶歇时间渲染”，如图 9-44 所示。

➢ 低质量：抗锯齿将被忽略。样例过滤和光线跟踪处于活动状态。着色质量低。生成的图像存在细微的不准确性和不完美(瑕疵)之处。

➢ 中等质量：抗锯齿处于活动状态。样例过滤和光线跟踪处于活动状态，且与“低质量”渲染样式相比，反射深度设置增加。生成的图像将具有令人满意的质量，以及少许瑕疵。

➢ 高质量：抗锯齿、样例过滤和光线跟踪处于活动状态。图像质量很高，且包括边、反射和阴影的所有反射、透明度和抗锯齿效果。生成此渲染质量所需的时间最长。生成的图像具有高保真度，并且最大限度地减少了瑕疵。

- 茶歇时间渲染：使用简单照明计算和标准数值精度将渲染时间设置为 10 分钟。
- 午间渲染：使用高级照明计算和标准数值精度将渲染时间设置为 60 分钟。
- 夜间渲染：使用高级照明计算和高数值精度将渲染时间设置为 720 分钟。
- 自定义设置：自定义基本和高级渲染设置以供渲染输出。

（2）单击“渲染”选项卡“交互式光线跟踪”面板中的“光线跟踪”按钮，Navisworks 将显示当前的渲染进度对话框，如图 9-45 所示。渲染完成后渲染进度对话框将消失。

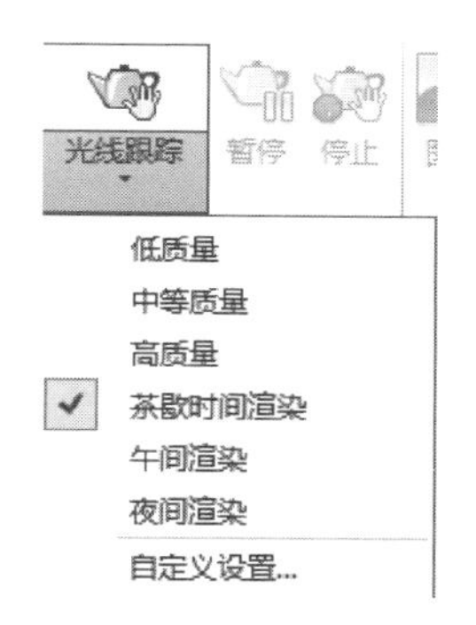

图 9-44　“光线跟踪”下拉列表

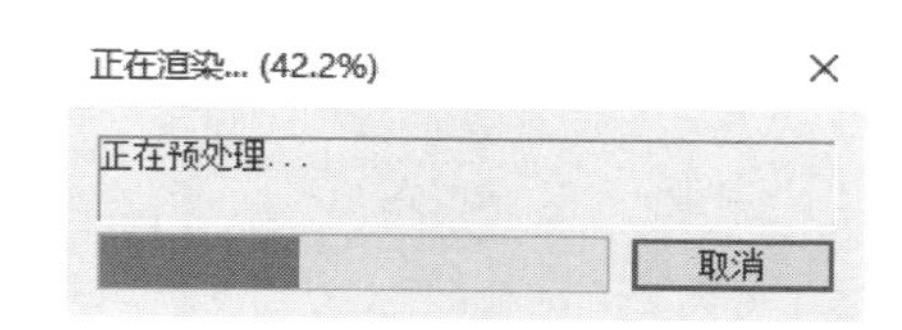

图 9-45　渲染进度

（3）Navisworks 进入实时光线跟踪模式，并在左下角显示当前场景中光线跟踪计算进度，如图 9-46 所示。

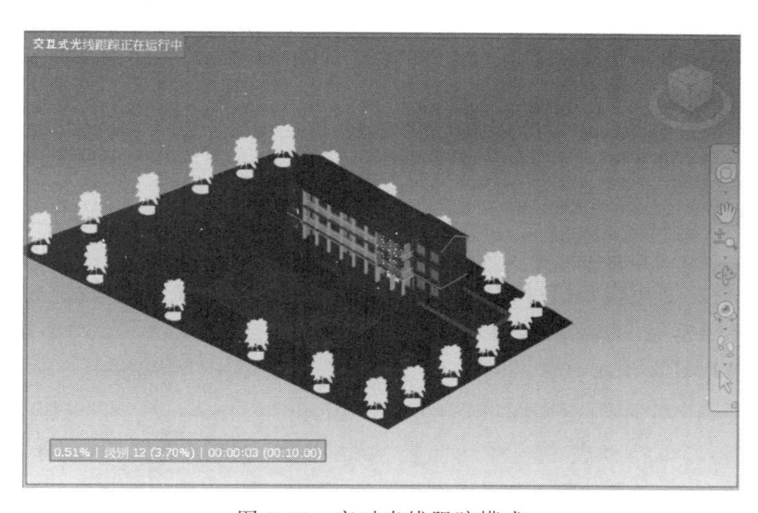

图 9-46　实时光线跟踪模式

提示：在光线跟踪过程中，对视图进行任何操作，Navisworks 都将重新启动光线跟踪计算，以显示当前视点状态下的跟踪计算结果。

（4）单击“渲染”选项卡“交互式光线跟踪”面板中的“暂停”按钮，暂停渲染，再次单击“暂停”按钮，Navisworks 将继续渲染。

（5）单击“渲染”选项卡“交互式光线跟踪”面板中的“停止”按钮，停止当前视点中的渲染操作。

9-6

9.3.2 导出图像

（1）单击“输出”选项卡“视觉效果”面板中的“图像”按钮，打开如图 9-47 所示的“导出图像”对话框。

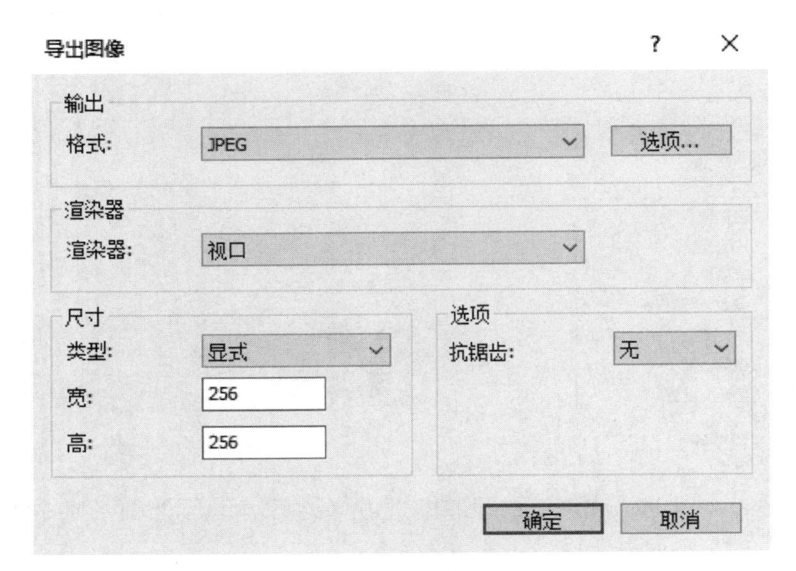

图 9-47 “导出图像”对话框

“导出图像”选项组中的选项说明如下。

➢ 格式：选择 Navisworks 支持的图像类型，包括 JPEG、PNG 和“Windows 位图”。

➢ 渲染器：选择图像渲染器，包括“视口”和 Autodesk。

- 视口：快速渲染图像。
- Autodesk：通过当前选定的渲染样式导出图像。

➢ 类型：指定如何设置已导出图像的尺寸，包括“显式”“使用纵横比”和“使用视图”。

- 显式：用于完全控制宽度和高度。
- 使用纵横比：用于指定高度。宽度是根据当前视图的纵横比自动计算的。
- 使用视图：使用当前视图的宽度和高度。

（2）在“格式”下拉列表中选择图像类型为 PNG，在“渲染器”选择 Autodesk 渲染器，在“类型”下拉列表中选择“使用视图”类型，单击“确定”按钮。

（3）打开“另存为”对话框，设置保存路径，输入文件名，如图 9-48 所示，单击“保存”按钮，保存图像。

提示： 利用“光线跟踪”命令渲染完成后，“渲染”选项卡“导出”面板中的“图像”命令会被激活，单击“图像”按钮，直接打开“另存为”对话框，指定图像的保存路径和保存类型，输入文件名，单击“保存”按钮，保存图像。

另存为
保存在(I):
navisworks
快速访问
桌面
库
此电脑
网络
名称
修改日期
动画
2023/2/16 12:00
教学楼.png
2023/3/17 15:37
文件名(N):
教学楼效果图.png
保存类型(T):
PNG (*.png)
保存(S)
取消

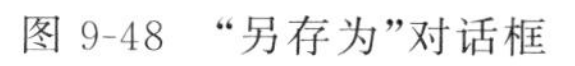

图 9-48 “另存为”对话框

施工模拟

在 Navisworks 中可以利用 TimeLiner 工具为场景中选择的图元定义施工时间、日期以及任务类型等参数，生成具有施工顺序的 4D 信息模型，然后根据施工时间安排，进行施工模拟。

10.1 TimeLiner 工具概述

使用 TimeLiner 工具可以将模型链接到外部施工进度，以进行基于可视时间和费用的计划。

可以将 TimeLiner 的功能与其他 Navisworks 工具结合使用。

- 通过将 TimeLiner 和对象动画链接在一起，可以根据项目任务的开始时间和持续时间触发对象移动并安排其进度，并且可以帮助用户进行工作空间和过程规划。例如，TimeLiner 序列可能指示当特定施工现场起重机在特定下午从其起点移动到终点时，在附近工作的工作小组会阻塞其行进路线。可以在起重机赶到现场之前解决这个潜在的阻塞问题(例如，可以沿其他路线移动起重机、工作小组让出道路或改变项目进度)。
- 将 TimeLiner 和 Clash Detective 链接在一起，可以对项目进行基于时间的碰撞检查。
- 将 TimeLiner、对象动画和 Clash Detective 链接在一起，可以对完全动画化的 TimeLiner 进度进行碰撞检测。

单击“常用”选项卡“工具”面板中的 TimeLiner 按钮，打开如图 10-1 所示的 TimeLiner 窗口。

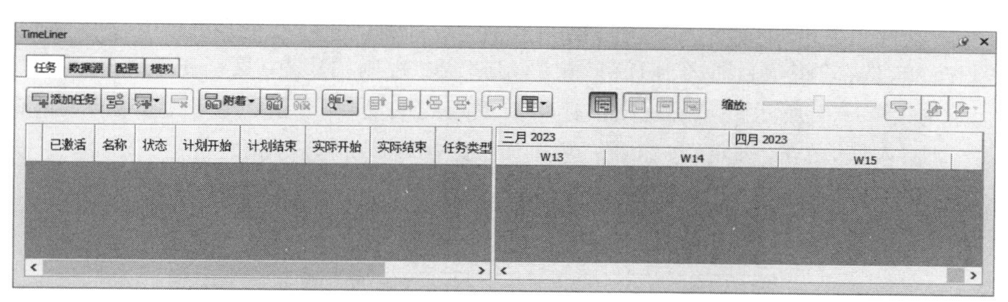

图 10-1 TimeLiner 窗口

10.1.1 “任务”选项卡

通过“任务”选项卡可以创建和管理项目任务，如图 10-1 所示。该选项卡显示进度中的所有任务，以表格格式列出。可以使用该选项卡右侧和底部的滚动条浏览任务记录。

- 添加任务：单击此按钮，在任务列表的底部添加新任务。
- 插入任务：单击此按钮，在“任务”视图中当前选定的任务上方插入新任务。
- 自动添加任务：可为每个最高图层、最上面的项目或每个搜索集和选择集自动添加任务。
- 删除任务：单击此按钮，删除“任务”视图中当前选定的任务。
- 附着：单击此按钮，打开如图 10-2 所示的下拉菜单。
  - 附着当前选择：将场景中的当前选定项目附着到选定任务。
  - 附着当前搜索：将当前搜索选择的所有项目附着到选定任务。
  - 附加当前选择：将场景中当前选定项目附加到已附着到选定任务的项目。
- 使用规则自动附着：单击此按钮，打开如图 10-3 所示的“TimeLiner 规则”对话框，从中可以创建、编辑和应用自动将模型几何图形附着到任务的规则。

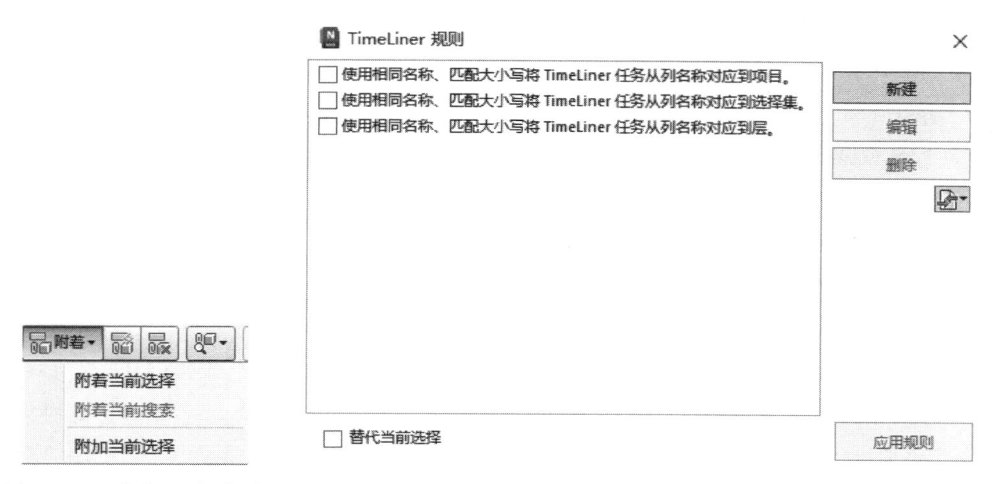

图 10-2 “附着”下拉菜单

图 10-3 “TimeLiner 规则”对话框

Note

- 新建：单击此按钮，打开“规则编辑器”对话框，在“规则模板”中选择规则，例如，选择“将项目附着到任务”规则，则会在“规则描述”中显示所选规则的描述，如图 10-4 所示。单击规则描述中带下划线的文字，打开“规则编辑器”对话框，输入值，单击“确定”按钮，在“规则”面板中添加新的规则。

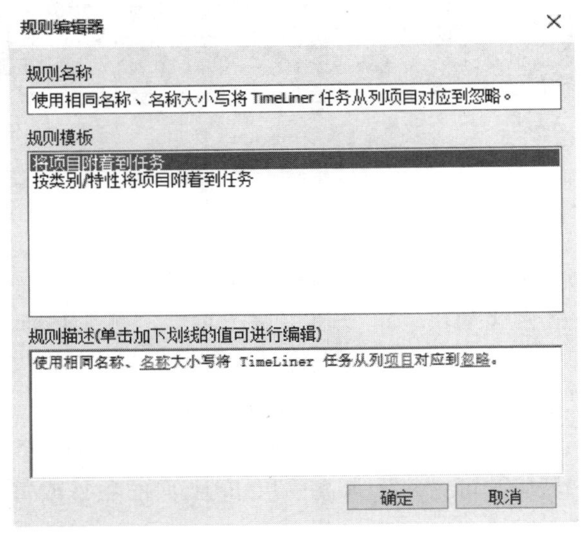

图 10-4 “规则编辑器”对话框

- 编辑：单击此按钮，打开“规则编辑器”对话框，编辑当前选定的规则。
- 删除：删除当前选定的规则。
- 导入/导出附加对象规则：从 XML 文件导入规则以及将规则导出到 XML 文件。
- 替代当前选择：如果选中此复选框，则在应用规则时，它们将替换所有现有附着项目。如果不选中此复选框，则这些规则会将项目附着到没有附着项目的相关任务。
- 应用规则：应用选定规则。

➢ 清除附加对象：从选定的任务拆离模型几何图形。

➢ 查找项目：基于从下拉列表中选择的搜索条件在进度中查找项目。

➢ 上移：在任务列表中上移选定任务，只能在其当前的层次级别内移动。

➢ 下移：在任务列表中下移选定任务，只能在其当前的层次级别内移动。

➢ 降级：在任务层次中将选定任务降低一个级别。

➢ 升级：在任务层次中将选定任务提高一个级别。

➢ 添加注释：单击此按钮，打开“添加注释”对话框，向任务添加注释。

➢ 列：单击此按钮，打开如图 10-5 所示的下拉菜单，可以从三种预定义列集合(“基本”“标准”或“扩展”)中选择要在“任务”视图中显示的列集合。单击“选择列”选项，打开如图 10-6 所示“选择 TimeLiner 列”对话框，选取需要的列，单击“确定”按钮，创建自定义列集合。

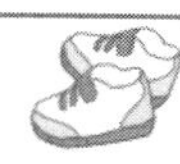

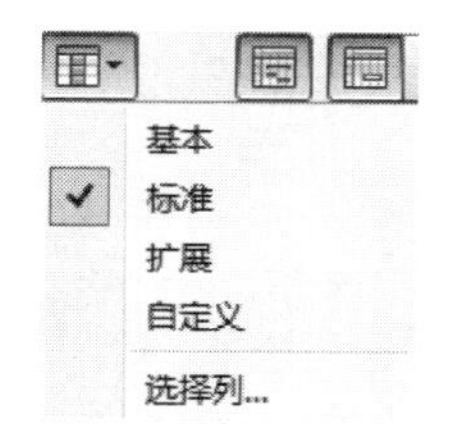

图 10-5　“列”下拉菜单

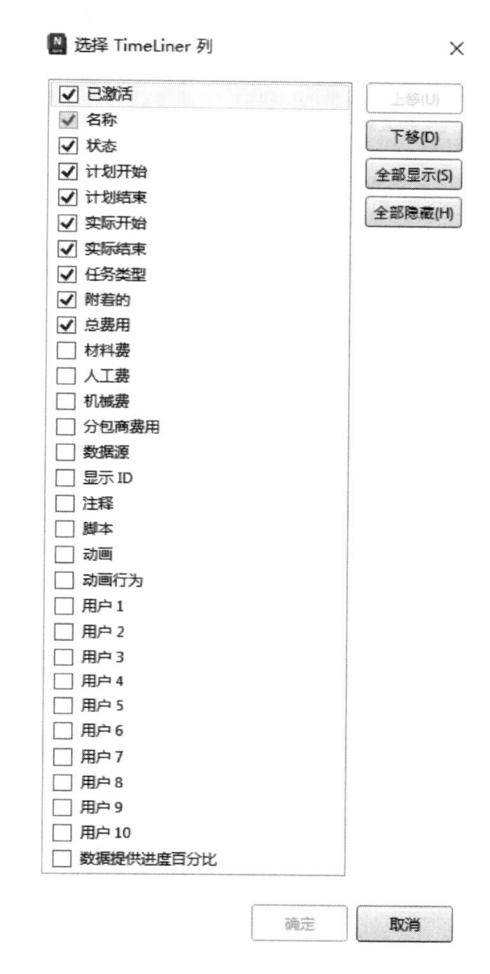

图 10-6　“选择 TimeLiner 列”对话框

- 显示/隐藏甘特图：单击此按钮，显示或隐藏甘特图。
- 显示计划日期：单击此按钮，在甘特图中显示计划日期。
- 显示实际日期：单击此按钮，在甘特图中显示实际日期。
- 显示计划与实际日期：单击此按钮，在甘特图中显示计划日期与实际日期。
- 缩放：拖动滑块调整显示的甘特图的分辨率。最左边的位置选择时间轴中的最小可用增量（如天），最右边的位置选择时间轴中的最大可用增量（如年）。
- 按状态过滤：单击此按钮，打开如图 10-7 所示的下拉菜单，根据所选任务状态过滤任务。过滤的任务会在“任务”视图和“甘特图”视图中临时隐藏，但不会对基础数据结构进行任何修改。
- 导出为选择集：从当前的 TimeLiner 层次中创建选择集。
- 导出计划：将 TimeLiner 进度导出为 CSV 或 Microsoft Project XML 文件。

Note

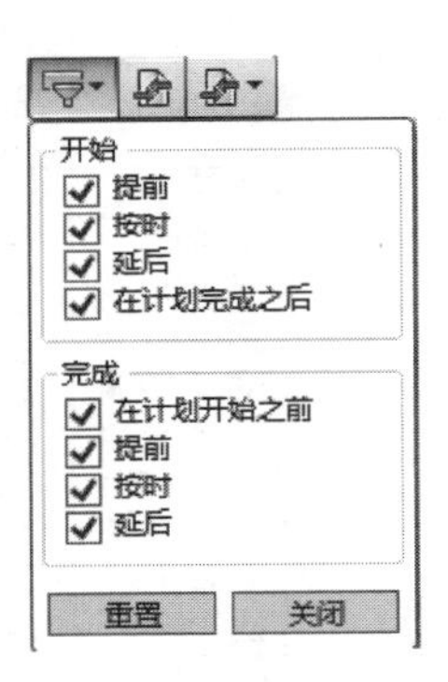

图 10-7 “按状态过滤”下拉菜单

10.1.2 “数据源”选项卡

通过“数据源”选项卡，可从第三方进度安排软件（如 Microsoft Project、Asta 和 Primavera）中导入任务，如图 10-8 所示。其中显示所有添加的数据源，以表格格式列出。

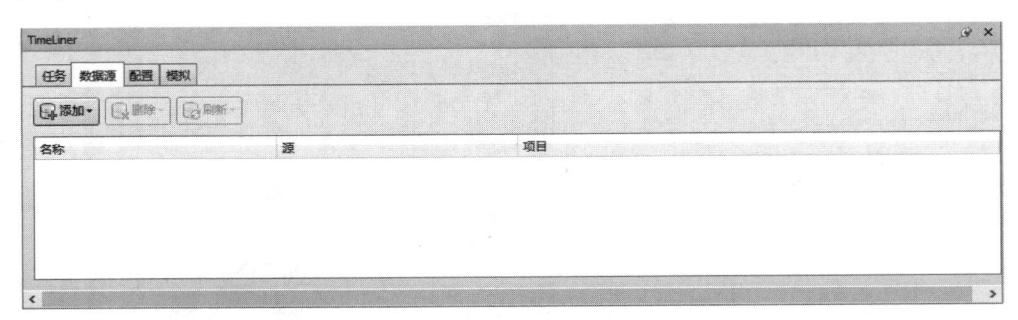

图 10-8 “数据源”选项卡

➢ 添加：单击此按钮，打开如图 10-9 所示的下拉菜单，单击任意项，打开“打开”对话框，导入 Microsoft Proect、Microsoft Excel、Primavera P6 等常用施工任务管理软件中生成的 MPP、CSV 等格式的施工任务数据，并依据这些数据为当前场景生成施工任务。

图 10-9 “添加”下拉菜单

➢ CSV 导入：选择此选项，打开“打开”对话框，选择 CSV 格式的数据文件，单击“打开”按钮，打开如图 10-10 所示的“字段选择器”对话框。

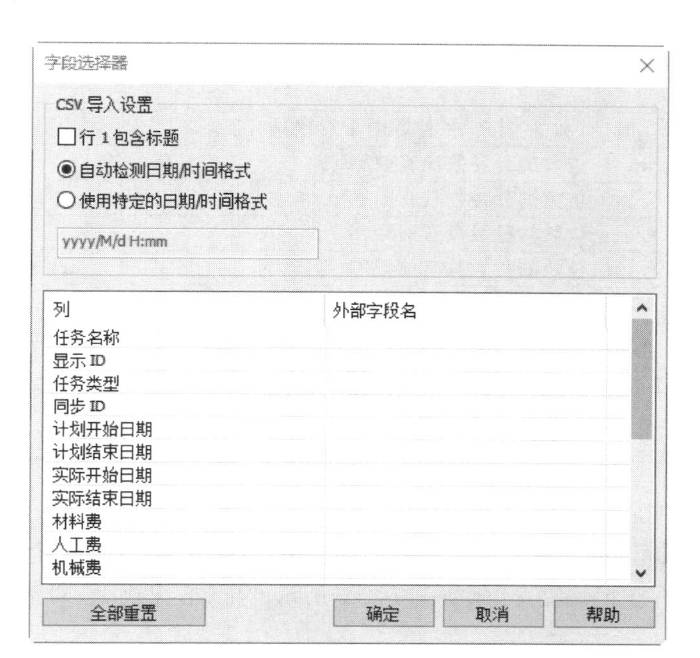

图 10-10 “字段选择器”对话框

行 1 包含标题：勾选此复选框，将 CSV 文件中的第一行数据视为列标题，TimeLiner 将使用它填充轴网中的“外部字段名”选项。

自动检测日期/时间格式：选择此选项，TimeLiner 尝试建立在 CSV 文件中使用的日期/时间格式。

使用特定的日期/时间格式：选择此选项，手动指定应使用的日期/时间格式。

提示：有效的日期/时间代码，见表 10-1。

表 10-1 有效的日期/时间代码

代 码	含 义
d,%d	一月中的第几日。一位数的日期没有前导零
dd	一月中的第几日。一位数的日期具有前导零
ddd	缩写的日名称
dddd	完整的日名称
M,%M	以数字表示的月份。一位数的月份没有前导零
MM	以数字表示的月份。一位数的月份名称具有前导零
MMM	缩写的月名称
MMMM	完整的月名称
y,%y	不带世纪的年份。如果小于 10,则没有前导零
yy	不带世纪的年份。如果小于 10,则具有前导零
yyyy	以四位数字表示的年份,包括世纪
h,%h	小时(12 小时制)。一位数的小时数没有前导零
hh	小时(12 小时制)。一位数的小时数具有前导零
H	小时(24 小时制)。一位数的小时数没有前导零

Note

续表

代　　码	含　　义
HH	小时(24 小时制)。一位数的小时数具有前导零
m,%m	分。一位数的分钟数没有前导零
mm	分。一位数的分钟数具有前导零
s,%s	秒。一位数的秒数没有前导零
ss	秒。一位数的秒数具有前导零
t,%t	AM/PM 标识符的第一个字符(如果有)
tt	AM/PM 标识符
z	GMT 时区偏移("+"或"-"后仅跟小时)。一位数的小时数没有前导零
zz	时区偏移。一位数的小时数具有前导零
zzz	完整的时区偏移,以小时和分钟表示。一位数的小时数和分钟数具有前导零

➢ 删除▾:删除当前选定的数据源。如果在将数据源删除之前刷新了数据源,则从该数据源读取的所有任务和数据都将保留在"任务"选项卡中。

➢ 刷新▾:单击此按钮,打开如图 10-11 所示的"从数据刷新"对话框,重新加载数据源。

从数据源刷新 ×

选择刷新数据的方式:

◉ 重建任务层次
导入与源关联的所有任务结构和数据。现有结构和导入的数据将被覆盖。

○ 同步
从源更新任务数据。现有结构保持不变。

图 10-11　"从数据刷新"对话框

- 重建任务层次:从选定的外部进度中读取所有任务和关联数据(如"字段选择器"对话框中所定义),并将其添加到"任务"选项卡。
- 同步:使用选定的外部进度中的最新关联数据(如开始日期和结束日期)更新"任务"选项卡中的所有现有任务。

10.1.3 "配置"选项卡

通过"配置"选项卡可以设置任务参数,例如任务类型、任务的外观定义以及模拟开始时的默认模型外观,如图 10-12 所示。

➢ 添加:单击此按钮,添加一个新的任务类型。

➢ 删除:选择任务类型,单击此按钮,删除选定的任务类型。

➢ 外观定义:单击此按钮,打开如图 10-13 所示的"外观定义"对话框,定义外观的透明度级别和颜色。

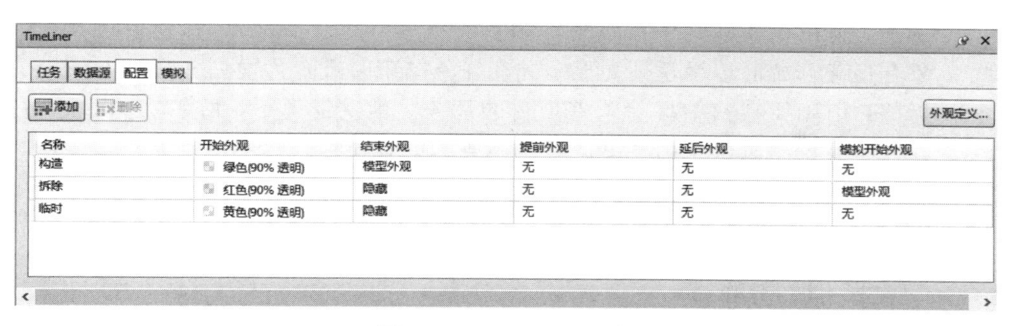

图 10-12 “配置”选项卡

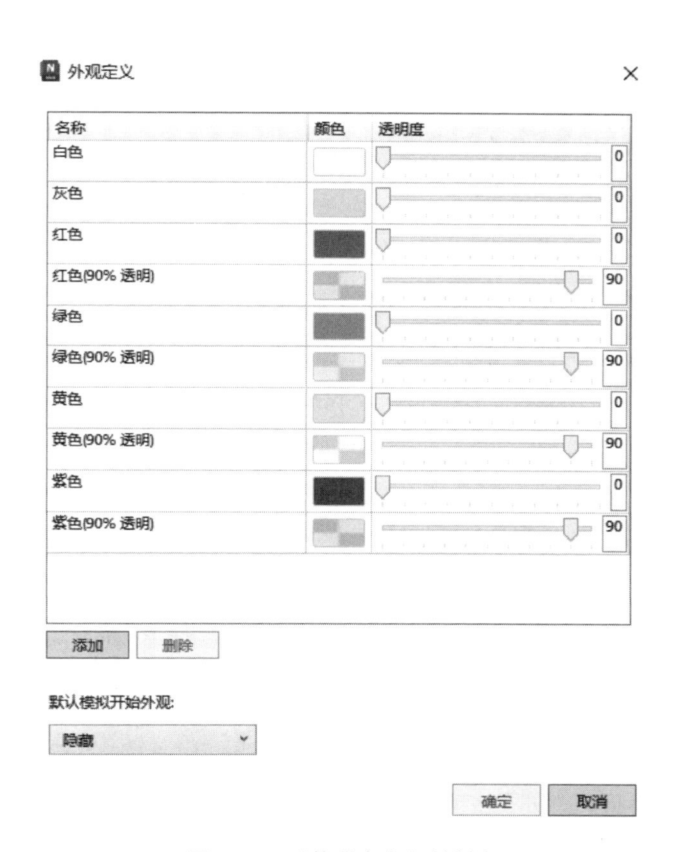

图 10-13 “外观定义”对话框

- 名称：根据需要单击名称对其进行修改。
- 颜色：双击颜色，打开“颜色”对话框，指定外观定义颜色。
- 透明度：拖动滑块或直接输入值更改外观定义透明度。
- 添加：单击此按钮，添加外观定义。
- 删除：单击此按钮，删除当前选定的外观定义。
- 默认模拟开始外观：在下拉列表中选择要在模拟开始时用于模型中所有对象的默认外观。默认为“隐藏”，适合模拟大多数构造序列。

➢ 任务类型：TimeLiner 附带三种预定义的任务类型，分别为构造、拆除和临时。

Note

• 构造：适用于要在其中构造附着项目的任务。默认情况下，在模拟过程中，对象在任务开始时以绿色高亮显示并在任务结束时重置为模型外观。

• 拆除：用于要在其中拆除附着项目的任务。默认情况下，在模拟过程中，对象在任务开始时以红色高亮显示并在任务结束时隐藏。

• 临时：适用于其中的附着项目仅为临时的任务。默认情况下，在模拟过程中，对象在任务开始时以黄色高亮显示并在任务结束时隐藏。

10.1.4 “模拟”选项卡

通过“模拟”选项卡可以在项目进度的整个持续时间内模拟 TimeLiner 序列，如图 10-14 所示。

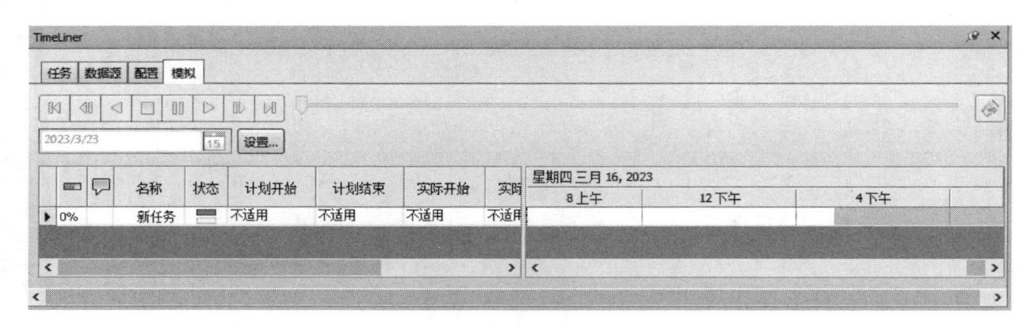

图 10-14 “模拟”选项卡

➢ 回放：将模拟倒回到开头。

➢ 上一帧：将后退一个步长。

➢ 反向播放：将反向播放模拟。

➢ 停止：将停止播放模拟，并倒回到开头。

➢ 暂停：单击此按钮，暂停播放模拟，再次单击“播放”按钮，从暂停的位置继续播放模拟。

➢ 播放：将从当前选定时间开始播放模拟。

➢ 下一帧：将前进一个步长。

➢ 前进：将模拟快进到结尾。

➢ 模拟位置：拖动滑块快进和快退模拟。最左侧为开头，最右侧为结尾。

➢ 导出动画：单击此按钮，打开如图 10-15 所示的“导出动画”对话框，将 TimeLiner 动画导出为 AVI 文件或一系列图像文件。

➢ 设置：单击此按钮，打开如图 10-16 所示的“模拟设置”对话框，可以设置模拟开始日期、结束日期、时间间隔等参数。

• 替代开始/结束日期：勾选此复选框，启用日期框，从中选择开始日期和结束日期替代运行模拟的开始日期和结束日期。

• 时间间隔大小：设置播放控件中使用的步进。既可以设置为整个模拟持续时间的百分比，也可以设置为绝对的天数或周数等，如图 10-17 所示。

• 显示时间间隔内的全部任务：勾选此复选框，高亮显示时间间隔内正在处理的

Note

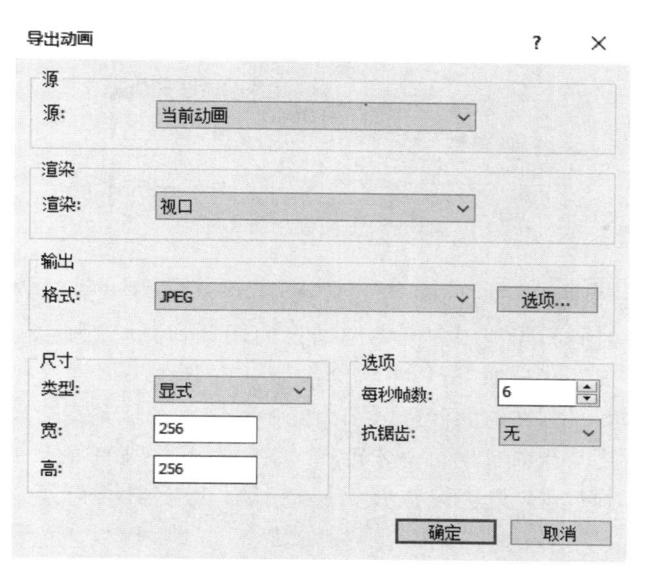

图 10-15 “导出动画”对话框

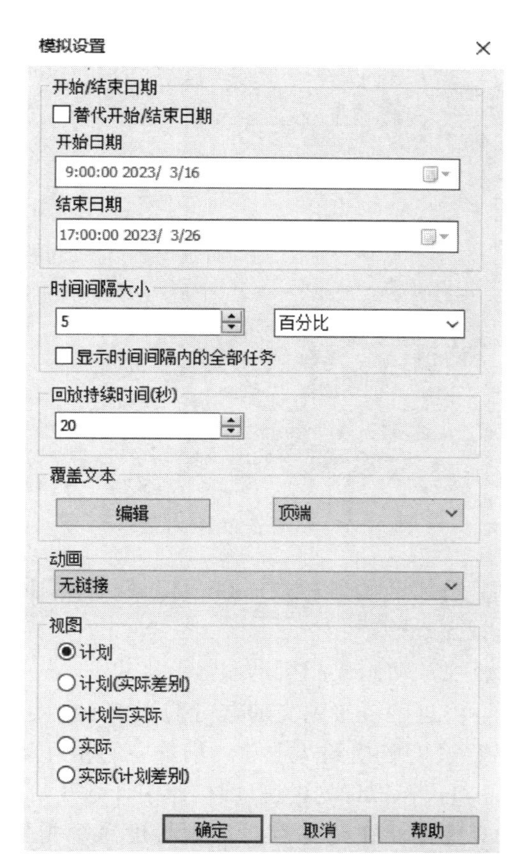

图 10-16 “模拟设置”对话框

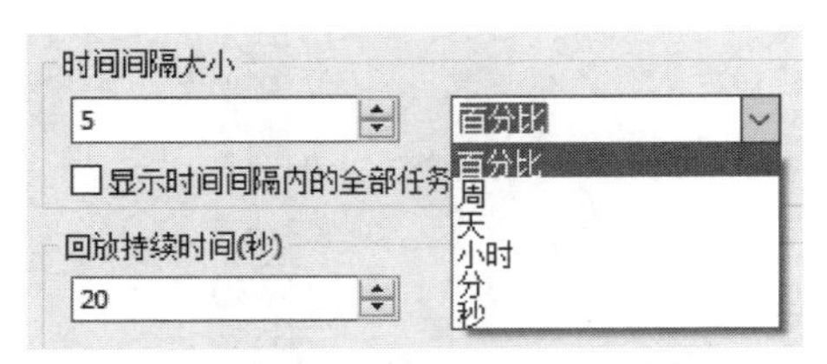

图 10-17　时间间隔大小

所有任务。例如，将“时间间隔大小”设置为 5 天，则此 5 天之内处理的所有任务（包括在时间间隔范围内开始和结束的任务）都设置为它们在“场景视图”中的“开始外观”。“模拟”滑块下将会绘制一条蓝线来体现这一点。如果取消此复选框的勾选，则在时间间隔范围内开始和结束的任务不会以此种方式高亮显示，并且需要与当前日期重叠才可在“场景视图”中高亮显示。

- 回放持续时间：定义从模拟开始一直播放到模拟结束所需的时间，以秒为单位。
- 覆盖文本：单击“编辑”按钮，打开如图 10-18 所示“覆盖文本”对话框，编辑覆盖文本中显示的信息。从下拉列表选择选项定义是否应在“场景视图”中覆盖当前模拟日期，以及覆盖后此日期是应显示在屏幕的顶部还是底部。

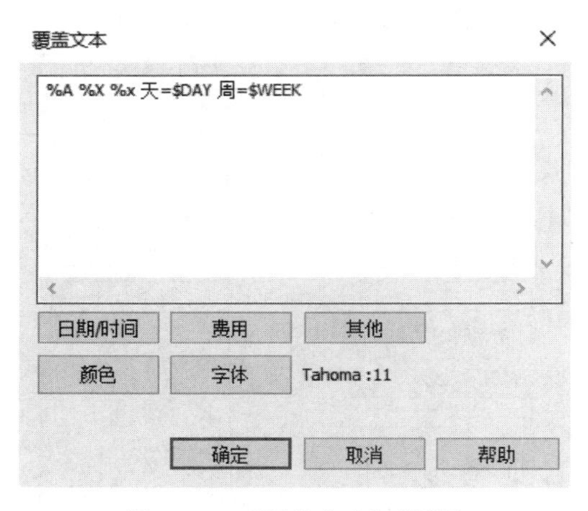

图 10-18　“覆盖文本”对话框

- 动画：向整个进度添加动画，以便在 TimeLiner 序列播放过程中，Navisworks 还会播放指定的视点动画或相机。

  无链接：将不播放视点动画或相机动画。

  保存的视点动画：将进度链接到当前选定的视点或视点动画。

  场景 X->相机：将进度链接到选定动画场景中的相机动画。
- 计划：选择此视图将仅模拟计划进度（即仅使用计划开始日期和计划结束日期）。
- 计划（实际差别）：选择此视图将针对计划进度来模拟实际进度。此视图仅高亮显示计划日期范围（即介于计划开始日期和计划结束日期之间的时间）内附着到任务的项目，如图 10-19 所示。

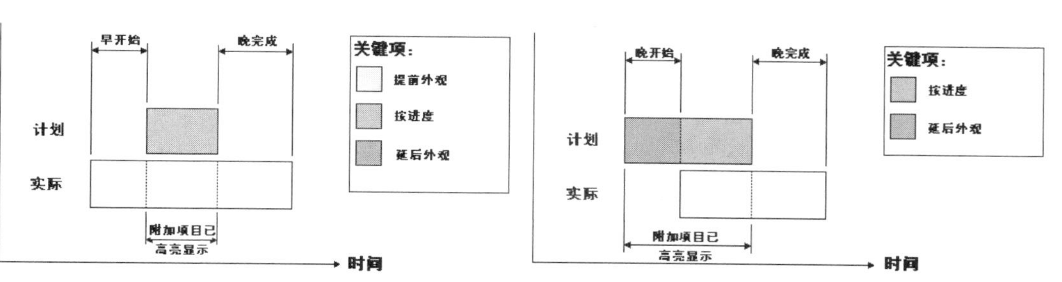

图 10-19　计划(实际差别)示意图

- 计划与实际：选择此视图将针对计划进度来模拟实际进度。这将高亮显示整个计划和实际日期范围(即介于实际开始日期和计划开始日期中的最早者与实际结束日期和计划结束日期中的最晚者之间的时间)内附着到任务的项目，如图 10-20 所示。

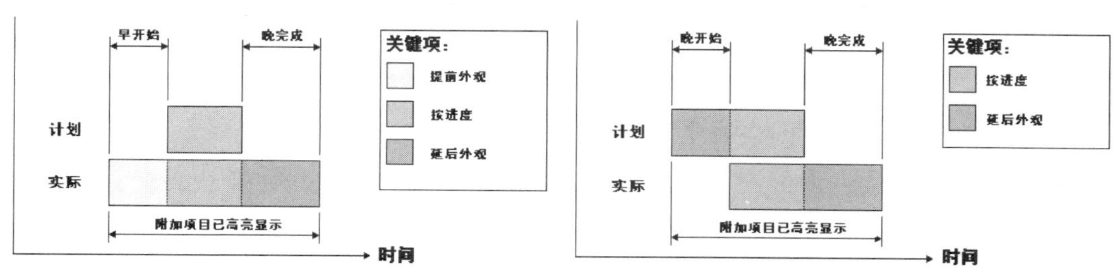

图 10-20　计划与实际示意图 1

- 实际：选择此视图将仅模拟实际进度(即仅使用实际开始日期和实际结束日期)。
- 实际(计划差别)：选择此视图将针对计划进度来模拟实际进度。此视图仅高亮显示实际日期范围(即介于实际开始日期和实际结束日期之间的时间)内附着到任务的项目，如图 10-21 所示。

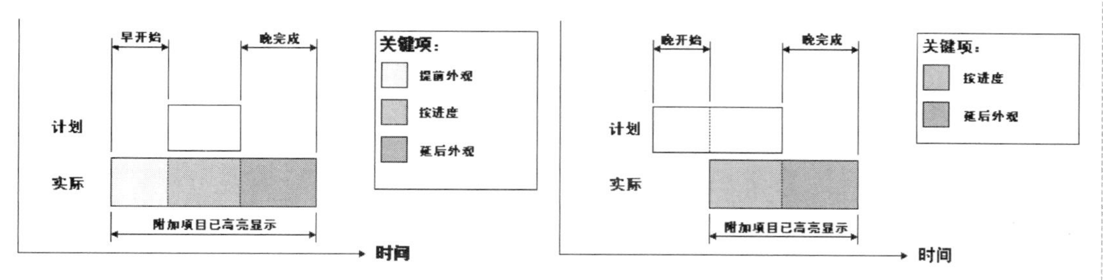

图 10-21　计划与实际示意图 2

10.2　使用 TimeLiner

使用 TimeLiner 创建施工模拟动画，需要先定义施工任务，指定任务周期，确定任务对象以及任务类型。

10-1

Note

10.2.1 定义施工任务

（1）打开结构模型，如图 10-22 所示。

（2）单击“常用”选项卡“选择和搜索”面板中的“选择”按钮，按住 Ctrl 键，选取一层的所有结构柱，单击“集合”窗口中的“保存选择”按钮，创建选择集，更改名称为“1 层结构柱”，按 Enter 键确认，采用相同的方法，创建其他集合，如图 10-23 所示。

图 10-22 结构模型

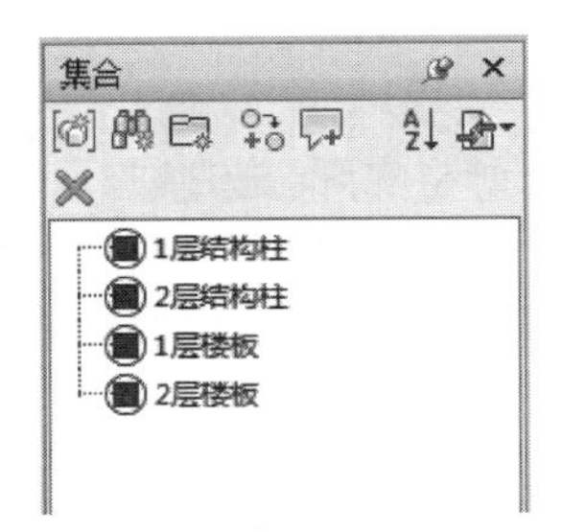

图 10-23 创建集合

（3）单击“动画”选项卡“创建”面板中的 Animator 按钮，打开 Animator 窗口，单击“添加场景”按钮，在打开的菜单中选择“添加场景”选项，在树视图上添加“场景 1”。在树视图的“场景 1”上右击，在弹出的快捷菜单中选择“添加剖面”，添加剖面到场景 1 中，更改名称为“1 层结构柱”。

（4）单击“视点”选项卡“剖分”面板中的“启用剖分”按钮，打开 “剖分工具”选项卡。在“平面设置”面板中的“当前平面”下拉菜单中选择“平面 2”并显示，在“对齐”下拉菜单中选择顶部。

（5）在 Animator 窗口中，在 0 秒处，单击“变换”面板中的“移动”按钮，在当前平面上显示移动控件，拖动蓝色轴移动当前平面到第一层结构柱的底端，单击“捕捉关键帧”按钮，在 0 秒处添加关键帧。

（6）将时间线拖动到 2 秒处，拖动控件上蓝色轴移动当前平面到第一层结构柱的顶端，再次单击“移动”按钮，不显示平面和控件，单击 “捕捉关键帧”按钮，添加关键帧，如图 10-24 所示。

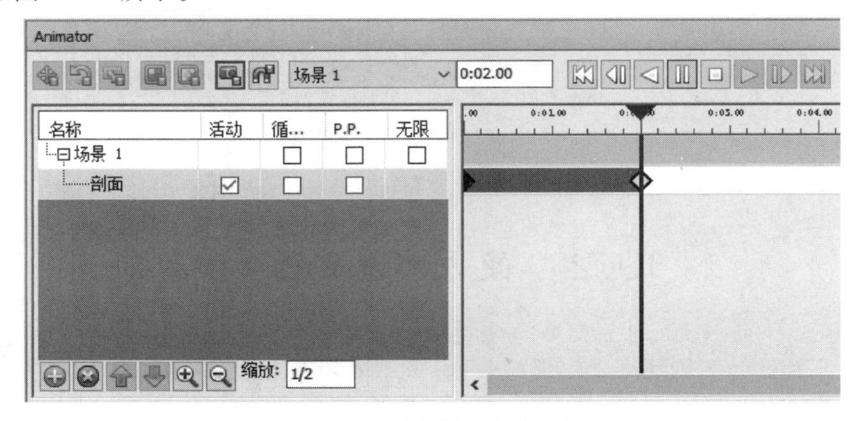

图 10-24 添加第二个关键帧

Note

(7) 再次单击“启用剖分”按钮，关闭剖分工具。在 Animator 窗口中，单击“添加场景”按钮，在打开的菜单中选择“添加场景”选项，在树视图上添加“场景 2”。在树视图的“场景 1”上右击，在弹出的快捷菜单中选择“添加相机”→“空白相机”选项，添加相机到场景 1 中，更改名称为“旋转”。

(8) 在 Animator 窗口中，在 0 秒处，单击“捕捉关键帧”按钮，在 0 秒处添加关键帧。

(9) 将时间线拖动到 3 秒处，单击“视点”选项卡“导航”面板中的“环视”按钮，拖动鼠标按逆时针方向旋转模型到新视点位置，单击“捕捉关键帧”按钮，添加关键帧。

(10) 采用相同的方法，旋转模型并在其他位置添加关键帧，如图 10-25 所示。

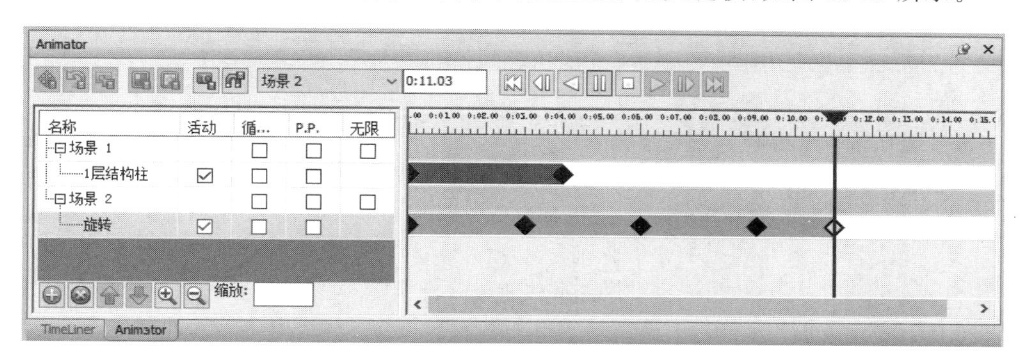

图 10-25　创建旋转动画

(11) 单击“常用”选项卡“工具”面板中的 TimeLiner 按钮，打开 TimeLiner 窗口，单击“添加任务”按钮，添加新任务，如图 10-26 所示。

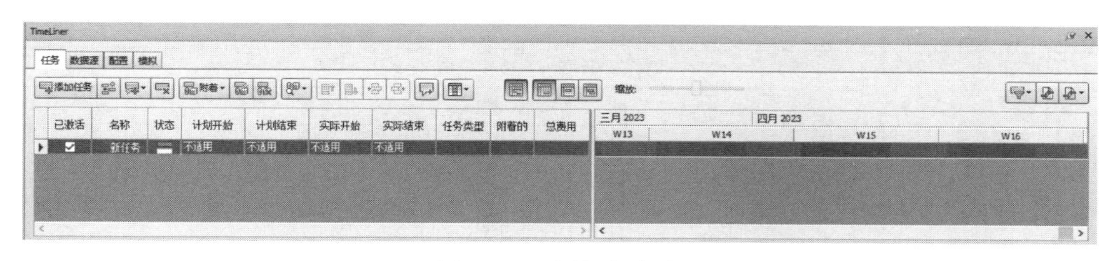

图 10-26　添加新任务

(12) 单击“任务”选项卡“名称”列单元格，输入新名称为“1 层结构柱”，单击“计划开始”列单元格，在弹出的日历中选择 2023 年 3 月 1 日作为该任务的计划开始日期，如图 10-27 所示，采用相同的方法，更改计划结束日期、实际开始日期和实际结束日期，如图 10-28 所示。

提示： 每个任务都使用图标来标识自己的状态。系统会为每个任务绘制两个单独的条，显示计划与实际关系。颜色用于区分任务的早(蓝色)、按时(绿色)、晚(红色)和计划(灰色)部分。圆点标记计划开始日期和计划结束日期。具体见表 10-2。

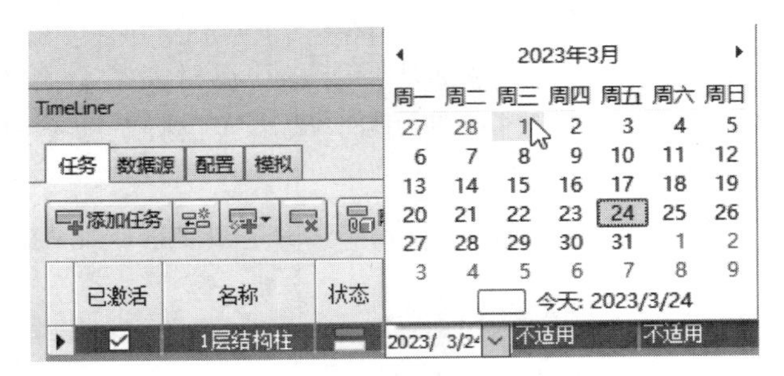

图 10-27　选择日期

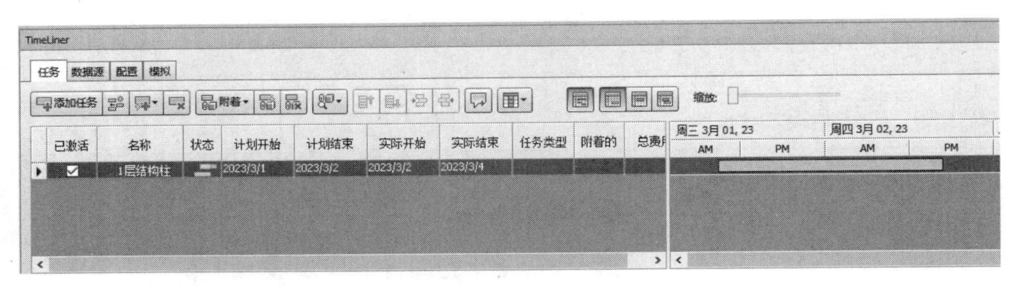

图 10-28　调整日期

表 10-2　任务状态

状态图标	含　　义
	在计划开始之前完成
	早开始，早完成
	早开始，按时完成
	早开始，晚完成
	按时开始，早完成
	按时开始，按时完成
	按时开始，晚完成
	晚开始，早完成
	晚开始，按时完成
	晚开始，晚完成
	在计划完成之后开始
	没有比较

（13）单击“任务类型”列单元格，然后单击 ⌄ 按钮，在打开的“任务类型”下拉列表中选择“构造”选项，如图 10-29 所示。

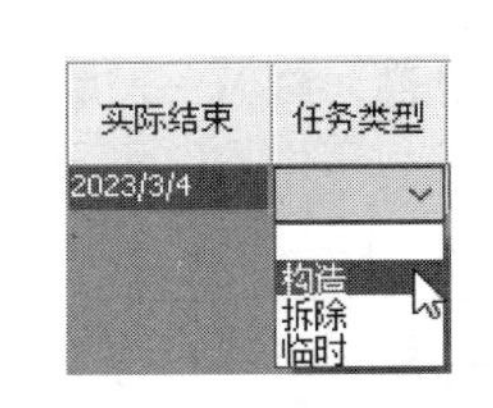

图 10-29　“任务类型”下拉列表

（14）在“附着的”列单元格上右击，在弹出的快捷菜单中选择“附着集合”→“1 层结构柱”选项，如图 10-30 所示，将 1 层结构柱选择集附着给“1 层结构柱”任务。

- 附着集合：将选择集中包含的所有项目附着到选定任务。选择此选项时，将显示当前场景中保存的所有选择集和搜索集的列表。
- 附加当前选择：将场景中的当前选定项目附加到已附着到选定任务的项目。

Note

➢ 清除附加对象：从此任务删除附加对象。

➢ 插入任务：在“任务”视图中一个当前选定任务的上方插入新任务。

➢ 自动添加任务：为每个最高层、最上面的项目或每个搜索集和选择集自动添加任务。

➢ 查找：根据在“查找”菜单中选择的搜索条件，在进度中查找项目。

(15) 单击“列”按钮，在其下拉列表中选择“选择列”选项，打开“选择TimeLiner列”对话框，勾选“动画”和“动画行为”复选框，如图10-31所示，单击“确定”按钮，在“任务视图”中添加“动画”和“动画行为”列。

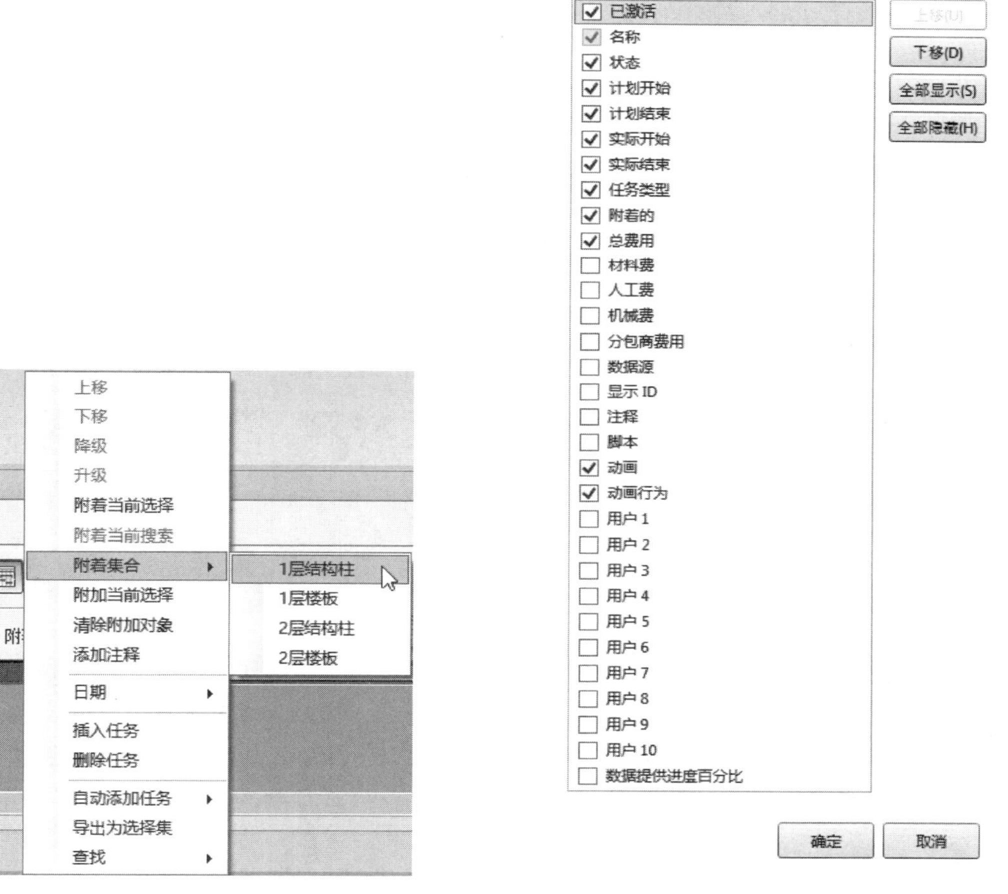

图 10-30 快捷菜单

图 10-31 “选择 TimeLiner 列”对话框

(16) 单击“动画行为”列单元格，在打开的“动画行为”下拉列表中选择“缩放”选项，如图10-32所示。

➢ 缩放：系统将自动缩放 Animator 创建的动画时间长度以适应当前任务在施工模拟显示时的播放时间。

➢ 匹配开始：系统将根据当前任务在施工模拟动画的开始时间与 Animator 创建

动画的开始时间匹配。

➢ 匹配结束：系统将根据当前任务在施工模拟动画的结束时间与 Animator 创建动画的结束时间匹配。

Note

（17）单击"动画"列单元格，在打开的"动画"下拉列表中选择前面创建的"场景 1"选项，如图 10-33 所示。

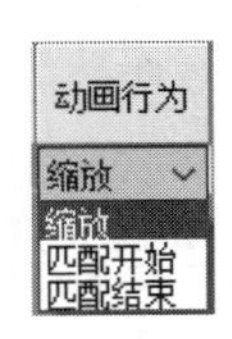

图 10-32　"动画行为"下拉列表

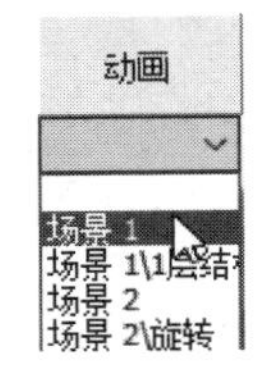

图 10-33　"动画"下拉列表

（18）将鼠标放在任务安特图的起始位置，鼠标指针显示为[icon]，按住并拖动鼠标将调整当前任务的进度，将鼠标放在任务的结束时间位置，鼠标指针显示为[icon]，按住并拖动鼠标调整任务的结束时间。

（19）重复上述步骤，添加"1 层楼板""2 层结构柱"和"2 层楼板"任务，如图 10-34 所示。

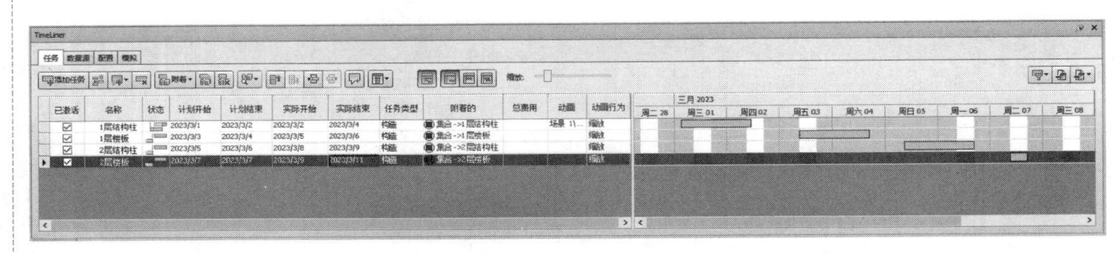

图 10-34　添加任务

10-2

10.2.2　施工模拟动画

（1）切换至"模拟"选项卡，单击"播放"按钮[icon]，在当前场景中预览当前施工动画。

（2）单击"日历"图标[icon]，在打开的日历中选择日期为 2023 年 3 月 4 日，此时将在 TimeLiner 窗口中显示当天的施工任务名称、状态以及计划开始和结束时间等信息，同时模拟位置滑块将移动到相应位置，并在场景中显示该日期的施工状态，如图 10-35 所示。

（3）单击"设置"按钮，打开"模拟设置"对话框，设置"时间间隔大小"为 1 天，"回放持续时间"为 25。

（4）单击"覆盖文本"选项组中的"编辑"按钮，打开"覆盖文本"对话框，单击"其他"按钮，在打开的下拉菜单中选择"当前活动任务"选项，如图 10-36 所示，系统自动添加"$TASKS"字段，单击"确定"按钮，返回到"模拟设置"对话框。

（5）在"动画"下拉列表中选择"场景 2->旋转"，然后选择"计划与实际"选项，如图 10-37 所示，单击"确定"按钮。

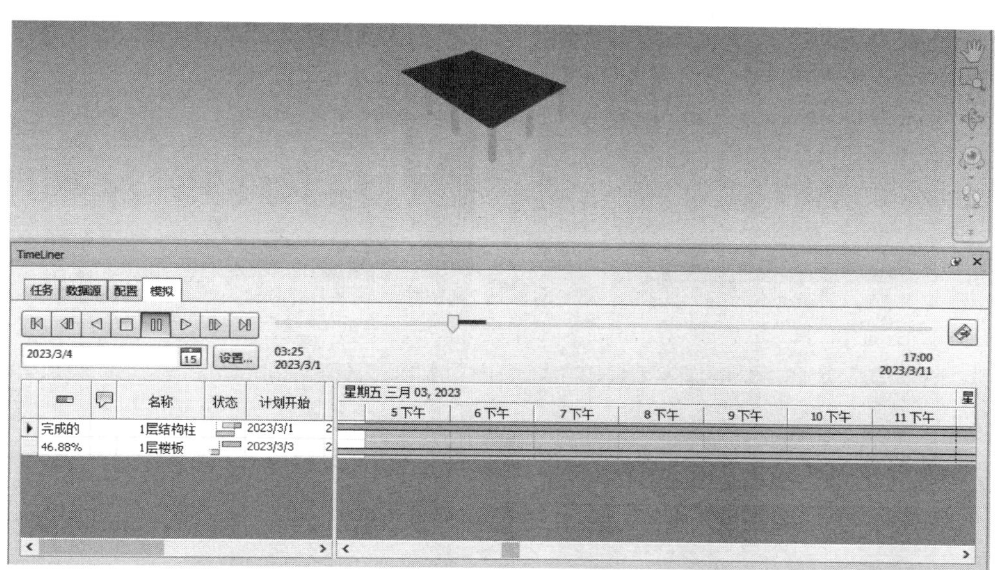

图 10-35　显示信息

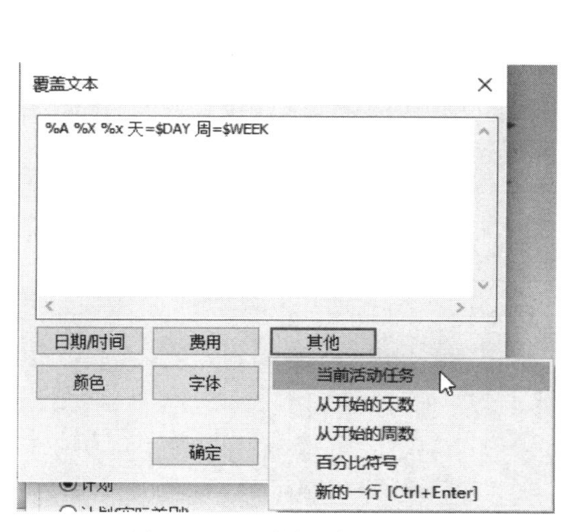

图 10-36　“覆盖文本”对话框

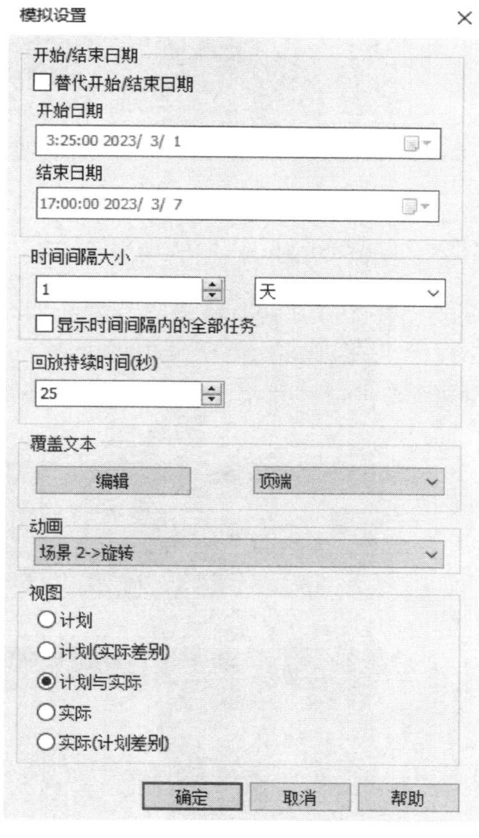

图 10-37　“模拟设置”对话框

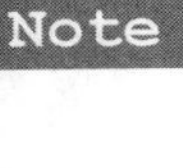

Note

（6）单击“播放”按钮▷，预览当前施工任务模拟，系统在显示施工任务的同时将播放旋转动画，实现场景旋转展示，如图10-38所示。

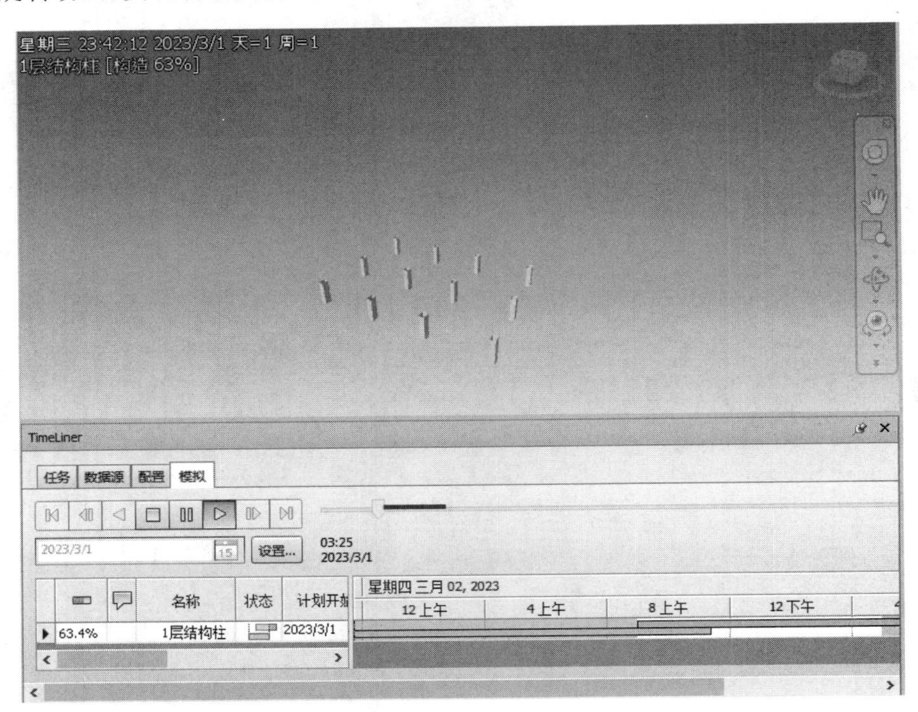

图10-38　施工模拟

（7）单击“导出动画”按钮，打开“导出动画”对话框，选择源为“TimeLiner模拟”，设置“格式”为Windows AVI，尺寸“类型”为“使用视图”，其他采用默认设置，如图10-39所示。

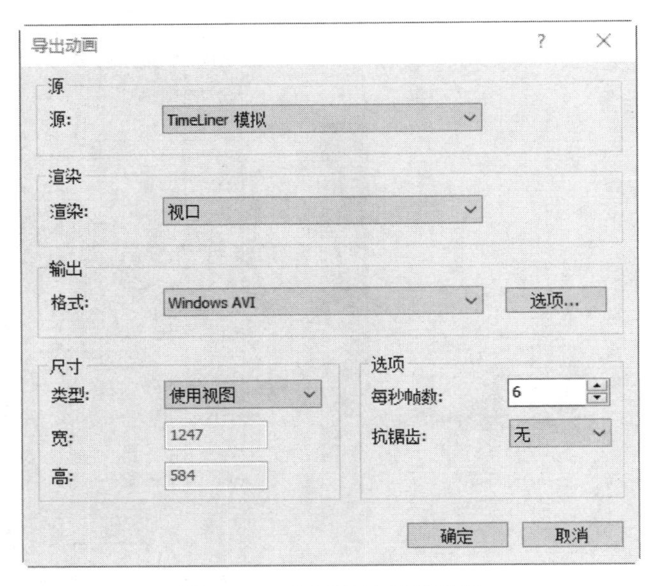

图10-39　“导出动画”对话框

（8）单击“确定”按钮，打开如图 10-40 所示的“另存为”对话框，设置保存路径，输入文件名为“施工模拟动画”，单击“保存”按钮，将动画保存到指定位置。

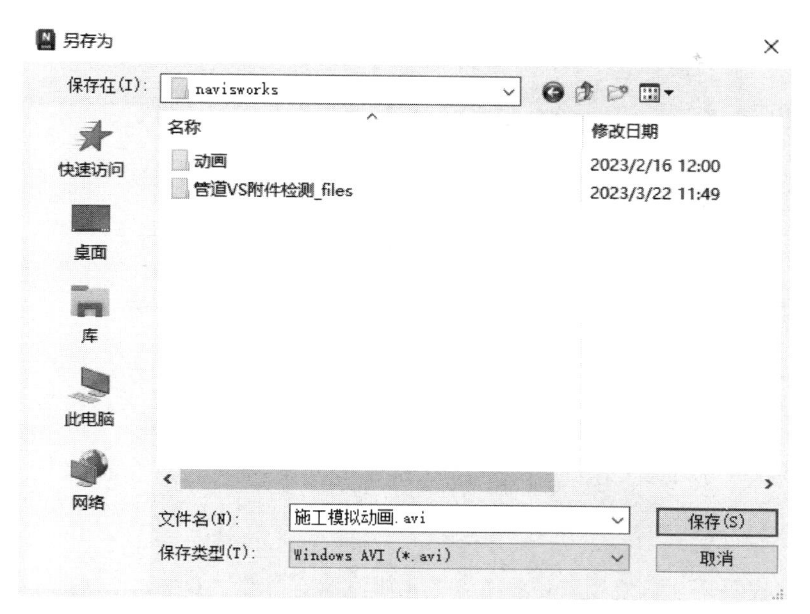

图 10-40　“另存为”对话框

工程量计算

在 Navisworks 中，使用 Quantification 功能执行算量。Quantification 可帮助用户自动估算材质、测量面积和计数建筑构件。可以针对新建和改建工程项目进行估算，因此用于计算项目数量和测量的时间将会减少，从而将更多时间用在分析项目上。

11.1 Quantification 概述

Quantification 支持三维(3D)和二维(2D)设计数据的集成。可以合并多个源文件并生成数量算量。对整个建筑信息模型进行估算，然后创建同步的项目视图，这些视图会将来自 BIM 工具(如 Revit 和 AutoCAD 软件)的信息与来自其他工具的几何图形、图像和数据合并起来，然后，可以将算量数据导出到 Excel 文件中，以便进行分析，并通过 Autodesk BIM 360 在云中与其他项目团队成员共享，实现优化协作。

11.1.1 Quantification 工作流

典型的工作流从 Autodesk 设计应用程序(如 AutoCAD、AutoCAD Civil 3D 和 Revit)中创建的设计文件开始。

(1) 在 Navisworks 中，打开设计数据的源文件。

(2) 打开 Quantification 工作簿。

(3) 设置项目。

(4) 创建或选择算量项目。

(5) 隐藏不需要的项目。

(6) 对不在目录中的项目使用测量工具(用于虚拟算量)。

(7) 组织算量项目(更改项目顺序，创建新项目)。

(8) 编辑公式/参数。

(9) 更改数据后刷新模型。

(10) 分析并验证算量数据。

(11) 将算量数据输出为 Excel XLSX 格式。

Note

11.1.2　算量方法

Quantification 支持三维 DWF(x)模型以及二维 DWF(x)和 DWG 文件的模型(自动)算量、虚拟(手动)算量和二维(标记)算量。

1. 模型算量

模型算量使用嵌入在设计源文件中的属性来创建算量数据。它将从模型提取对象,并在 Quantification 工作簿中将对象显示为项目。

2. 虚拟算量

执行虚拟算量添加未链接到模型对象的算量项目,或其中的项目显示在模型中但不包含关联属性的算量项目。可以将测量工具与虚拟算量结合使用,并将视点与虚拟算量项目相关联。

3. 二维算量

跟踪二维工作表上的现有几何图形(如楼层平面图)以自动创建算量。

11.2　创建项目

11-1

项目是用于生成详细材质数量的文件和算量项目的集合。

在 Quantification 中使用的每个文件或多个文件都必须具有关联的项目。在 Quantification 中第一次打开文件时,将显示项目设置向导。

(1) 打开"结构.rvt"模型文件,如图 11-1 所示。

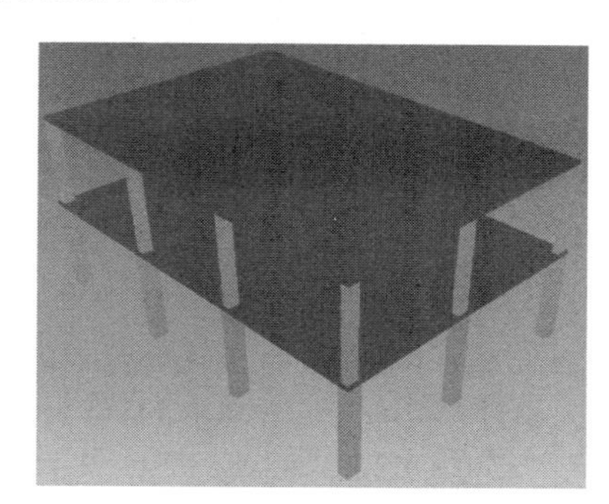

图 11-1　结构模型

(2) 单击"常用"选项卡"工具"面板中的 Quantification 按钮,打开如图 11-2 所示的"Quantification 工作簿"窗口。

(3) 单击"项目设置"按钮,打开如图 11-3 所示的"Quantification 设置向导"对话框 1,选择"无"选项,单击"下一步"按钮。

➢ 使用列出的目录:系统内置了 CSI-16、CSI-48 和 Uniformat 几种预设的项目 WBS 组织结构。CSI-16、CSI-48 和 Uniformat 均是由美国建筑标准协会(Construction Specification Institute,CSI)提出的建筑分解方式,其中 CSI-16 和 CSI-48 又称 MasterFormat,该规则是按构件材料特性分类的;Uniformat 则是按构件的建筑功能分类。

Note

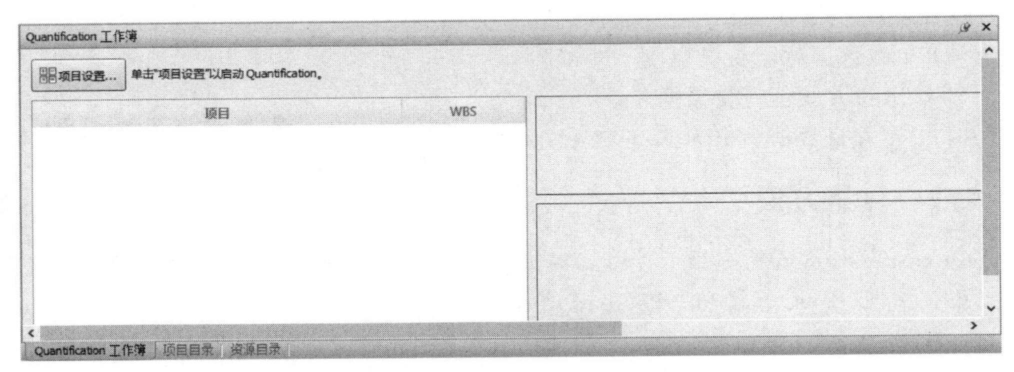

图 11-2 “Quantification 工作簿”窗口

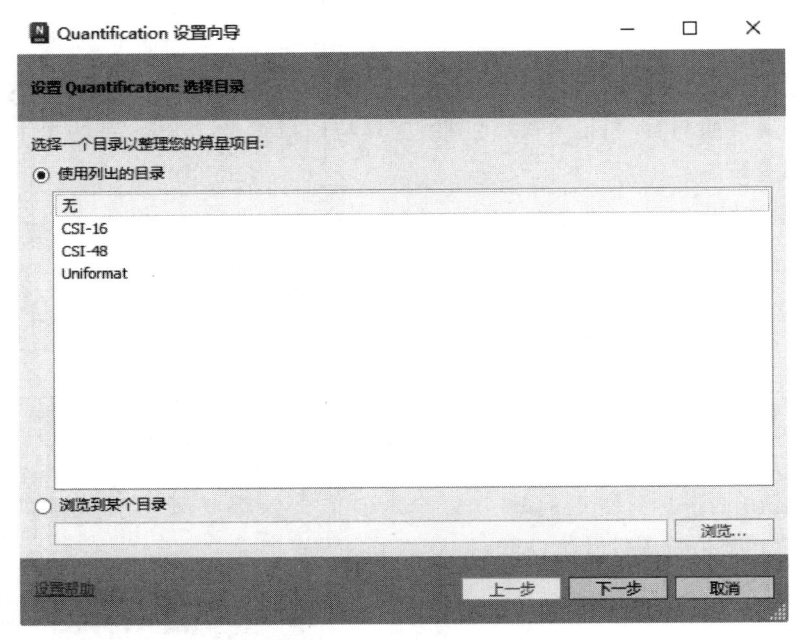

图 11-3 “Quantification 设置向导”对话框 1

➢ 浏览到某个目录：选择该选项，然后单击“浏览”按钮，打开“打开”视口，选择自定义的目录，单击“打开”按钮，以使用非标准目录。目录应采用 XML 格式，并且包含的测量单位和属性必须与当前项目文件中包含的目录相同。

(4) 打开如图 11-4 所示的“Quantification 设置向导”对话框 2，选择“公制(将模型值转换为公制单位)”选项，单击“下一步”按钮。

➢ 英制(将模型值转换为英制单位)：将模型中的单位转换为英制单位，例如英尺、英镑或加仑。

➢ 公制(将模型值转换为公制单位)：将模型中的单位转换为公制单位，例如米、千克或升。

➢ 变量(按原样读取模型值)：使用现有的模型值。可以在下一向导页面中更改每个单独算量属性的单位。

Note

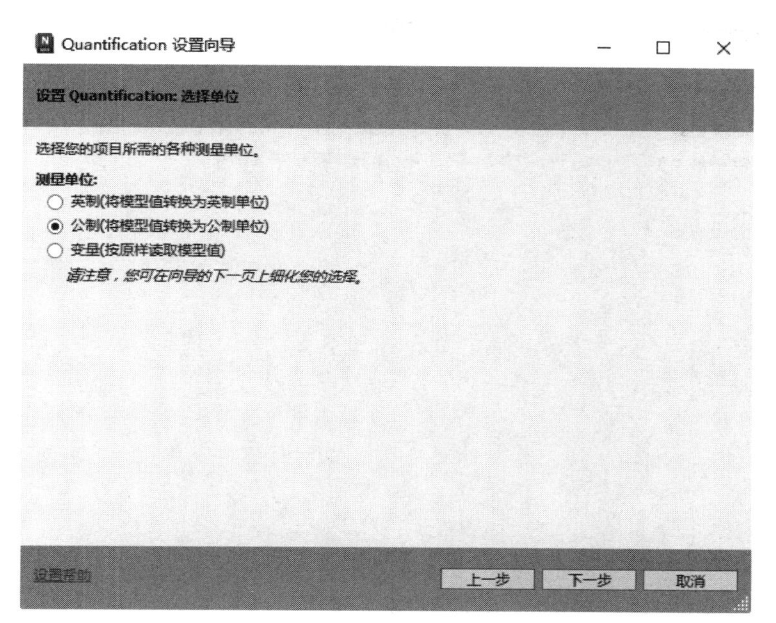

图 11-4　“Quantification 设置向导”对话框 2

（5）打开如图 11-5 所示的“Quantification 设置向导”对话框 3，根据需要可以从每个属性的下拉列表中选择单位，这里采用默认设置，单击“下一步”按钮。

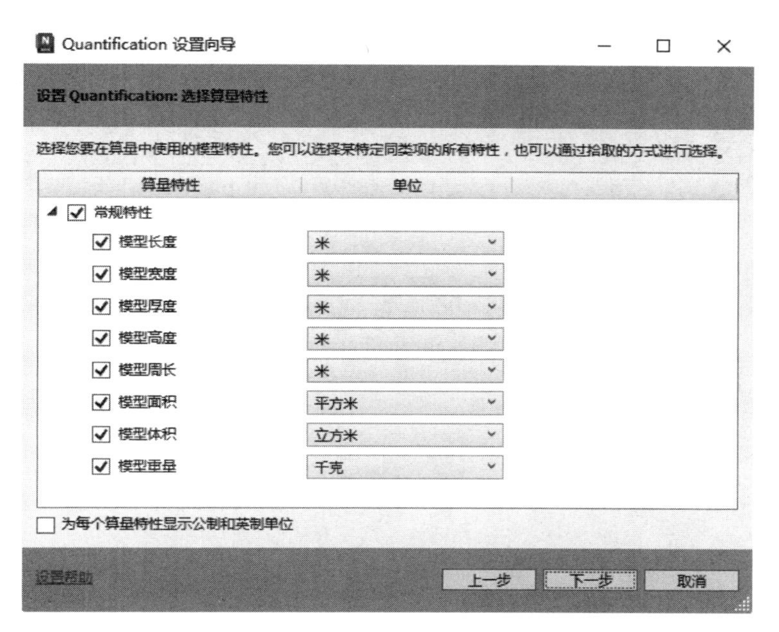

图 11-5　“Quantification 设置向导”对话框 3

（6）打开如图 11-6 所示的“Quantification 设置向导”对话框 4，Quantification 提示已经准备好创建算量数据库，单击“完成”按钮，“Quantification 工作簿”窗口变成如图 11-7 所示。

Note

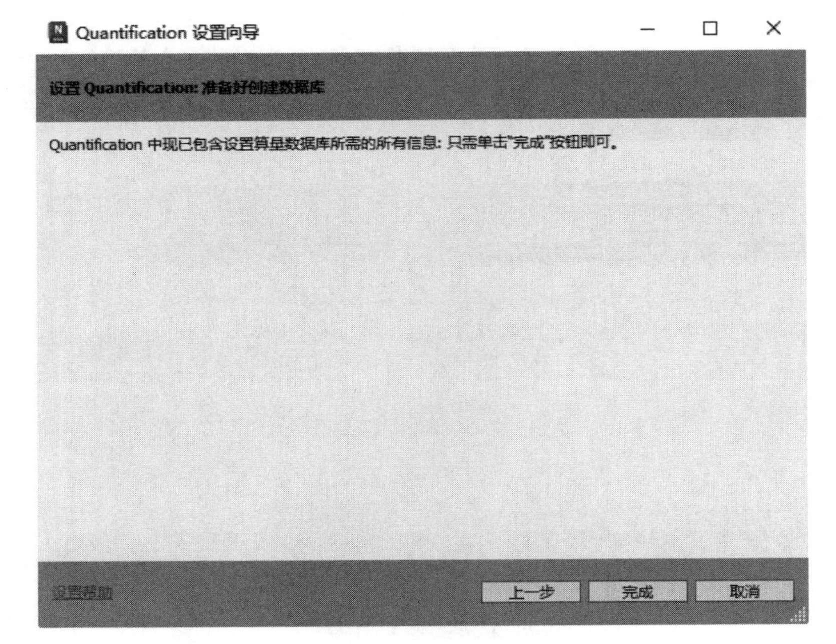

图 11-6 "Quantification 设置向导"对话框 4

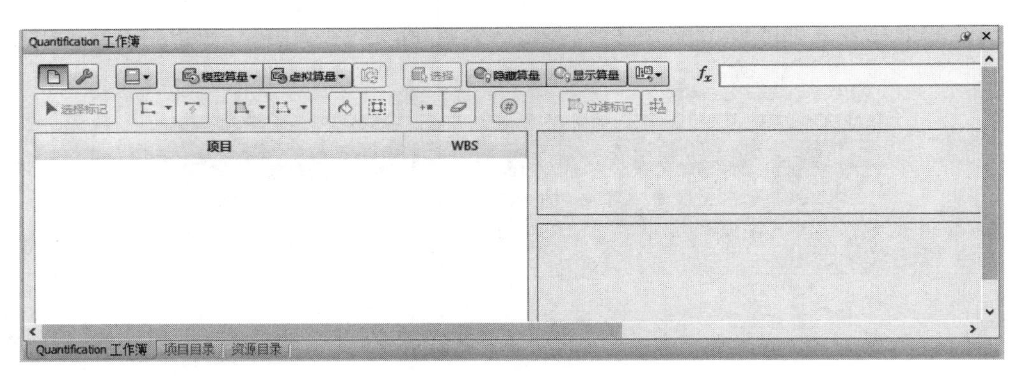

图 11-7 "Quantification 工作簿"窗口

11-2

11.3 计算三维算量

(1) 在"Quantification 工作簿"窗口中单击"项目目录",切换到"项目目录"选项卡,如图 11-8 所示。

(2) 单击"新建组"按钮,创建新的分组,输入组名称为"结构柱",工作分解结构编码(WBS)为默认的 1,如图 11-9 所示。

(3) 在项目视图中的空白位置单击,使"结构柱"组不处于选中状态,继续单击"新建组"按钮,创建新的分组,输入组名称为"结构楼板",工作分解结构编码为默认的 2,如图 11-10 所示。

图 11-8 “项目目录”选项卡

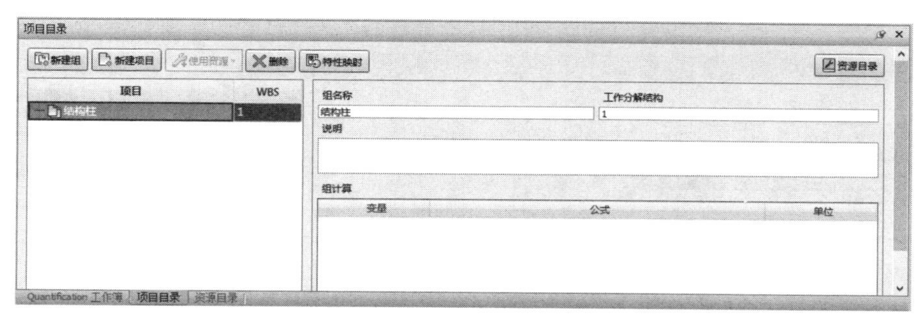

图 11-9 新建“结构柱”组

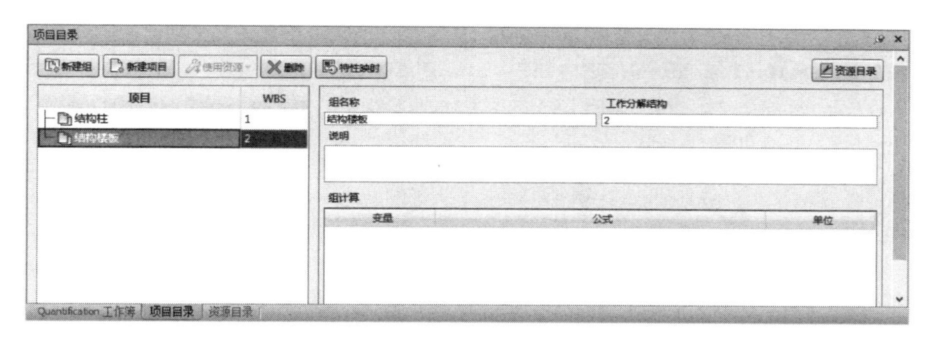

图 11-10 新建“结构楼板”组

提示：如果新建的组处于选中状态，则“新建组”按钮将为当前所选组创建二级组，如图 11-11 所示。

（4）选取“结构柱”分组，单击“新建项目”按钮，输入项目名称为“框架柱”，工作分解结构采用默认的 1，单击“颜色”色块，打开“颜色”对话框，选择黄色，单击“确定”按钮，返回到“项目目录”窗口，如图 11-12 所示。

（5）单击“使用资源”按钮，在其下拉列表中选择“使用新的主资源”选项，如图 11-13 所示，打开“新建主资源”对话框，输入资源名称为“C30 混凝土”，资源分解结构为 1，输入“周长”变量的公式为“=(长度+宽度)*2”，“面积”变量的公式为“=长度*宽度”，“体积”变量的公式为“=面积*高度”，“重量”变量的公式为“=体积*2400”，如图 11-14 所示，单击“在项目中使用”按钮，将该资源添加到项目目录的“框架柱”类别中，如图 11-15 所示。

Note

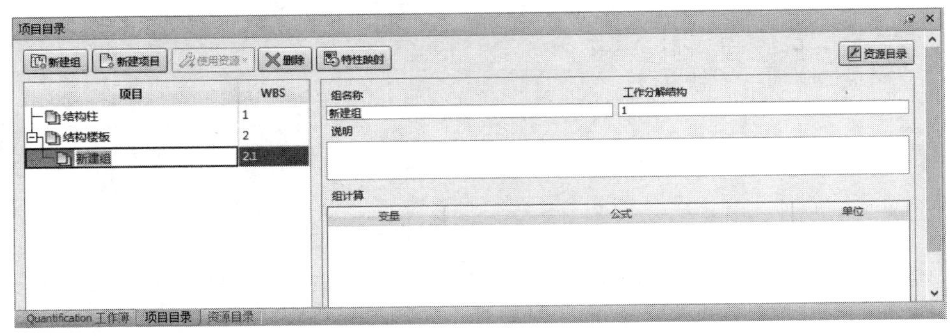

图 11-11　创建二级组

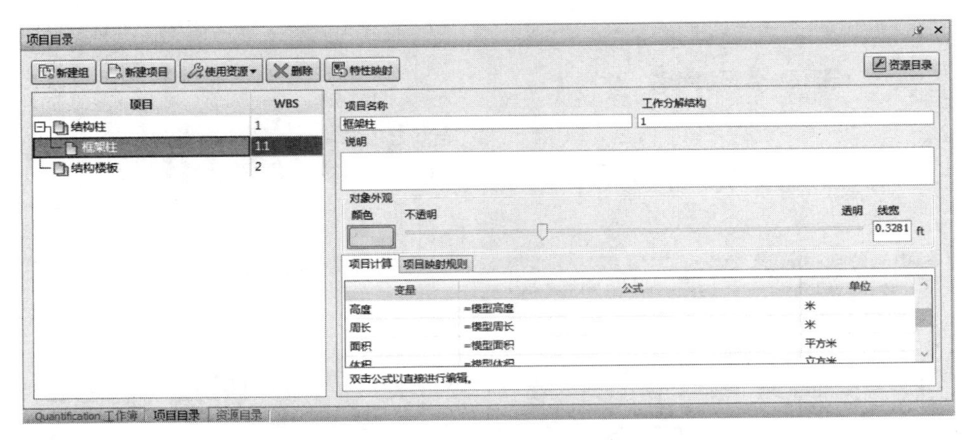

图 11-12　新建“框架柱”项目

图 11-13　“使用资源”下拉列表

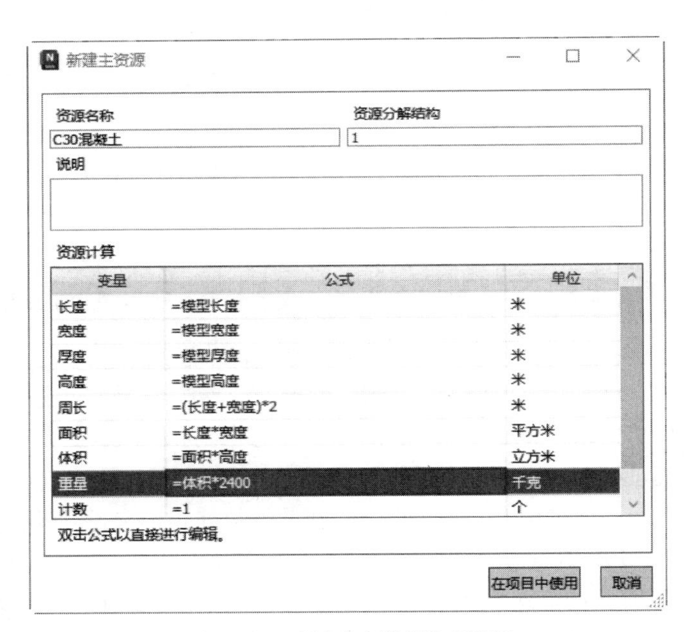

图 11-14　“新建主资源”对话框

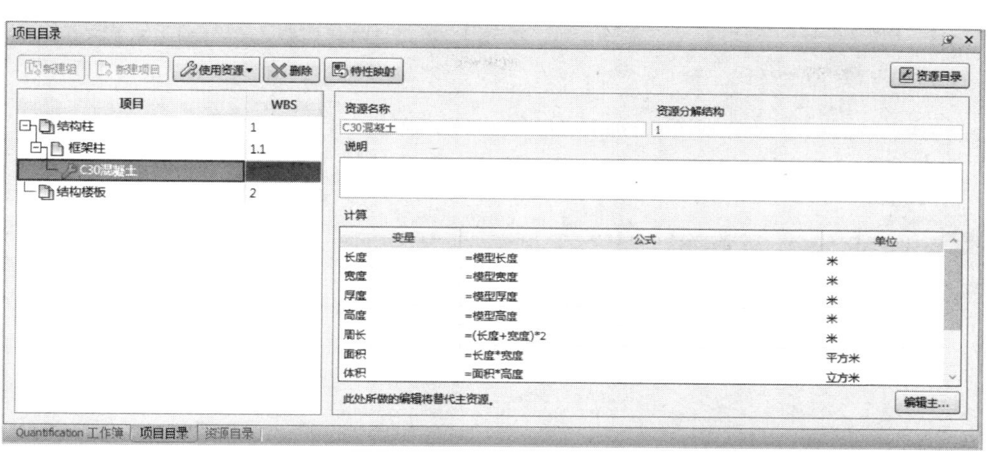

图 11-15 添加“C30 混凝土”资源

(6) 选取“框架柱”项目，单击“使用资源”按钮，在其下拉列表中选择“使用新的主资源”选项，打开“新建主资源”对话框，输入资源名称为“结构柱模板”，资源分解结构为2，输入“周长”变量的公式为“=(长度+宽度)*2”，“面积”变量的公式为“=周长*高度”，如图 11-16 所示，单击“在项目中使用”按钮，将该资源添加到项目目录的“框架柱”类别中。

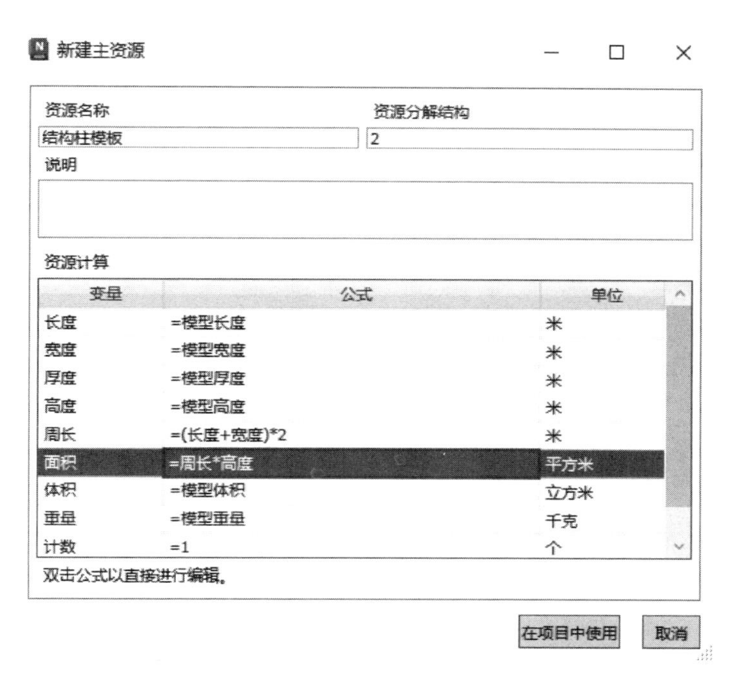

图 11-16 新建“结构柱模板”资源

(7) 选取“结构楼板”分组，单击“新建项目”按钮，输入项目名称为“结构楼板”，工作分解结构采用默认的 1，单击“颜色”色块，打开“颜色”对话框，选择红色，单击“确定”按钮，返回到“项目目录”窗口，如图 11-17 所示。

Note

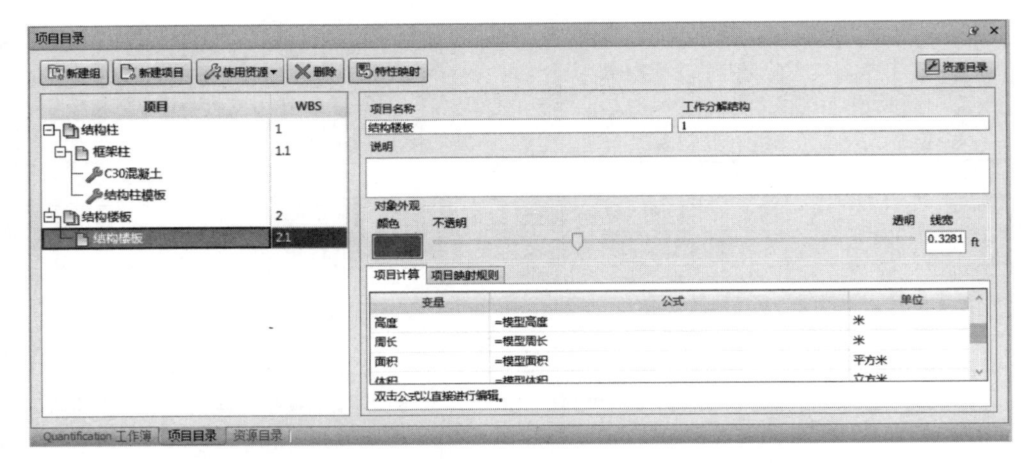

图 11-17　新建“结构楼板”项目

(8) 单击“使用资源”按钮，在其下拉列表中选择“使用现有主资源”选项，打开“主资源列表”对话框，选择“C30 混凝土”资源，如图 11-18 所示，单击“在项目中使用”按钮，将该资源添加到项目目录的“结构楼板”类别中，然后单击“完成”按钮，退出对话框，系统将采用与结构柱相同的计算公式应用于结构楼板。

图 11-18　“主资源列表”对话框

(9) 选取框架楼板项目，单击“使用资源”按钮，在其下拉列表中选择“使用新的主资源”选项，打开“新建主资源”对话框，输入资源名称为“结构楼板模板”，资源分解结构为 2，输入“面积”变量的公式为“＝长度 * 宽度”，如图 11-19 所示，单击“在项目中使用”按钮，将该资源添加到项目目录的结构楼板类别中。

(10) 单击窗口右上角的“资源目录”按钮，或者直接单击窗口下方的“资源目录”，切换至“资源目录”选项卡，如图 11-20 所示。

(11) 单击“新建组”按钮，新建资源组，输入组名称为“混凝土”，资源分解结构为 1，

Note

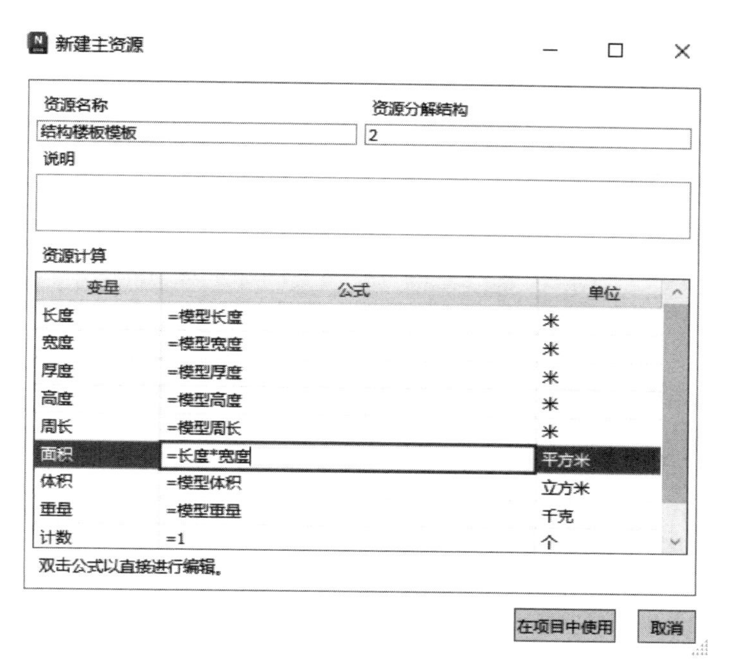

图 11-19 新建“结构柱模板”资源

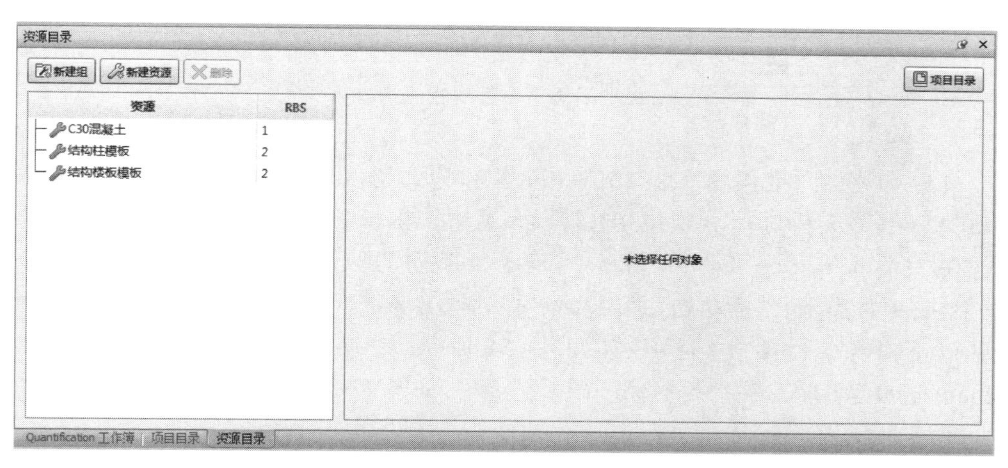

图 11-20 “资源目录”选项卡

如图 11-21 所示。

(12) 选取“C30 混凝土”资源,右击,在弹出的快捷菜单中选择“剪切”选项,如图 11-22 所示;然后选取“混凝土”组,右击,在弹出的快捷菜单中选择“粘贴”选项,将“C30 混凝土”资源移动到“混凝土”资源组中。

(13) 单击“新建组”按钮,新建资源组,输入组名称为“模板”,资源分解结构为 2,按住 Ctrl 键,选取“结构柱模板”和“结构楼板模板”资源,右击,在弹出的快捷菜单中选择“剪切”选项,然后选取“混凝土”组,右击,在弹出的快捷菜单中选择“粘贴”选项,将“结构柱模板”和“结构楼板模板”资源移动到“模板”资源组中,如图 11-23 所示。

Note

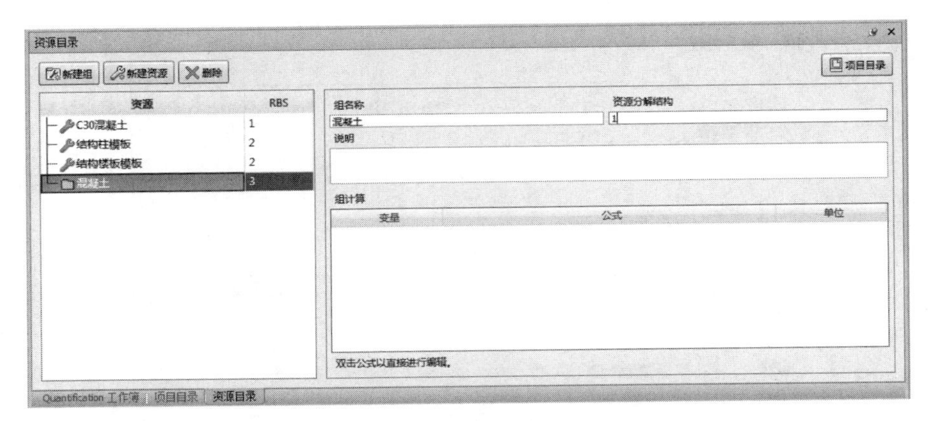

图 11-21 新建“混凝土”组

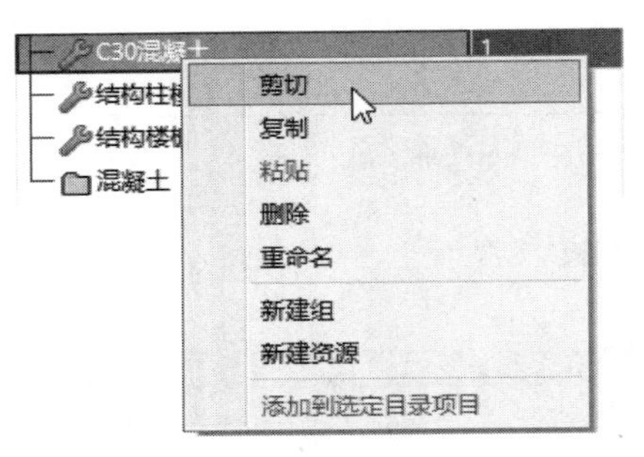

图 11-22 快捷菜单

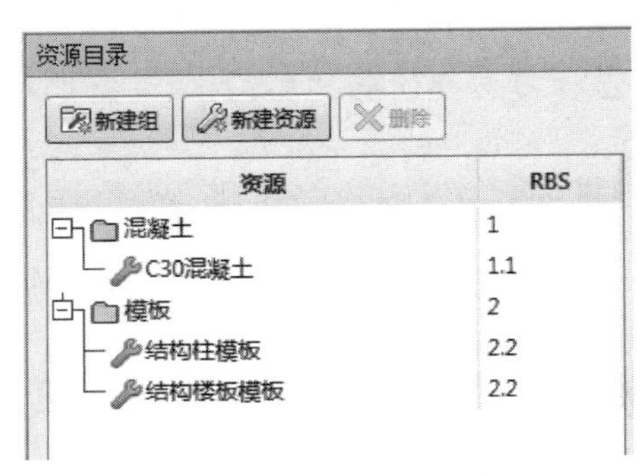

图 11-23 资源分组

（14）单击窗口底部的“Quantification 工作簿”，切换到“Quantification 工作簿”窗口，在“集合”窗口中选择“1 层结构柱”集合，或直接在场景视图中选取 1 层所有的结构柱。在“Quantification 工作簿”窗口中，确定当前视图显示方式为“项目视图”，选择“框架柱”项目类别，然后单击“模型算量”按钮，在打开的下拉列表中选择“算量到以下对象：框架柱”选项，如图 11-24 所示，系统将所选择的结构柱添加到“Quantification 工作簿”窗口右侧的图元列表中，如图 11-25 所示。

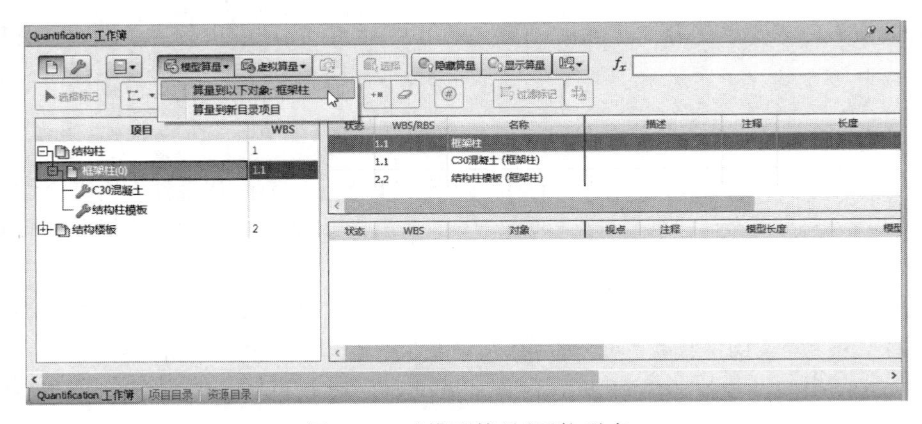

图 11-24 “模型算量”下拉列表

Note

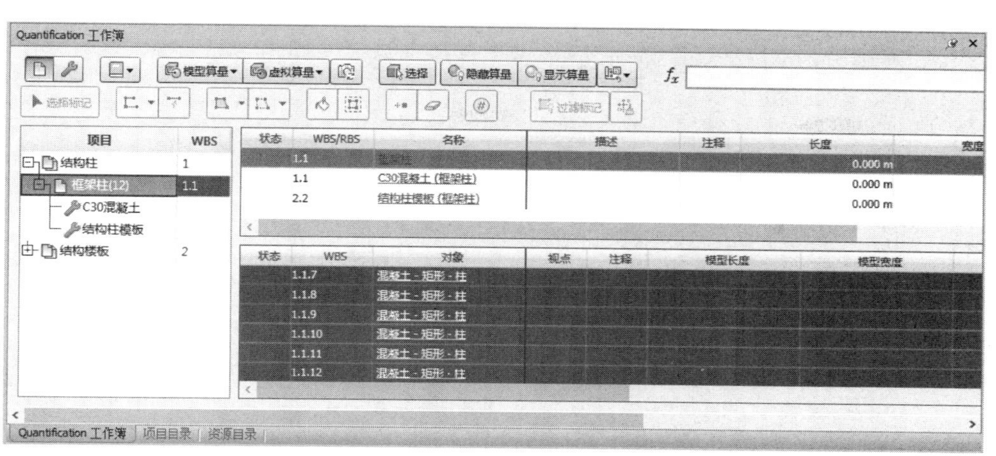

图 11-25 添加图元

（15）在图元列表中输入第一根结构柱的长度、宽度和高度，系统自动根据资源中已定义的公式计算混凝土的总体积、总重量和结构柱模板的总面积，如图 11-26 所示。

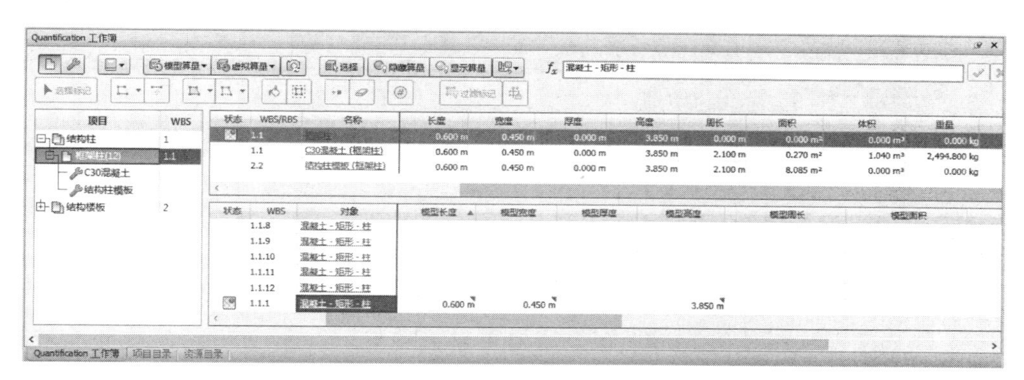

图 11-26 输入结构柱的参数

（16）因为 1 层的所有结构柱是相同的，这里可以直接输入所有结构柱的参数，也可以选取上步输入的结构柱参数，右击，在弹出的快捷菜单中选择“复制值”选项，如图 11-27 所示，在其他柱对应的单元格中右击，在弹出的快捷菜单中选择“粘贴”，填写其他单元格，完成所有结构柱参数的输入，如图 11-27 所示，系统将根据输入的值，计算出 1 层结构柱所需混凝土的量和结构柱模板的面积，如图 11-28 所示。

提示： 单击“特性映射”按钮，打开如图 11-29 所示的“特性映射”对话框，单击“添加映射”按钮 ，向对话框的列表中添加一条映射，分别选取算量特性、类别和特性，单击“确定”按钮，系统会自动读取图元对应的参数信息并添加到参数列表中。

（17）单击窗口顶部的“隐藏算量”按钮 隐藏算量 ，在场景视图中隐藏已经计算工程量的图元，如图 11-30 所示，隐藏了 1 层的结构柱。

（18）单击窗口顶部的“显示算量”按钮 显示算量 ，在场景视图中显示已经计算工程量的图元，如图 11-31 所示，按设置的颜色显示 1 层的结构柱。

Note

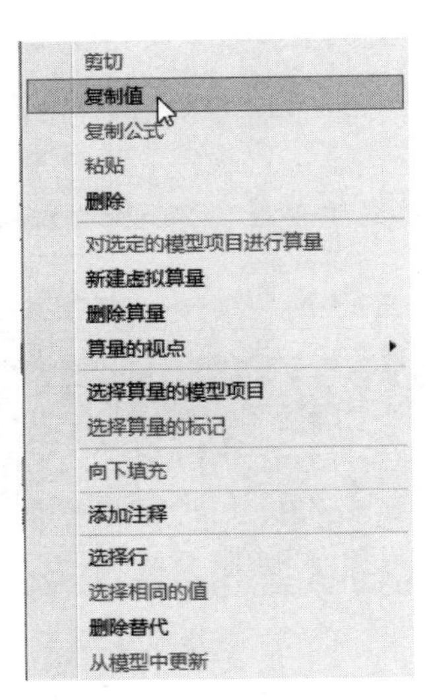

图 11-27　快捷菜单

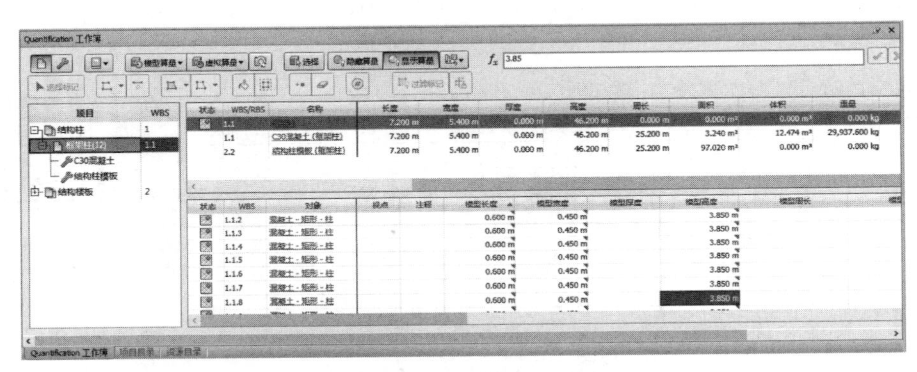

图 11-28　1 层结构柱的算量

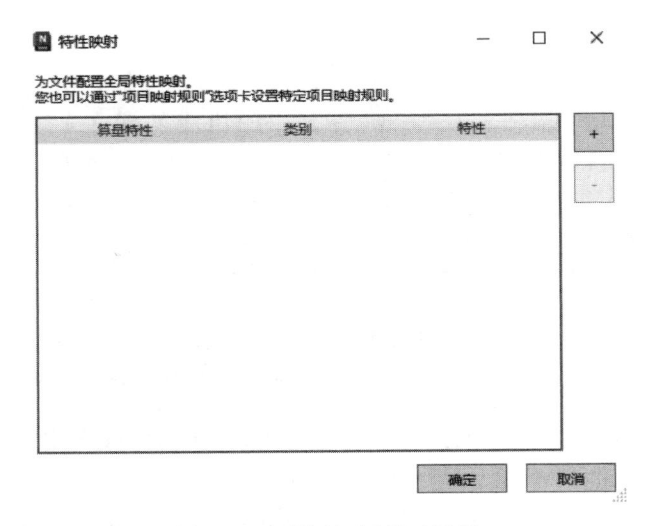

图 11-29　"特性映射"对话框

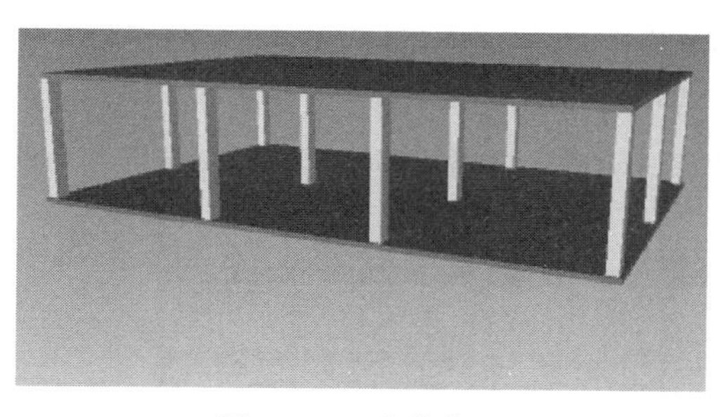

图 11-30 隐藏算量

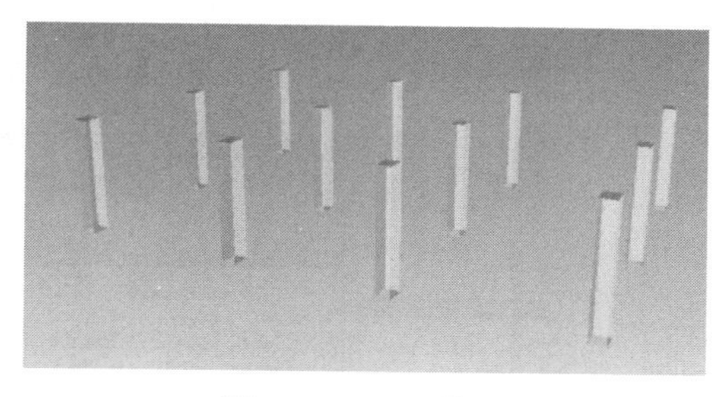

图 11-31 显示算量

(19) 采用上述方法，接续计算 2 层结构柱的工程量，所有结构柱的工程量如图 11-32 所示。

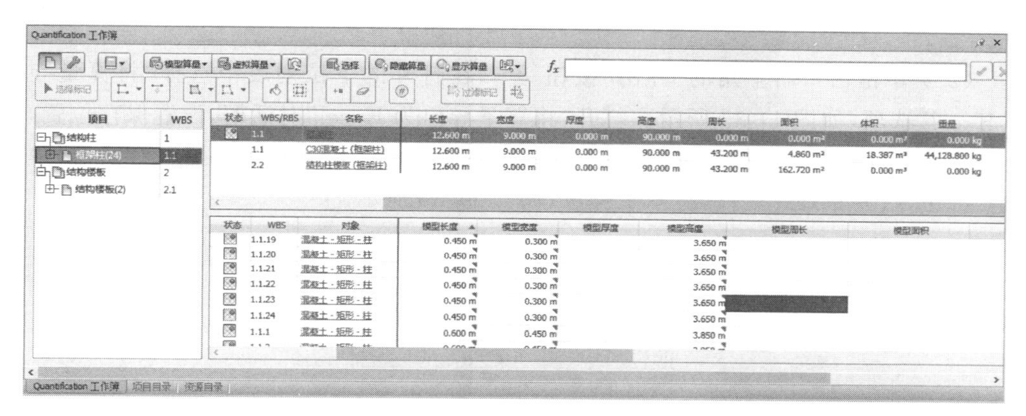

图 11-32 结构柱工程量

(20) 在“集合”窗口中按住 Ctrl 键选择“1 层楼板”和“2 层楼板”集合，或直接在场景视图中选取“1 层楼板”和“2 层楼板”。在“Quantification 工作簿”窗口中选择“结构楼板”项目类别，单击“模型算量”按钮［模型算量▾］，在打开的下拉列表中选择“算量到以下对象：结构楼板”选项，系统将所选择的结构楼板添加到“Quantification 工作簿”窗口右侧的图元列表中，如图 11-33 所示。

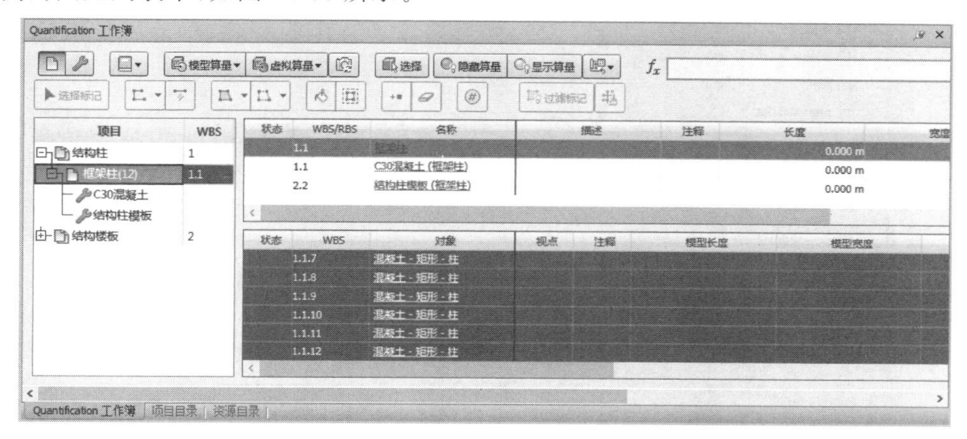

图 11-33 添加图元

Note

(21) 在图元列表中输入结构楼板的长度、宽度和厚度，系统自动根据资源中已定义的公式计算楼板混凝土的总体积、总重量和模板的总面积，如图 11-34 所示。

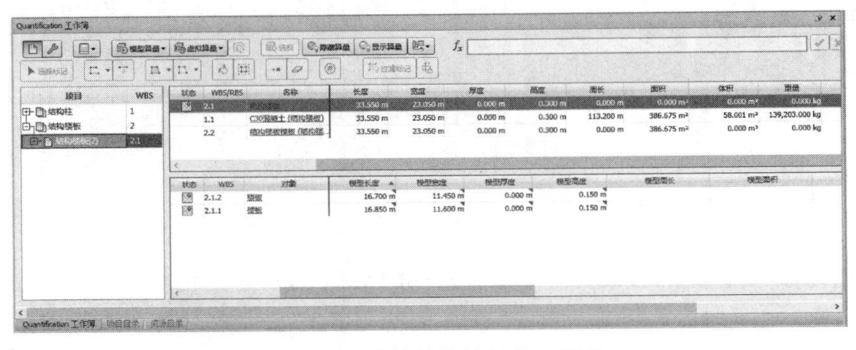

图 11-34　计算结构楼板的工程量

(22) 单击窗口右上角的“导出”按钮 ，在打开的下拉列表中选择“将算量导出为 Excel”选项，如图 11-35 所示。打开“将算量导出为 Excel”对话框，设置保存位置，输入文件名，如图 11-36 所示，单击“保存”按钮，打开如图 11-37 所示的提示对话框，单击“是”按钮，打开 Excel 软件，显示工程量，如图 11-38 所示。

图 11-35　“导出”下拉列表

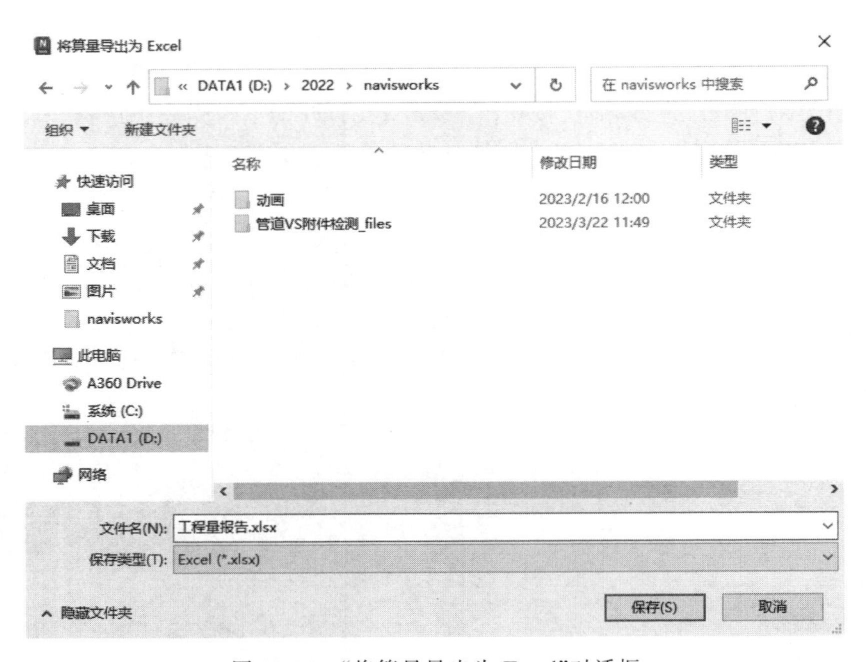

图 11-36　“将算量导出为 Excel”对话框

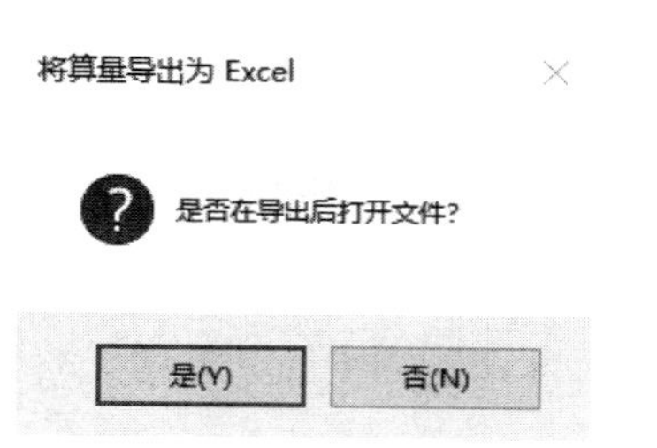

图 11-37　提示对话框

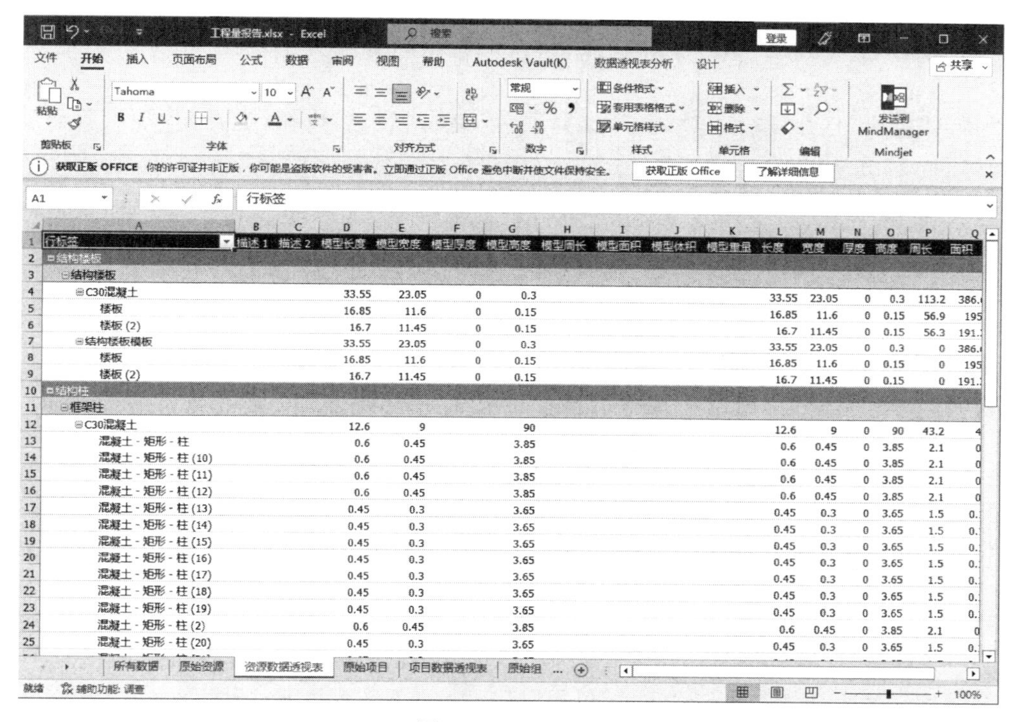

图 11-38　工程量

11.4　计算二维算量

二维算量可用于测量二维图纸上的线、面积和计数。用户可以标记几何图形并执行精确计算，而不用在图纸上执行手动计算。然后对几何图形自动进行算量，以与 Quantification 工作簿中的三维算量保持一致。

二维算量支持原生和扫描的 DWF 文件以及非原生 DWF 文件(如 PDF)。

(1) 在"Quantification 工作簿"窗口中单击"项目目录"，切换到"项目目录"选项卡，单击"新建组"按钮，创建新的分组，输入组名称为"二维算量"，工作分解结构编码为默认的 3，如图 11-39 所示。

(2) 单击"新建项目"按钮，输入项目名称为"长度"，工作分解结构采用默认的 1，单

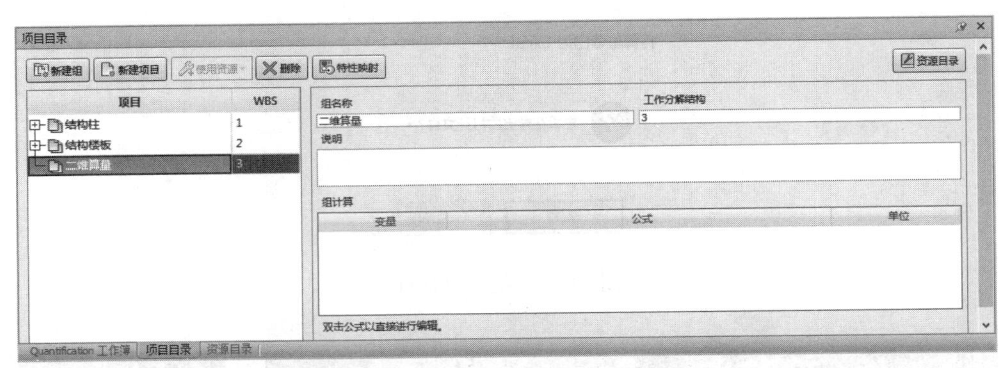

图 11-39　新建“二维算量”组

击“颜色”色块，打开“颜色”对话框，选择绿色，单击“确定”按钮，返回到“项目目录”窗口，如图 11-40 所示。

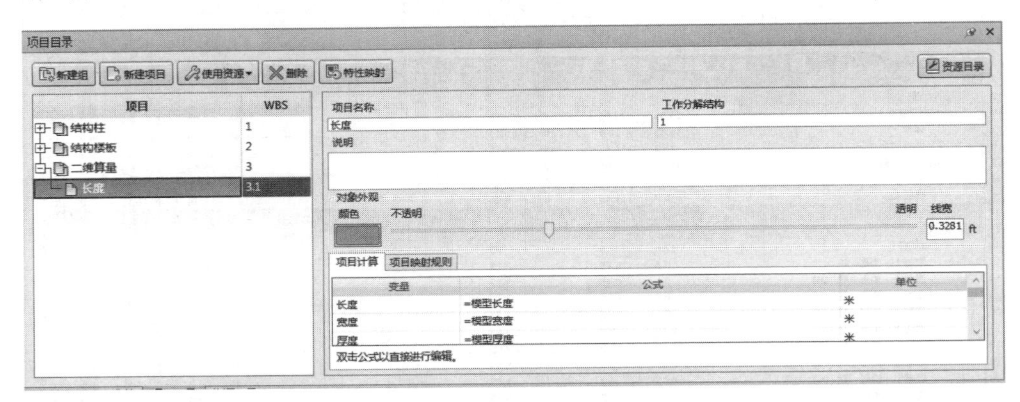

图 11-40　新建“长度”项目

(3) 选取“二维算量”组，然后单击“新建项目”按钮，输入项目名称为“面积”，工作分解结构采用默认的 2，单击“颜色”色块，打开“颜色”对话框，选择紫色，单击“确定”按钮，返回到“项目目录”窗口。

(4) 单击“状态栏”中的“图纸浏览器”按钮，打开如图 11-41 所示的“图纸浏览器”窗口，单击“导入图纸和模型”按钮，打开“从文件插入”对话框，选取已经创建好的“结构图纸.dwfx”文件，如图 11-42 所示，单击“打开”按钮，插入的图纸显示在“图纸浏览器”窗口的列表中。

(5) 在“图纸浏览器”窗口的列表中双击插入的图纸，打开结构图纸，此时“Quantification 工作簿”窗口中的二维算量功能处于开启状态，如图 11-43 所示。

- 选择标记：在图纸上选择一个二维算量标记。
- 多段线：用来绘制一条线，或绘制多个线段从而组成一个线性多边形。
- 矩形多段线：在图纸上拖动矩形或正方形。
- 快速线：选择模型中的现有几何图形，用来创建线性算量（如房间的墙或周长）。选定后，将打开如图 11-44 所示的菜单，从中可以选择要在图纸上高亮显示的几何图形。

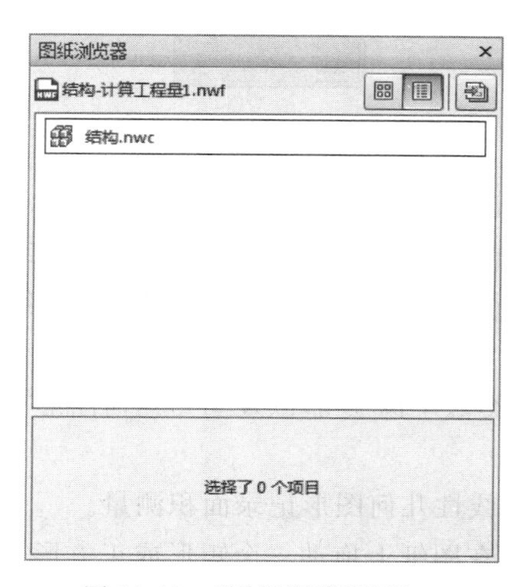

图 11-41 “图纸浏览器”窗口

图 11-42 “从文件插入”对话框

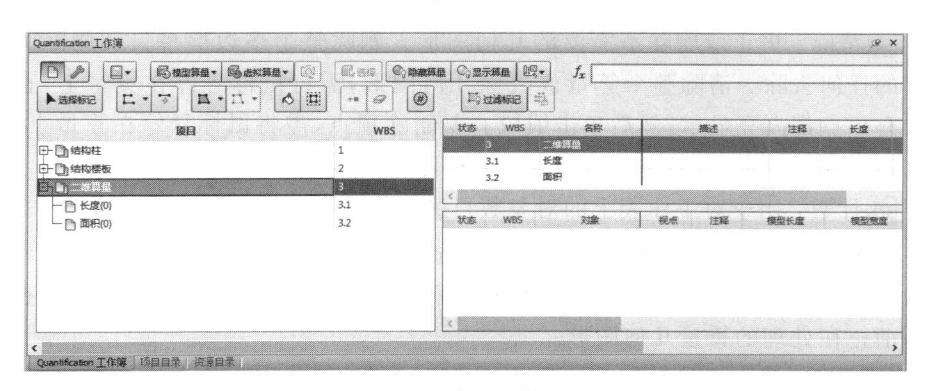

图 11-43 开启二维算量功能

Note

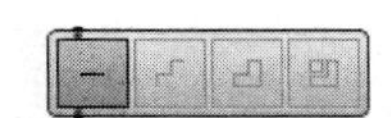

图 11-44 "快速线"菜单

- 快速线选项 1：查找距鼠标位置最近的单个线段。
- 快速线选项 2：查找包含选项 1 中的线段的多段线。
- 快速线选项 3：查找连接到选项 2 的多段线的曲线。此选项检测最大边界，如房间的周长。
- 快速线选项 4：类似于选项 3，以及同一几何图形节点中的所有连接曲线（由直线段组成）。

➢ 面积：通过跟踪线性几何图形记录面积测量。

➢ 矩形面积：通过在图纸上拖动一个矩形或正方形来记录面积测量。

➢ 去除：用于从现有区域算量中排除几何图形的多边形区域。

➢ 填充：查找在图纸上绘制的与直线相交的闭合区域。

➢ 快速框：在现有几何图形上拖动框，打开如图 11-45 所示的菜单，用来创建线性或区域算量。

图 11-45 "快速框"菜单

- 快速框选项 1：查找选择范围内的最大边界区域。此选项产生最少数量的线段，并因此为选定的几何图形进行算量。
- 快速框选项 2：查找选择范围内的最大边界区域，以及该边界内的所有线段（最小的几何图形）。此选项产生最多数量的线段，并因此为选定的几何图形进行算量。
- 快速框选项 3：类似于选项 1，但还查找通过端到端连接线连接到选择范围的几何图形区域。
- 快速框选项 4：类似于选项 2，但还查找通过端到端连接线连接到选择范围的几何图形区域。
- 快速框选项 5：查找所有连接到原始选择或与原始选择相交的几何图形区域。

➢ 添加顶点：通过单击线段将顶点添加到现有几何图形中。

➢ 清除：更正或删除不需要的几何图形。删除整个多边形将自动删除其包含的任何去除。清除整个算量或去除几何图形，需将鼠标悬停在算量上，直到所有顶点都高亮显示，然后单击线段。要删除顶点，需将鼠标悬停在算量上，直到顶点高亮显示，然后单击该顶点。要删除线段，需单击线。

➢ 计数：用于对工作表上的对象数目进行计数，如门数。

➢ 过滤标记：在二维工作表上显示（锁定）选定项目及其关联算量几何图形。所有未选定项目和算量都会隐藏。这有助于用户管理复杂算量的可见性，并仅查看当前正在处理的算量几何图形。

➢ 清除：所有背景数据和注释将隐藏在二维图纸中。再次单击此按钮，显示隐藏的数据和注释。

（6）选取“长度”项目，单击“多段线”按钮，单击图纸上适当位置以定位起点，移动鼠标到适当位置单击图纸确定终点，然后在结束顶点上右击，完成线段的绘制，如图 11-46 所示，系统自动计算长度和周长，如图 11-47 所示。

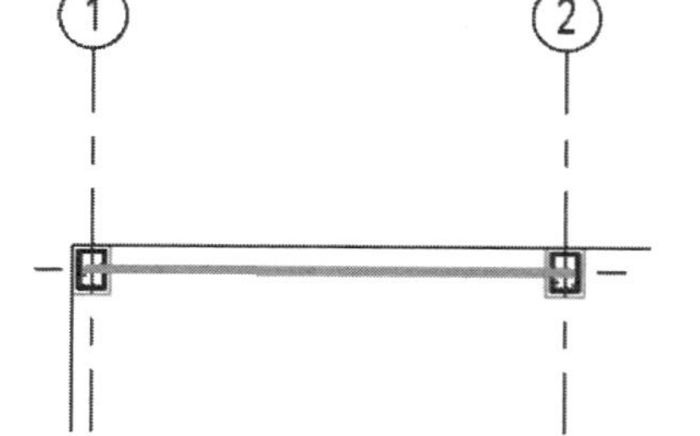

图 11-46　绘制单条线段

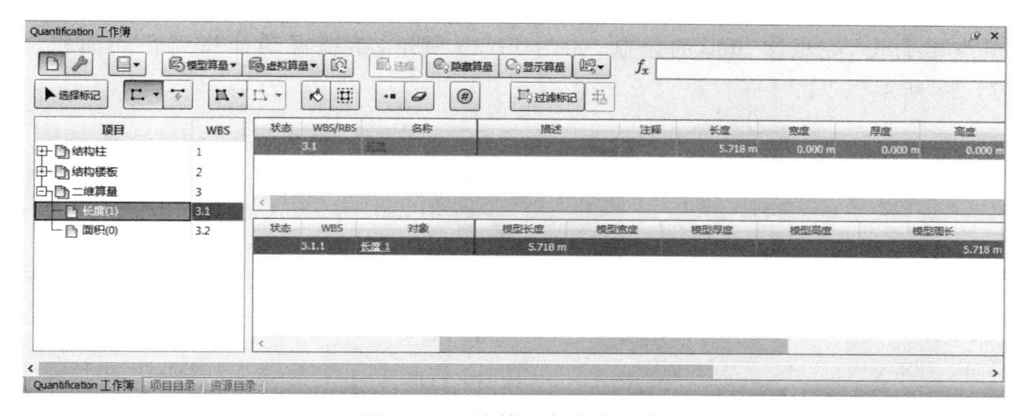

图 11-47　计算一条线段长度

（7）选取“长度”项目，单击“多段线”按钮，单击图纸上适当位置以定位起点，移动鼠标到适当位置单击图纸确定第二点，继续移动鼠标到适当位置单击确定第三点，然后捕捉起点绘制一个封闭的形状，然后在结束顶点上右击，完成线段的绘制，如图 11-48 所示，系统自动计算长度和周长，如图 11-49 所示。

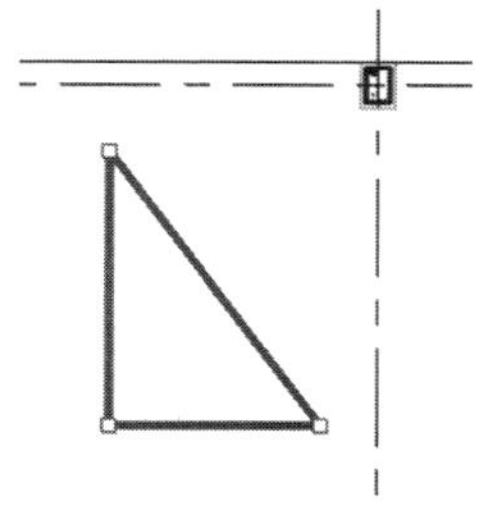

图 11-48　绘制多条线段

> **提示：** 在绘制过程中，按住 Shift 键，绘制水平或垂直的直线。

（8）选取“面积”项目，单击“面积”按钮，单击图纸上适当位置以定位起点，移动鼠标到适当位置单击确定第二点，继续移动鼠标到适当位置单击确定第三点，继

Note

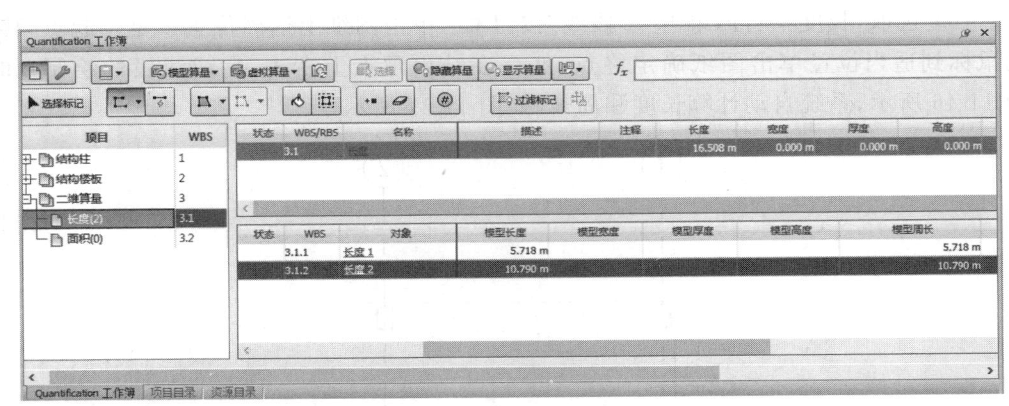

图 11-49　计算多条线段长度

续移动并单击直到完成绘制，然后捕捉起点绘制一个封闭的多边形，然后在最后一个顶点上右击，完成多边形的绘制，如图 11-50 所示，系统自动计算周长和面积，如图 11-51 所示。

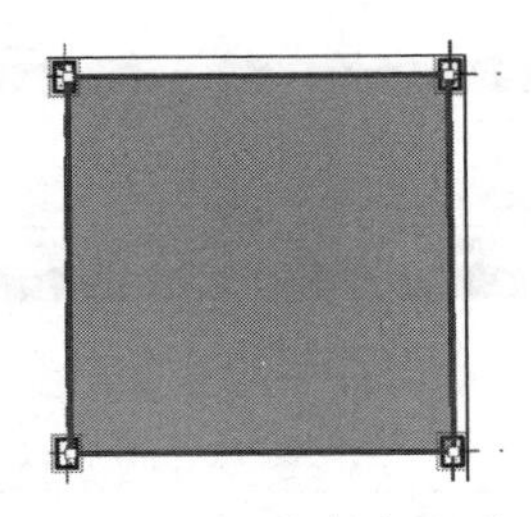

图 11-50　绘制多边形

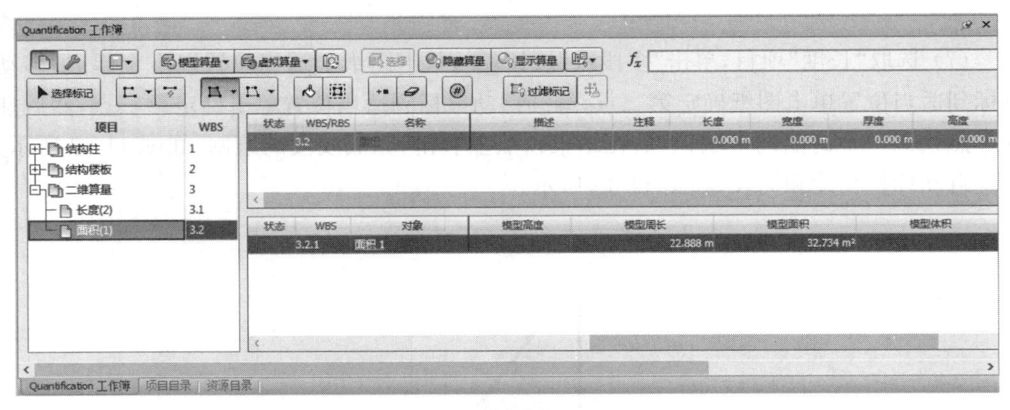

图 11-51　计算区域算量

（9）选取“面积”项目，单击“矩形面积”按钮，单击图纸上适当位置以定位起点，按住鼠标左键并拖动鼠标到适当位置释放鼠标，完成矩形的绘制，如图 11-52 所示，系统自动计算周长和面积，如图 11-53 所示。

图 11-52　绘制矩形

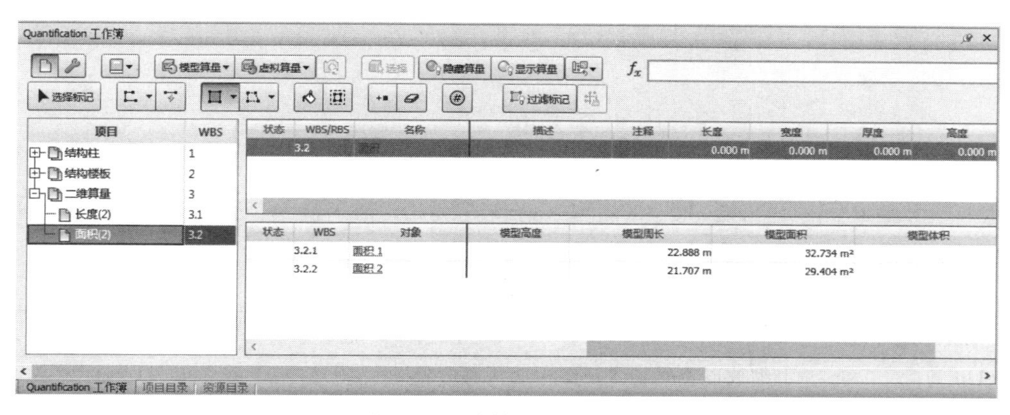

图 11-53　计算矩形区域算量

附　录

表 1　快捷键

快　捷　键	功　　能
PgUp	缩放以查看场景视图中的所有对象
PgDn	缩放以放大场景视图中的所有对象
Home	转到“主视图”。此快捷键仅适用于“场景视图”窗口
Esc	取消选择所有内容
Shift	用于修改鼠标中键操作
Ctrl	用于修改鼠标中键操作
Alt	打开或关闭按键提示
Alt+F4	关闭当前活动的可固定窗口(如果该窗口处于浮动状态),或者退出应用程序(如果主应用程序窗口处于活动状态)
Ctrl+0	打开“转盘”模式
Ctrl+1	打开“选择”模式
Ctrl+2	打开“漫游”模式
Ctrl+3	打开“环视”模式
Ctrl+4	打开“缩放”模式
Ctrl+5	打开“缩放窗口”模式
Ctrl+6	打开“平移”模式
Ctrl+7	打开“动态观察”模式
Ctrl+8	打开“自由动态观察”模式
Ctrl+9	打开“飞行”模式
Ctrl+A	显示“附加”对话框
Ctrl+D	打开/关闭“碰撞”模式。必须处于相应的导航模式(即“漫游”或“飞行”),此快捷键才能起作用
Ctrl+F	显示“快速查找”对话框
Ctrl+G	打开/关闭“重力”模式
Ctrl+H	为选定的项目打开/关闭“隐藏”模式
Ctrl+I	显示“从文件插入”对话框

续表

快 捷 键	功 能
Ctrl+M	显示“合并”对话框
Ctrl+N	重置程序，关闭当前打开的 Autodesk Navisworks 文件，并创建新文件
Ctrl+O	显示“打开”对话框
Ctrl+P	显示“打印”对话框
Ctrl+R	为选定的项目打开/关闭“强制可见”模式
Ctrl+S	保存当前打开的 Autodesk Navisworks 文件
Ctrl+T	打开/关闭“第三人”模式
Ctrl+Y	恢复上次“撤销”命令所执行的操作
Ctrl+Z	撤销上次执行的操作
Ctrl+PgUp	显示上一张图纸
Ctrl+PgDn	显示下一张图纸
Ctrl+F1	打开“帮助”系统
Ctrl+F2	打开 Clash Detective 窗口
Ctrl+F3	打开/关闭 TimeLiner 窗口
Ctrl+F4	打开/关闭当前活动的图形系统的可固定窗口（即“Autodesk 渲染”窗口）
Ctrl+F5	打开/关闭“动画制作工具”窗口
Ctrl+F6	打开/关闭“动画互动工具”窗口
Ctrl+F7	打开/关闭“倾斜”窗口
Ctrl+F8	切换“Quantification 工作簿”窗口
Ctrl+F9	打开/关闭“平面视图”窗口
Ctrl+F10	打开/关闭“剖面视图”窗口
Ctrl+F11	打开/关闭“保存的视点”窗口
Ctrl+F12	打开/关闭“选择树”窗口
Ctrl+Home	推移和平移相机以使整个模型处于视图中
Ctrl+→	播放选定的动画
Ctrl+←	反向播放选定的动画
Ctrl+↑	录制视点动画
Ctrl+↓	停止播放动画
Ctrl+空格键	暂停播放动画
Ctrl+Shift+A	打开“导出动画”对话框
Ctrl+Shift+C	打开“导出”对话框并允许导出当前搜索
Ctrl+Shift+I	打开“导出图像”对话框
Ctrl+Shift+R	打开“导出已渲染图像”对话框
Ctrl+Shift+S	打开“导出”对话框并允许导出搜索集
Ctrl+Shift+T	打开“导出”对话框并允许导出当前 TimeLiner 进度
Ctrl+Shift+V	打开“导出”对话框并允许导出视点
Ctrl+Shift+W	打开“导出”对话框并允许导出视点报告
Ctrl+Shift+Home	将当前视图设定为主视图
Ctrl+Shift+End	将当前视图设定为前视图
Ctrl+Shift+←	转到上一个红线批注标记
Ctrl+Shift+→	转到下一个红线批注标记
Ctrl+Shift+↑	转到第一个红线批注标记

续表

快捷键	功能
Ctrl+Shift+↓	转到最后一个红线批注标记
F1	打开“帮助”系统
F2	必要时重命名选定项目
F3	重复先前运行的“快速查找”搜索
F5	使用当前载入的模型文件的最新版本刷新场景
F11	打开/关闭“全屏”模式
F12	打开“选项编辑器”
Shift+W	打开上次使用的 SteeringWheels
Shift+F1	用于获取上下文相关帮助
Shift+F2	打开/关闭“集合”窗口
Shift+F3	打开/关闭“查找项目”窗口
Shift+F4	打开/关闭“查找注释”窗口
Shift+F6	打开/关闭“注释”窗口
Shift+F7	打开/关闭“特性”窗口
Shift+F10	打开关联菜单
Shift+F11	打开“文件选项”对话框

表 2　TimeLiner 任务或“模拟”选项卡的快捷键

快捷键	功能
Esc	取消当前的编辑
F2	开始编辑选定的字段
任何字符	开始编辑选定的字段
→	将选择移动到右侧的下一个字段，除非当前字段位于可以展开的树列中。在这种情况下，它会展开该行
←	将选择移动到左侧的下一个字段，除非当前字段位于可以展开的树列中。在这种情况下，它会展开该行
↑/↓	选择当前行上方/下方的行
Shift+↑/↓	将选择扩展至当前行上方/下方的行
Ctrl+↑/↓	将当前行向上/向下移动，且不更改当前选择
Home	选择第一行
Shift+Home	将选择从选择定位行扩展至第一行
Ctrl+Home	将当前行移动到第一行，且不更改当前选择
Ctrl+Shift+Home	将当前行与第一行之间的行添加到选择
End	选择最后一行
Shift+End	将选择从选择定位行扩展至最后一行
Ctrl+End	将当前行移动到最后一行，且不更改当前选择
Ctrl+Shift+End	将当前行与最后一行之间的行添加到选择
PageUp/PageDown	选择与当前行向上/向下间隔一页的行
Shift+PageUp/PageDown	将选择扩展至上/下一页
Ctrl+PageUp/PageDown	将当前行向上/向下移动一页，且不更改当前选择
Ctrl+Shift+PageUp/PageDown	将当前行上/下一页中的行添加到选择
*	从当前单元开始展开整个子树。也可用于展开视点

表 3　“测量工具”面板(包括锁定功能)的快捷键

快　捷　键	功　　能
X	锁定到 X 轴
Y	锁定到 Y 轴
Z	锁定到 Z 轴
P	锁定到垂直于曲面的点
L	锁定到平行于曲面的点
Enter	快速缩放测量区域
+	使用 Enter 键放大测量区域
−	使用 Enter 键缩小测量区域

二维码索引

Note